高等学校公共基础课系列教材

工程数学基础及应用

主　编　张玲忠
副主编　高靖波　于 蕊

西安电子科技大学出版社

内容简介

本书是根据高等学校工科类各专业线性代数、复变函数和积分变换等数学课程的基本教学要求编写而成的。全书共11章，主要内容包括行列式、矩阵、向量、相似矩阵及二次型、线性空间和线性变换、复数与复变函数、复变函数的积分、级数、留数、傅里叶变换和拉普拉斯变换等。

针对应用型人才培养需求以及学科专业特色，本书在保证教学内容严谨性和连贯性的基础上略去了部分复杂的理论推导和证明过程，主要阐述了线性代数、复变函数及积分变换的基础理论，以及这些基础理论在其他学科中的应用，可为学生进一步深入学习相关学科奠定基础。

本书可作为高等院校非数学专业工程数学的教学用书，也可作为相关工程技术人员的参考书。

图书在版编目(CIP)数据

工程数学基础及应用/张玲忠主编. --西安：西安电子科技大学出版社，2023.9
ISBN 978-7-5606-7026-3

Ⅰ.①工… Ⅱ.①张… Ⅲ.①工程数学—高等学校—教材 Ⅳ.①TB11

中国国家版本馆CIP数据核字(2023)第162329号

策　　划　陈　婷
责任编辑　陈　婷
出版发行　西安电子科技大学出版社(西安市太白南路2号)
电　　话　(029)88202421　88201467　　邮　　编　710071
网　　址　www.xduph.com　　电子邮箱　xdupfxb001@163.com
经　　销　新华书店
印刷单位　广东虎彩云印刷有限公司
版　　次　2023年9月第1版　2023年9月第1次印刷
开　　本　787毫米×1092毫米　1/16　印张　11
字　　数　256千字
定　　价　36.00元
ISBN 978-7-5606-7026-3/TB

XDUP 7328001-1

前言

本书作为“工程数学”课程教材，包含“线性代数”“复变函数”和“积分变换”三篇，是根据高等学校工科类各专业线性代数、复变函数和积分变换等数学课程教学基本要求编写而成的，适合高等院校特别是以培养应用型人才为办学目标的高等院校工科类各专业学生使用。

在编写初期，编者结合课程特点和学生在学习数学课程中遇到的问题，基于自己在讲授线性代数、复变函数、现代控制理论和自动控制原理等课程时的教学经验，精选了本书内容。在编写过程中，编者借鉴了国内外许多优秀教材的编写思路和结构处理方法，力求在教学内容的重组和教学重难点的选择方面有新的突破。对重要知识点，侧重方法的应用，并强调其应用条件。在保证教学内容严密性和连贯性的基础上，本书略去了部分复杂、烦琐、难懂的理论推导和证明过程，力求内容够用，叙述通俗易懂。

全书共 11 章，内容包括行列式、矩阵、向量、相似矩阵及二次型、线性空间和线性变换、复数与复变函数、复变函数的积分、级数、留数、傅里叶变换和拉普拉斯变换等。每章末均配有难易适中的习题。

本书由常熟理工学院电气与自动化工程学院的复杂系统建模与优化团队编写。张玲忠担任本书主编，并编写线性代数部分，高靖波和于蕊担任副主编，分别编写复变函数和积分变换部分。全书由张玲忠统稿。本书的编写得到了学院领导的大力支持，编者在此表示感谢。

由于编者水平有限，书中难免有不妥之处，诚请广大读者批评指正。

编　者

2023 年 5 月

目 录
CONTENTS

上篇 线性代数

中篇　复变函数

下篇　积分变换

上篇

线 性 代 数

第1章 行 列 式

在中学代数和解析几何里，我们学过用消元法来求解两个未知量和三个未知量的线性方程组．对于三个以上未知量的线性方程组，用消元法求解，不仅计算量大，而且比较困难，特别是许多理论和实际问题中导出的线性方程组通常含有更多未知量，且未知量的个数与方程的个数也不一定相等．求解这类线性方程组需要借助一个重要工具——行列式．

行列式是由一些数据排列成的方阵经过规定的计算方法而得到的一个数．这个思想早在1683年和1693年分别由日本数学家关孝和与德国数学家莱布尼茨在研究线性方程组求解过程中提出．1750年，n阶行列式的定义由瑞士数学家克拉默在《线性代数分析导言》一书中提出．克拉默还给出了用行列式求解比较特殊的线性方程组的方法，即未知量的个数与方程的个数相等的n元线性方程组的克拉默法则，同时指出了行列式在解析几何中所具有的重要作用．

1.1 行列式的定义

1.1.1 二元线性方程组与二阶行列式

用消元法求解二元一次线性方程组

$$\begin{cases}a_{11}x_1+a_{12}x_2=b_1\\a_{21}x_1+a_{22}x_2=b_2\end{cases}\tag{1.1.1}$$

为消去未知数x_2，用a_{22}乘方程组(1.1.1)的第一个方程减去a_{12}乘方程组(1.1.1)的第二个方程，得到

$$(a_{11}a_{22}-a_{12}a_{21})x_1=b_1a_{22}-b_2a_{12}$$

类似地，消去未知数x_1，得

$$(a_{11}a_{22}-a_{12}a_{21})x_2=b_2a_{11}-b_1a_{21}$$

当$a_{11}a_{22}-a_{12}a_{21}\neq0$时，有

$$x_1=\frac{b_1a_{22}-a_{12}b_2}{a_{11}a_{22}-a_{12}a_{21}},\quad x_2=\frac{b_2a_{11}-b_1a_{21}}{a_{11}a_{22}-a_{12}a_{21}}\tag{1.1.2}$$

式(1.1.2)中的分母$a_{11}a_{22}-a_{12}a_{21}$是由方程组(1.1.1)的四个系数确定的，为了进一步讨论方程组(1.1.1)的解与未知量的系数和常数项之间的关系，引入记号

$$\begin{vmatrix}a_{11}&a_{12}\\a_{21}&a_{22}\end{vmatrix}$$

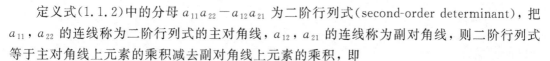

定义式(1.1.2)中的分母 $a_{11}a_{22}-a_{12}a_{21}$ 为二阶行列式(second-order determinant)，把 a_{11}，a_{22} 的连线称为二阶行列式的主对角线，a_{12}，a_{21} 的连线称为副对角线，则二阶行列式等于主对角线上元素的乘积减去副对角线上元素的乘积，即

$$\begin{vmatrix} a_{11} & a_{12} \\ a_{21} & a_{22} \end{vmatrix}=a_{11}a_{22}-a_{12}a_{21}$$

元素 $a_{ij}(i=1, 2; j=1, 2)$ 的第一个下标 i 称为行标，表示该元素位于第 i 行；第二个下标 j 称为列标，表示该元素位于第 j 列．数 a_{ij} 表示位于第 i 行第 j 列的元素．

有了二阶行列式的定义，式(1.1.2)中 x_1，x_2 的分子也可以写成二阶行列式，即

$$b_1a_{22}-b_2a_{12}=\begin{vmatrix} b_1 & a_{12} \\ b_2 & a_{22} \end{vmatrix}, \qquad a_{11}b_2-b_1a_{21}=\begin{vmatrix} a_{11} & b_1 \\ a_{21} & b_2 \end{vmatrix}$$

若记

$$D=\begin{vmatrix} a_{11} & a_{12} \\ a_{21} & a_{22} \end{vmatrix}, \qquad D_1=\begin{vmatrix} b_1 & a_{12} \\ b_2 & a_{22} \end{vmatrix}, \qquad D_2=\begin{vmatrix} a_{11} & b_1 \\ a_{21} & b_2 \end{vmatrix}$$

则利用二阶行列式的定义，方程组(1.1.1)的解 x_1，x_2 可表示为

$$x_1=\frac{D_1}{D}=\frac{\begin{vmatrix} b_1 & a_{12} \\ b_2 & a_{22} \end{vmatrix}}{\begin{vmatrix} a_{11} & a_{12} \\ a_{21} & a_{22} \end{vmatrix}}, \qquad x_2=\frac{D_2}{D}=\frac{\begin{vmatrix} a_{11} & b_1 \\ a_{21} & b_2 \end{vmatrix}}{\begin{vmatrix} a_{11} & a_{12} \\ a_{21} & a_{22} \end{vmatrix}}$$

同样，对于三个未知量三个方程的线性方程组

$$\begin{cases} a_{11}x_1+a_{12}x_2+a_{13}x_3=b_1 \\ a_{21}x_1+a_{22}x_2+a_{23}x_3=b_2 \\ a_{31}x_1+a_{32}x_2+a_{33}x_3=b_3 \end{cases} \tag{1.1.3}$$

其系数构成的三阶行列式为

$$\begin{aligned} D &= \begin{vmatrix} a_{11} & a_{12} & a_{13} \\ a_{21} & a_{22} & a_{23} \\ a_{31} & a_{32} & a_{33} \end{vmatrix} \\ &= a_{11}a_{22}a_{33}+a_{12}a_{23}a_{31}+a_{13}a_{21}a_{32}-a_{13}a_{22}a_{31}-a_{12}a_{21}a_{33}-a_{11}a_{23}a_{32} \end{aligned}$$

则方程组(1.1.3)的解可表示为

$$x_1=\frac{D_1}{D}, \qquad x_2=\frac{D_2}{D}, \qquad x_3=\frac{D_3}{D}$$

其中

$$D_1=\begin{vmatrix} b_1 & a_{12} & a_{13} \\ b_2 & a_{22} & a_{23} \\ b_3 & a_{32} & a_{33} \end{vmatrix}, \quad D_2=\begin{vmatrix} a_{11} & b_1 & a_{13} \\ a_{21} & b_2 & a_{23} \\ a_{31} & b_3 & a_{33} \end{vmatrix}, \quad D_3=\begin{vmatrix} a_{11} & a_{12} & b_1 \\ a_{21} & a_{22} & b_2 \\ a_{31} & a_{32} & b_3 \end{vmatrix}$$

例 1.1.1　用行列式法解线性方程组

$$\begin{cases} 3x_1+2x_2=8 \\ 2x_1-x_2=-2 \end{cases}$$

解　因为

$$D=\begin{vmatrix}3 & 2\\2 & -1\end{vmatrix}=-7\neq 0,\ D_1=\begin{vmatrix}8 & 2\\-2 & -1\end{vmatrix}=-4,\ D_2=\begin{vmatrix}3 & 8\\2 & -2\end{vmatrix}=-22$$

所以

$$x_1=\frac{D_1}{D}=\frac{4}{7},\ x_2=\frac{D_2}{D}=\frac{22}{7}$$

例 1.1.2 用行列式法解线性方程组

$$\begin{cases}2x_1+3x_2-5x_3=1\\x_1-2x_2+x_3=0\\3x_1+x_2+3x_3=2\end{cases}$$

解 因为

$$D=\begin{vmatrix}2 & 3 & -5\\1 & -2 & 1\\3 & 1 & 3\end{vmatrix}=-49\neq 0,\ D_1=\begin{vmatrix}1 & 3 & -5\\0 & -2 & 1\\2 & 1 & 3\end{vmatrix}=-21$$

$$D_2=\begin{vmatrix}2 & 1 & -5\\1 & 0 & 1\\3 & 2 & 3\end{vmatrix}=-14,\ D_3=\begin{vmatrix}2 & 3 & 1\\1 & -2 & 0\\3 & 1 & 2\end{vmatrix}=-7$$

所以

$$x_1=\frac{D_1}{D}=\frac{3}{7},\quad x_2=\frac{D_2}{D}=\frac{2}{7},\quad x_3=\frac{D_3}{D}=\frac{1}{7}$$

1.1.2 n 阶行列式的定义

下面对二阶和三阶行列式作进一步推广，来定义 n 阶行列式.

定义 1.1.1 将 n^2 个数 $a_{ij}(i, j=1, 2, \cdots, n)$组成的记号

$$\begin{vmatrix}a_{11} & a_{12} & \cdots & a_{1n}\\a_{21} & a_{22} & \cdots & a_{2n}\\\vdots & \vdots & & \vdots\\a_{n1} & a_{n2} & \cdots & a_{nn}\end{vmatrix}\tag{1.1.4}$$

称为 n 阶行列式(n-order determinant)，记作 $D=\det(a_{ij})$，它表示所有可能取自不同行不同列的 n 个元素乘积的代数和，共有 $n!$ 项.

我们引入了 n 阶行列式的概念后，随之研究 n 阶行列式的计算方法. 首先定义 n 阶行列式(1.1.4)中元素 $a_{ij}(i, j=1, 2, \cdots, n)$的余子式.

定义 1.1.2 在 n 阶行列式(1.1.4)中，划去元素 $a_{ij}(i, j=1, 2, \cdots, n)$所在的第 i 行和第 j 列后，余下的元素按原来的顺序构成的 $n-1$ 阶行列式定义为元素 a_{ij} 的余子式，记作 M_{ij}，并称 $A_{ij}=(-1)^{i+j}M_{ij}$ 为元素 a_{ij} 的代数余子式.

例 1.1.3 求四阶行列式

$$D=\begin{vmatrix}a_{11} & a_{12} & a_{13} & a_{14}\\a_{21} & a_{22} & a_{23} & a_{24}\\a_{31} & a_{32} & a_{33} & a_{34}\\a_{41} & a_{42} & a_{43} & a_{44}\end{vmatrix}$$

中，元素 a_{23} 的余子式和代数余子式.

解

$$M_{23}=\begin{vmatrix} a_{11} & a_{12} & a_{14} \\ a_{31} & a_{32} & a_{34} \\ a_{41} & a_{42} & a_{44} \end{vmatrix}$$

$$A_{23}=(-1)^{2+3}M_{23}=-M_{23}=-\begin{vmatrix} a_{11} & a_{12} & a_{14} \\ a_{31} & a_{32} & a_{34} \\ a_{41} & a_{42} & a_{44} \end{vmatrix}$$

在由方程组(1.1.3)的系数构成的三阶行列式 D 中，第一行元素 a_{11}，a_{12}，a_{13} 的代数余子式分别为

$$A_{11}=(-1)^{1+1}\begin{vmatrix} a_{22} & a_{23} \\ a_{32} & a_{33} \end{vmatrix},\quad A_{12}=(-1)^{1+2}\begin{vmatrix} a_{21} & a_{23} \\ a_{31} & a_{33} \end{vmatrix},\quad A_{13}=(-1)^{1+3}\begin{vmatrix} a_{21} & a_{22} \\ a_{31} & a_{32} \end{vmatrix}$$

容易验证

$$\begin{aligned}\begin{vmatrix} a_{11} & a_{12} & a_{13} \\ a_{21} & a_{22} & a_{23} \\ a_{31} & a_{32} & a_{33} \end{vmatrix} &= a_{11}a_{22}a_{33}+a_{21}a_{32}a_{13}+a_{12}a_{23}a_{31}-a_{13}a_{22}a_{31}- \\ &\quad a_{23}a_{32}a_{11}-a_{12}a_{21}a_{33} \\ &= a_{11}A_{11}+a_{12}A_{12}+a_{13}A_{13}\end{aligned}$$

这种利用二阶行列式表示三阶行列式的方法具有一般性. 对于一般的 n 阶行列式，有以下定理.

定理 1.1.1　n 阶行列式 D 等于它任意一行(列)的所有元素与其所对应的代数余子式乘积的和，即

$$D=a_{i1}A_{i1}+a_{i2}A_{i2}+\cdots+a_{in}A_{in},\ i=1,\ 2,\ \cdots,\ n$$

$$D=a_{1j}A_{1j}+a_{2j}A_{2j}+\cdots+a_{nj}A_{nj},\ j=1,\ 2,\ \cdots,\ n$$

例 1.1.4　计算行列式

$$D=\begin{vmatrix} 5 & 3 & -1 & 2 & 0 \\ 1 & 7 & 2 & 5 & 2 \\ 0 & -2 & 3 & 1 & 0 \\ 0 & -4 & -1 & 4 & 0 \\ 0 & 2 & 3 & 5 & 0 \end{vmatrix}$$

解　由定理 1.1.1，按第五列展开：

$$D=2\times(-1)^{2+5}\begin{vmatrix} 5 & 3 & -1 & 2 \\ 0 & -2 & 3 & 1 \\ 0 & -4 & -1 & 4 \\ 0 & 2 & 3 & 5 \end{vmatrix}$$

然后按第一列展开：

$$D=(-2)\times5\times(-1)^{1+1}\begin{vmatrix} -2 & 3 & 1 \\ -4 & -1 & 4 \\ 2 & 3 & 5 \end{vmatrix}=-1080$$

例 1.1.5 计算行列式

$$D=\begin{vmatrix} a_{11} & 0 & \cdots & 0 \\ a_{21} & a_{22} & \cdots & 0 \\ \vdots & \vdots & & \vdots \\ a_{n1} & a_{n2} & \cdots & a_{nn} \end{vmatrix}$$

定义当 $i<j$ 时 $a_{ij}=0(i, j=1, 2, \cdots, n)$的行列式为下三角形行列式.

解 由定理 1.1.1，按第一行展开，得

$$D=a_{11}A_{11}$$

A_{11} 是 $n-1$ 阶下三角形行列式，则

$$A_{11}=a_{22}\begin{vmatrix} a_{33} & 0 & \cdots & 0 \\ a_{43} & a_{44} & \cdots & 0 \\ \vdots & \vdots & & \vdots \\ a_{n3} & a_{n4} & \cdots & a_{nn} \end{vmatrix}$$

依次类推，容易求出

$$D=a_{11}a_{22}\cdots a_{nn}$$

特别地，主对角行列式形如下列：

$$\begin{vmatrix} \lambda_1 & 0 & \cdots & 0 \\ 0 & \lambda_2 & \cdots & 0 \\ \vdots & \vdots & & \vdots \\ 0 & 0 & \cdots & \lambda_n \end{vmatrix}=\lambda_1\lambda_2\cdots\lambda_n$$

例 1.1.6 计算行列式

$$D_n=\begin{vmatrix} 4 & 1 & 0 & \cdots & 0 & 0 \\ 3 & 4 & 1 & \cdots & 0 & 0 \\ 0 & 3 & 4 & \cdots & 0 & 0 \\ \vdots & \vdots & \vdots & & \vdots & \vdots \\ 0 & 0 & 0 & \cdots & 4 & 1 \\ 0 & 0 & 0 & \cdots & 3 & 4 \end{vmatrix}$$

解 按第一行展开：

$$D_n=4D_{n-1}-\begin{vmatrix} 3 & 1 & & & & \\ 0 & 4 & 1 & & & \\ & 3 & 4 & 1 & & \\ & & \ddots & \ddots & \ddots & \\ & & & 3 & 4 & 1 \\ & & & & 3 & 4 \end{vmatrix}=4D_{n-1}-3D_{n-2}$$

于是有 $D_n-3D_{n-1}=D_{n-1}-3D_{n-2}=D_{n-2}-3D_{n-3}=\cdots=D_2-3D_1=1$，即

$$D_n-D_{n-1}=3(D_{n-1}-D_{n-2})=3^2(D_{n-2}-D_{n-3})=\cdots=3^{n-2}(D_2-D_1)=3^n$$

消去 D_{n-1}，得 $D_n=\frac{1}{2}(3^{n+1}-1)$.

1.2 行列式的性质

由 n 阶行列式的定义可知，直接根据定义来计算 n 阶行列式是很困难的. 本节将介绍行列式的性质，利用这些性质，可以使行列式的计算大为简化.

首先给出转置行列式的概念. 设

$$D=\begin{vmatrix} a_{11} & a_{12} & \cdots & a_{1n} \\ a_{21} & a_{22} & \cdots & a_{2n} \\ \vdots & \vdots & & \vdots \\ a_{n1} & a_{n2} & \cdots & a_{nn} \end{vmatrix}$$

把 D 的行变为列，就得到新的行列式，记为

$$D^{\mathrm{T}}=\begin{vmatrix} a_{11} & a_{21} & \cdots & a_{n1} \\ a_{12} & a_{22} & \cdots & a_{n2} \\ \vdots & \vdots & & \vdots \\ a_{1n} & a_{2n} & \cdots & a_{nn} \end{vmatrix}$$

此行列式即为转置行列式.

性质 1.2.1 行列式与它的转置行列式相等.

性质 1.2.1 说明行列式的行和列具有同等地位，对行成立的性质对列也成立，反之亦然.

性质 1.2.2 对换行列式的两行(或两列)，行列式变号.

以 r_i 表示行列式的第 i 行，以 c_j 表示第 j 列，对换 i，j 两行记作 $r_i \leftrightarrow r_j$，对换 i，j 两列记作 $c_i \leftrightarrow c_j$.

例如，

$$\begin{vmatrix} 5 & -2 \\ -8 & 4 \end{vmatrix}=4,\quad r_1 \leftrightarrow r_2\text{，得} \begin{vmatrix} -8 & 4 \\ 5 & -2 \end{vmatrix}=-4$$

$$\begin{vmatrix} 1 & 2 & -4 \\ -2 & 2 & 1 \\ -3 & 4 & -2 \end{vmatrix}=-14,\ c_1 \leftrightarrow c_3\text{，得} \begin{vmatrix} -4 & 2 & 1 \\ 1 & 2 & -2 \\ -2 & 4 & -3 \end{vmatrix}=14$$

推论 1.2.1 如果行列式有两行(列)完全相同，则此行列式等于零.

证 把行列式 D 中对应元素相等的两行互换，由性质 1.2.2 可知 $D=-D$，故 $D=0$.

性质 1.2.3 用同一数 k 乘行列式中某一行(列)的所有元素，结果等于用数 k 乘此行列式，即

$$\begin{vmatrix} a_{11} & a_{12} & \cdots & a_{1n} \\ \vdots & \vdots & & \vdots \\ ka_{i1} & ka_{i2} & \cdots & ka_{in} \\ \vdots & \vdots & & \vdots \\ a_{n1} & a_{n2} & \cdots & a_{nn} \end{vmatrix}=k\begin{vmatrix} a_{11} & a_{12} & \cdots & a_{1n} \\ \vdots & \vdots & & \vdots \\ a_{i1} & a_{i2} & \cdots & a_{in} \\ \vdots & \vdots & & \vdots \\ a_{n1} & a_{n2} & \cdots & a_{nn} \end{vmatrix}$$

例如，

$$\begin{vmatrix} 2 & 3 \\ 4 & -8 \end{vmatrix} = 4\begin{vmatrix} 2 & 3 \\ 1 & -2 \end{vmatrix} = 4\times(-7) = -28$$

第 i 行(j 列)同乘数 k，简记为 $kr_i(kc_j)$. 第 i 行(或 j 列)乘以 k，记作 $r_i\times k$(或 $c_j\times k$).

推论 1.2.2 行列式中某一行(列)的所有元素的公因子可以提到行列式记号的外面.

性质 1.2.4 行列式中如果有两行(列)的元素成比例，则此行列式等于零.

例如，$\begin{vmatrix} a & b \\ ka & kb \end{vmatrix}=0$.

性质 1.2.5 若行列式的第 i 行(列)的元素都是两数之和，则该行列式可表示为两个行列式之和，即

$$\begin{vmatrix} a_{11} & a_{12} & \cdots & a_{1n} \\ \vdots & \vdots & & \vdots \\ a_{i1}+b_{i1} & a_{i2}+b_{i2} & \cdots & a_{in}+b_{in} \\ \vdots & \vdots & & \vdots \\ a_{n1} & a_{n2} & \cdots & a_{nn} \end{vmatrix} = \begin{vmatrix} a_{11} & a_{12} & \cdots & a_{1n} \\ \vdots & \vdots & & \vdots \\ a_{i1} & a_{i2} & \cdots & a_{in} \\ \vdots & \vdots & & \vdots \\ a_{n1} & a_{n2} & \cdots & a_{nn} \end{vmatrix} + \begin{vmatrix} a_{11} & a_{12} & \cdots & a_{1n} \\ \vdots & \vdots & & \vdots \\ b_{i1} & b_{i2} & \cdots & b_{in} \\ \vdots & \vdots & & \vdots \\ a_{n1} & a_{n2} & \cdots & a_{nn} \end{vmatrix}$$

例如，

$$\begin{vmatrix} 4 & 6 \\ 2 & -3 \end{vmatrix} = \begin{vmatrix} 1+3 & 1+5 \\ 2 & -3 \end{vmatrix} = \begin{vmatrix} 1 & 1 \\ 2 & -3 \end{vmatrix} + \begin{vmatrix} 3 & 5 \\ 2 & -3 \end{vmatrix} = -5-19 = -24$$

性质 1.2.6 把行列式的某一列(行)的各元素乘同一数然后加到另一列(行)对应的元素上去，行列式不变.

例如，以数 k 乘第 j 行加到第 i 行上(记作 r_i+kr_j)，有

$$\begin{vmatrix} a_{11} & a_{12} & \cdots & a_{1n} \\ \vdots & \vdots & & \vdots \\ a_{i1} & a_{i2} & \cdots & a_{in} \\ \vdots & \vdots & & \vdots \\ a_{j1} & a_{j2} & \cdots & a_{jn} \\ \vdots & \vdots & & \vdots \\ a_{n1} & a_{n2} & \cdots & a_{nn} \end{vmatrix} = \begin{vmatrix} a_{11} & a_{12} & \cdots & a_{1n} \\ \vdots & \vdots & & \vdots \\ ka_{j1}+a_{i1} & ka_{j2}+a_{i2} & \cdots & ka_{jn}+a_{in} \\ \vdots & \vdots & & \vdots \\ a_{j1} & a_{j2} & \cdots & a_{jn} \\ \vdots & \vdots & & \vdots \\ a_{n1} & a_{n2} & \cdots & a_{nn} \end{vmatrix}$$

把第 j 行(列)的 k 倍加到第 i 行(列)，简记为 $r_i+kr_j(c_i+kc_j)$.

例如，

$$\begin{vmatrix} 1 & -2 \\ 2 & -3 \end{vmatrix} \xlongequal{r_1+(-2)r_2} \begin{vmatrix} -3 & 4 \\ 2 & -3 \end{vmatrix} = 1$$

性质 1.2.1～性质 1.2.6 涉及行列式关于行和列的三种运算，即

$$r_i \leftrightarrow r_j,\ kr_i,\ r_i+kr_j \text{ 和 } c_i \leftrightarrow c_j,\ kc_i,\ c_i+kc_j$$

利用这三种运算可简化行列式的计算，特别是利用运算 r_i+kr_j 可以把行列式中的部分元素化为 0，并结合定理 1.1.1 计算出行列式的值.

例 1.2.1 分解行列式

$$D = \begin{vmatrix} a+x & b+y \\ c+z & d+w \end{vmatrix}$$

解　$D=\begin{vmatrix} a & b+y \\ c & d+w \end{vmatrix}+\begin{vmatrix} x & b+y \\ z & d+w \end{vmatrix}=\begin{vmatrix} a & b \\ c & d \end{vmatrix}+\begin{vmatrix} a & y \\ c & w \end{vmatrix}+\begin{vmatrix} x & b \\ z & d \end{vmatrix}+\begin{vmatrix} x & y \\ z & w \end{vmatrix}$

例 1.2.2　计算行列式

$$D=\begin{vmatrix} 246 & 427 & 327 \\ 1014 & 543 & 443 \\ -342 & 721 & 621 \end{vmatrix}$$

解　根据行列式的性质，把第二列和第三列加到第一列上，得

$$D=\begin{vmatrix} 1000 & 427 & 327 \\ 2000 & 543 & 443 \\ 1000 & 721 & 621 \end{vmatrix}$$

把第三列乘(－1)加到第二列上，得

$$D=\begin{vmatrix} 1000 & 100 & 327 \\ 2000 & 100 & 443 \\ 1000 & 100 & 621 \end{vmatrix}$$

利用推论 1.2.2，提出第一列和第二列的公因子，得

$$D=10^5\begin{vmatrix} 1 & 1 & 327 \\ 2 & 1 & 443 \\ 1 & 1 & 621 \end{vmatrix}\xrightarrow{c_1+(-1)\cdot c_2}10^5\begin{vmatrix} 0 & 1 & 327 \\ 1 & 1 & 443 \\ 0 & 1 & 621 \end{vmatrix}$$

$$=-10^5\begin{vmatrix} 1 & 327 \\ 1 & 621 \end{vmatrix}=-294\times 10^5$$

例 1.2.3　计算行列式

$$D=\begin{vmatrix} 3 & 1 & -1 & 2 \\ -5 & 1 & 3 & -4 \\ 2 & 0 & 1 & -1 \\ 1 & -5 & 3 & -3 \end{vmatrix}$$

解

$$D\overset{c_1\leftrightarrow c_2}{=\!=\!=}-\begin{vmatrix} 1 & 3 & -1 & 2 \\ 1 & -5 & 3 & -4 \\ 0 & 2 & 1 & -1 \\ -5 & 1 & 3 & -3 \end{vmatrix}\overset{\substack{r_2-r_1 \\ r_4+5r_1}}{=\!=\!=}\begin{vmatrix} 1 & 3 & -1 & 2 \\ 0 & -8 & 4 & -6 \\ 0 & 2 & 1 & -1 \\ 0 & 16 & -2 & 7 \end{vmatrix}$$

$$\overset{r_2\leftrightarrow r_3}{=\!=\!=}\begin{vmatrix} 1 & 3 & -1 & 2 \\ 0 & 2 & 1 & -1 \\ 0 & -8 & 4 & -6 \\ 0 & 16 & -2 & 7 \end{vmatrix}\overset{\substack{r_3+4r_2 \\ r_4-8r_2}}{=\!=\!=}\begin{vmatrix} 1 & 3 & -1 & 2 \\ 0 & 2 & 1 & -1 \\ 0 & 0 & 8 & -10 \\ 0 & 0 & -10 & 15 \end{vmatrix}$$

$$\overset{r_4+\frac{5}{4}r_3}{=\!=\!=}\begin{vmatrix} 1 & 3 & -1 & 2 \\ 0 & 2 & 1 & -1 \\ 0 & 0 & 8 & -10 \\ 0 & 0 & 0 & \frac{5}{2} \end{vmatrix}$$

$$=40$$

例 1.2.4 计算行列式

$$D_n=\begin{vmatrix} \lambda & a & a & \cdots & a \\ a & \lambda & a & \cdots & a \\ a & a & \lambda & \cdots & a \\ \vdots & \vdots & \vdots & & \vdots \\ a & a & a & \cdots & \lambda \end{vmatrix}$$

解 把第 2，3，…，n 列加到第一列，再提出第一列的公因子 $\lambda+(n-1)a$，得

$$D_n=[\lambda+(n-1)a]\begin{vmatrix} 1 & a & a & a & a \\ 1 & \lambda & a & \cdots & a \\ 1 & a & \lambda & \cdots & a \\ \vdots & \vdots & \vdots & & \vdots \\ 1 & a & a & \cdots & \lambda \end{vmatrix}$$

$$\xlongequal[j=2,\cdots,n]{r_j-ar_1}[\lambda+(n-1)a]\begin{vmatrix} 1 & a & a & \cdots & a \\ 0 & \lambda-a & 0 & \cdots & 0 \\ 0 & 0 & \lambda-a & \cdots & 0 \\ \vdots & \vdots & \vdots & & \vdots \\ 0 & 0 & 0 & \cdots & \lambda-a \end{vmatrix}$$

$$=[\lambda+(n-1)a](\lambda-a)^{n-1}$$

1.3 克拉默(Grammer)法则

对于二元、三元线性方程组，当它们的系数行列式不为零时，其唯一解可以用行列式的商来表示. 克拉默法则给出了当方程个数与其自变量个数相同的 n 元线性方程组的解用行列式表示的便利方法.

定理 1.3.1(克拉默(Grammer)法则) 设含有 n 个未知数 x_1，x_2，…，x_n 的 n 个线性方程的方程组

$$\begin{cases} a_{11}x_1+a_{12}x_2+\cdots+a_{1n}x_n=b_1 \\ a_{21}x_1+a_{22}x_2+\cdots+a_{2n}x_n=b_2 \\ \qquad\cdots\cdots \\ a_{n1}x_1+a_{n2}x_2+\cdots+a_{nn}x_n=b_n \end{cases} \tag{1.3.1}$$

的系数行列式

$$D=\begin{vmatrix} a_{11} & a_{12} & \cdots & a_{1n} \\ a_{21} & a_{22} & \cdots & a_{2n} \\ \vdots & \vdots & & \vdots \\ a_{n1} & a_{n2} & \cdots & a_{nn} \end{vmatrix}\neq 0$$

则方程组(1.3.1)有唯一解：

$$x_1=\frac{D_1}{D},\ x_2=\frac{D_2}{D},\ \cdots,\ x_n=\frac{D_n}{D} \tag{1.3.2}$$

其中，$D_j\,(j=1, 2, \cdots, n)$是把系数行列式 D 中第 j 列的元素用方程组右端的常数项代替后所得到的 n 阶行列式，即

$$D_j=\begin{vmatrix} a_{11} & \cdots & a_{1,j-1} & b_1 & a_{1,j+1} & \cdots & a_{1n} \\ a_{21} & \cdots & a_{2,j-1} & b_2 & a_{2,j+1} & \cdots & a_{2n} \\ \vdots & & \vdots & \vdots & \vdots & & \vdots \\ a_{n1} & \cdots & a_{n,j-1} & b_n & a_{n,j+1} & \cdots & a_{nn} \end{vmatrix}, \ j=1, 2, \cdots, n$$

例 1.3.1　解线性方程组

$$\begin{cases} x_1+2x_2-x_3+3x_4=2 \\ 2x_1-x_2+3x_3-2x_4=7 \\ 3x_2-x_3+x_4=6 \\ x_1-x_2+x_3+4x_4=-4 \end{cases}$$

解　因为

$$D=\begin{vmatrix} 1 & 2 & -1 & 3 \\ 2 & -1 & 3 & -2 \\ 0 & 3 & -1 & 1 \\ 1 & -1 & 1 & 4 \end{vmatrix}=\begin{vmatrix} 1 & 2 & -1 & 3 \\ 0 & -5 & 5 & -8 \\ 0 & 3 & -1 & 1 \\ 0 & -3 & 2 & 1 \end{vmatrix}$$

$$=\begin{vmatrix} -5 & 5 & -8 \\ 3 & -1 & 1 \\ -3 & 2 & 1 \end{vmatrix}=\begin{vmatrix} 19 & -3 & -8 \\ 0 & 0 & 1 \\ -6 & 3 & 1 \end{vmatrix}$$

$$=-\begin{vmatrix} 19 & -3 \\ -6 & 3 \end{vmatrix}=-39\neq 0$$

故方程组有唯一解，又

$$D_1=\begin{vmatrix} 2 & 2 & -1 & 3 \\ 7 & -1 & 3 & -2 \\ 6 & 3 & -1 & 1 \\ -4 & -1 & 1 & 4 \end{vmatrix}=-39, \ D_2=\begin{vmatrix} 1 & 2 & -1 & 3 \\ 2 & 7 & 3 & -2 \\ 0 & 6 & -1 & 1 \\ 1 & -4 & 1 & 4 \end{vmatrix}=-117$$

$$D_3=\begin{vmatrix} 1 & 2 & 2 & 3 \\ 2 & -1 & 7 & -2 \\ 0 & 3 & 6 & 1 \\ 1 & -1 & -4 & 4 \end{vmatrix}=-78, \ D_4=\begin{vmatrix} 1 & 2 & -1 & 2 \\ 2 & -1 & 3 & 7 \\ 0 & 3 & -1 & 6 \\ 1 & -1 & 1 & -4 \end{vmatrix}=39$$

所以方程组的唯一解为

$$x_1=\frac{D_1}{D}=1, \quad x_2=\frac{D_2}{D}=3, \quad x_3=\frac{D_3}{D}=2, \quad x_4=\frac{D_4}{D}=-1$$

下面给出定理 1.3.1 的逆否定理.

定理 1.3.2　设含有 n 个未知数 $x_1, x_2, \cdots, x_n$ 的 n 个线性方程的方程组(1.3.1)无解或有两个不同的解，则系数行列式 $D=0$.

当方程组(1.3.1)右端的常数项 $b_1, b_2, \cdots, b_n$ 不全为零时，方程组(1.3.1)叫作非齐次线性方程组，当 $b_1, b_2, \cdots, b_n$ 全为零时，方程组(1.3.1)变为

$$\begin{cases} a_{11}x_1+a_{12}x_2+\cdots+a_{1n}x_n=0 \\ a_{21}x_1+a_{22}x_2+\cdots+a_{2n}x_n=0 \\ \cdots\cdots \\ a_{n1}x_1+a_{n2}x_2+\cdots+a_{nn}x_n=0 \end{cases} \tag{1.3.3}$$

定义方程组(1.3.3)为齐次线性方程组. 显然，$x_1=x_2=\cdots=x_n=0$ 是方程组(1.3.3)的解，并定义为方程组(1.3.3)的零解.

定理 1.3.3 如果齐次线性方程组(1.3.3)的系数行列式 $D\neq 0$，则齐次线性方程组(1.3.3)没有非零解. 反之，如果齐次线性方程组(1.3.3)有非零解，则对应的系数行列式必为零.

例 1.3.2 λ 取何值时，齐次线性方程组

$$\begin{cases} (5-\lambda)x_1+2x_2+2x_3=0 \\ 2x_1+(6-\lambda)x_2=0 \\ 2x_1+(4-\lambda)x_3=0 \end{cases} \tag{1.3.4}$$

有非零解?

解 由定理 1.3.3 可知，齐次线性方程组(1.3.4)有非零解，则该方程组的系数行列式 $D=0$，即

$$D=\begin{vmatrix} 5-\lambda & 2 & 2 \\ 2 & 6-\lambda & 0 \\ 2 & 0 & 4-\lambda \end{vmatrix}=(5-\lambda)(6-\lambda)(4-\lambda)-4(4-\lambda)-4(6-\lambda)$$

$$=(5-\lambda)(2-\lambda)(8-\lambda)=0$$

解得 $\lambda=2$，$\lambda=5$ 或 $\lambda=8$.

例 1.3.3 若齐次线性方程组

$$\begin{cases} \lambda x_1+x_2+x_3=0 \\ x_1+\lambda x_2+x_3=0 \\ x_1+x_2+x_3=0 \end{cases} \tag{1.3.5}$$

只有零解，则 λ 应满足什么条件?

解 由定理 1.3.3 可知，齐次线性方程组只有零解，则该方程组(1.3.5)的系数行列式 $D\neq 0$，即

$$D=\begin{vmatrix} \lambda & 1 & 1 \\ 1 & \lambda & 1 \\ 1 & 1 & 1 \end{vmatrix}=(\lambda-1)^2\neq 0$$

解得 $\lambda\neq 1$. 故当 $\lambda\neq 1$ 时，齐次线性方程组只有零解.

习　题　1

1. 计算下列行列式.

(1) $\begin{vmatrix} 3 & 5 \\ -2 & -3 \end{vmatrix}$；　(2) $\begin{vmatrix} 3 & 1 & 2 \\ 2 & 4 & 5 \\ 2 & 4 & 5 \end{vmatrix}$；　(3) $\begin{vmatrix} 2 & 1 & 2 & 1 \\ 3 & 0 & 1 & 1 \\ -1 & 2 & -2 & 1 \\ -3 & 2 & 3 & 1 \end{vmatrix}$.

2. 给定 $A=\begin{vmatrix} 3 & 2 & 4 \\ 1 & -2 & 3 \\ 2 & 3 & 2 \end{vmatrix}$，求：

(1) M_{21}，M_{22} 和 M_{23} 的行列式；

(2) A_{21}，A_{22} 和 A_{23} 的值.

3. 证明：

$$D=\begin{vmatrix} 0 & 0 & \cdots & 0 & a_{1n} \\ 0 & 0 & \cdots & a_{2,n-1} & a_{2n} \\ \vdots & \vdots & & \vdots & \vdots \\ a_{n1} & a_{n2} & \cdots & a_{n,n-1} & a_{nn} \end{vmatrix}=(-1)^{\frac{n(n+1)}{2}}a_{1,n}a_{2,n-1}\cdots a_{n1}$$

4. 计算下列行列式.

(1) $D=\begin{vmatrix} 0 & 1 & 1 & 3 \\ 1 & -1 & 0 & 2 \\ 1 & -2 & 3 & 0 \\ 2 & 1 & 1 & 0 \end{vmatrix}$；　(2) $D=\begin{vmatrix} 1 & 1 & 1 & 1 \\ 2 & -1 & 3 & 2 \\ 0 & 1 & 2 & 1 \\ 0 & 0 & 7 & 3 \end{vmatrix}$

5. 证明 3×3 范德蒙德行列式：

$$D=\begin{vmatrix} 1 & x_1 & x_1^2 \\ 1 & x_2 & x_2^2 \\ 1 & x_3 & x_3^2 \end{vmatrix}=(x_2-x_1)(x_3-x_1)(x_3-x_2)$$

6. 求方程 $\begin{vmatrix} 2 & -1 & 3 & 1 \\ 9-x^2 & 3 & 4 & -2 \\ 2 & -1 & 3 & 2-x^2 \\ 5 & 3 & 4 & -2 \end{vmatrix}=0$ 的根.

7. 已知五阶行列式：

$$D_5=\begin{vmatrix} 1 & 2 & 3 & 4 & 5 \\ 2 & 2 & 2 & 1 & 1 \\ 3 & 1 & 2 & 4 & 5 \\ 1 & 1 & 1 & 2 & 2 \\ 4 & 3 & 1 & 5 & 0 \end{vmatrix}=27$$

求 $A_{41}+A_{42}+A_{43}$ 和 $A_{44}+A_{45}$，其中 $A_{4j}(j=1, 2, 3, 4, 5)$ 为 D_5 的第四行第 j 个元素的代数余子式.

8. 利用克拉默法则解下列方程组.

(1) $\begin{cases} 2x_1+3x_2=2 \\ 3x_1+2x_2=5 \end{cases}$；

(2) $\begin{cases}2x_1+x_2-3x_3=0\\4x_1+5x_2+x_3=8\\-2x_1-x_2+4x_3=2\end{cases}$；

(3) $\begin{cases}x_1+x_2+x_3+x_4=5\\x_1+2x_2-x_3+4x_4=-2\\2x_1-3x_2-x_3-5x_4=-2\\3x_1+x_2+2x_3+11x_4=0\end{cases}$.

9. 问 λ，μ 取何值时，齐次线性方程组

$$\begin{cases}\lambda x_1+x_2+x_3=0\\x_1+\mu x_2+x_3=0\\x_1+2\mu x_2+x_3=0\end{cases}$$

有非零解？

10. 若齐次线性方程组

$$\begin{cases}\lambda x_1+x_2+x_3=0\\x_1+\mu x_2+x_3=0\\x_1+2\mu x_2+x_3=0\end{cases}$$

只有零解，则 λ，μ 应取何值？

习题 1 参考答案

第2章 矩 阵

矩阵是线性代数的一个重要概念，是作为表示线性方程组的一种数学工具而引入的，其相关内容贯穿于线性代数的各个部分. 同时，矩阵相关内容是学习工科及其他学科不可缺少的基本工具. 本章主要介绍矩阵的定义、运算、逆矩阵和矩阵的初等变换与矩阵的秩等内容.

2.1 矩阵的定义与运算

2.1.1 矩阵的定义

定义 2.1.1 由 $m\times n$ 个数 $a_{ij}(i=1, 2, \cdots, m; j=1, 2, \cdots, n)$ 按一定顺序构成的 m 行 n 列的数表

$$\begin{array}{cccc} a_{11} & a_{12} & \cdots & a_{1n} \\ a_{21} & a_{22} & \cdots & a_{2n} \\ \vdots & \vdots & & \vdots \\ a_{m1} & a_{m2} & \cdots & a_{mn} \end{array}$$

称为 m 行 n 列矩阵，简称 $m\times n$ 矩阵，记为 $\boldsymbol{A}=(a_{ij})_{m\times n}$ 或 $\boldsymbol{A}_{m\times n}$. 为表示它是一个整体，加一个括弧，记作

$$\boldsymbol{A}=\begin{pmatrix} a_{11} & a_{12} & \cdots & a_{1n} \\ a_{21} & a_{22} & \cdots & a_{2n} \\ \vdots & \vdots & & \vdots \\ a_{m1} & a_{m2} & \cdots & a_{mn} \end{pmatrix} \tag{2.1.1}$$

其中，$a_{i1}, a_{i2}, \cdots, a_{in}$ 称为第 i 行元素，$a_{1j}, a_{2j}, \cdots, a_{mj}$ 称为第 j 列元素. $a_{ij}(i=1, 2, \cdots, m; j=1, 2, \cdots, n)$ 表示第 i 行第 j 列位置的元素，当元素 a_{ij} 是实数时，称 $\boldsymbol{A}$ 为实矩阵，当元素 a_{ij} 是复数时，称 $\boldsymbol{A}$ 为复矩阵. 特别地，当行数 m 与列数 n 相等，$\boldsymbol{A}$ 称为 n 阶方阵，即

$$\boldsymbol{A}=\begin{pmatrix} a_{11} & a_{12} & \cdots & a_{1n} \\ a_{21} & a_{22} & \cdots & a_{2n} \\ \vdots & \vdots & & \vdots \\ a_{n1} & a_{n2} & \cdots & a_{nn} \end{pmatrix}$$

记作 $\boldsymbol{A}_n$.

当 $m=1$ 时，即只有一行的矩阵 $\boldsymbol{A}=(a_1, a_2, \cdots, a_n)$ 称为行矩阵，又称为行向量. 当 $n=1$ 时，即只有一列的矩阵 $\boldsymbol{A}=\begin{pmatrix} a_1 \\ a_2 \\ \vdots \\ a_n \end{pmatrix}$ 称为列矩阵，又称为列向量.

元素 $a_{ij}=0(i=1, 2, \cdots, m; j=1, 2, \cdots, n)$ 定义为矩阵(2.1.1)的零矩阵，记为 $\boldsymbol{O}$.

两个矩阵的行、列均相等，定义这两个矩阵为同型矩阵. 若 $\boldsymbol{A}=(a_{ij})$ 与 $\boldsymbol{B}=(b_{ij})$ 是同型矩阵，并且对应元素相等，即 $a_{ij}=b_{ij}(i=1, 2, \cdots, m; j=1, 2, \cdots, n)$，则定义矩阵 $\boldsymbol{A}$ 与矩阵 $\boldsymbol{B}$ 相等，记作 $\boldsymbol{A}=\boldsymbol{B}$.

当 $a_{ij}=0(i\neq j)$，$a_{ii}=1(i=1, 2, \cdots, n)$ 时，定义矩阵(2.1.1)为 n 阶单位矩阵，记作 $\boldsymbol{I}_{n\times n}$ 或 $\boldsymbol{E}_{n\times n}$，即

$$\boldsymbol{I}_{n\times n}=\begin{pmatrix} 1 & 0 & \cdots & 0 \\ 0 & 1 & \cdots & 0 \\ \vdots & \vdots & & \vdots \\ 0 & 0 & \cdots & 1 \end{pmatrix}$$

当 $a_{ij}=0(i\neq j)$，$a_{ii}=\lambda(i=1, 2, \cdots, n)$ 时，定义矩阵(2.1.1)为数量矩阵，即

$$\boldsymbol{A}=\begin{pmatrix} \lambda & 0 & \cdots & 0 \\ 0 & \lambda & \cdots & 0 \\ \vdots & \vdots & & \vdots \\ 0 & 0 & \cdots & \lambda \end{pmatrix}$$

当 $a_{ij}=0(i>j)$ 时，定义矩阵(2.1.1)为上三角形矩阵，即

$$\boldsymbol{A}=\begin{pmatrix} a_{11} & a_{12} & \cdots & a_{1n} \\ 0 & a_{22} & \cdots & a_{2n} \\ \vdots & \vdots & & \vdots \\ 0 & 0 & \cdots & a_{nn} \end{pmatrix}$$

当 $a_{ij}=0(i<j)$ 时，定义矩阵(2.1.1)为下三角形矩阵，即

$$\boldsymbol{A}=\begin{pmatrix} a_{11} & 0 & \cdots & 0 \\ a_{21} & a_{22} & \cdots & 0 \\ \vdots & \vdots & & \vdots \\ a_{n1} & a_{n2} & \cdots & a_{nn} \end{pmatrix}$$

2.1.2 矩阵的线性运算

定义 2.1.2 设矩阵 $\boldsymbol{A}=(a_{ij})_{m\times n}$，$\boldsymbol{B}=(b_{ij})_{m\times n}$，矩阵 $\boldsymbol{A}$ 与 $\boldsymbol{B}$ 的和记作 $\boldsymbol{A}+\boldsymbol{B}$，规定为

$$\boldsymbol{A}+\boldsymbol{B}=\begin{pmatrix} a_{11}+b_{11} & a_{12}+b_{12} & \cdots & a_{1n}+b_{1n} \\ a_{21}+b_{21} & a_{22}+b_{22} & \cdots & a_{2n}+b_{2n} \\ \vdots & \vdots & & \vdots \\ a_{m1}+b_{m1} & a_{m2}+b_{m2} & \cdots & a_{mn}+b_{mn} \end{pmatrix}$$

注 两个矩阵相加由两个矩阵对应位置元素相加得到，只有两个矩阵是同型矩阵才能

进行加法运算.

设矩阵 $\boldsymbol{A}=(a_{ij})$，定义 $-\boldsymbol{A}=(-a_{ij})$ 为矩阵 $\boldsymbol{A}$ 的负矩阵，定义矩阵 $\boldsymbol{A}$ 和 $\boldsymbol{B}$ 的减法运算

$$\boldsymbol{A}-\boldsymbol{B}=\boldsymbol{A}+(-\boldsymbol{B})$$

矩阵加法满足以下规律(设 $\boldsymbol{A}$，$\boldsymbol{B}$，$\boldsymbol{C}$ 都是 m 行 n 列同型矩阵)：

(1) $\boldsymbol{A}+\boldsymbol{B}=\boldsymbol{B}+\boldsymbol{A}$ (交换律)；

(2) $(\boldsymbol{A}+\boldsymbol{B})+\boldsymbol{C}=\boldsymbol{A}+(\boldsymbol{B}+\boldsymbol{C})$ (结合律)；

(3) $\boldsymbol{A}+\boldsymbol{O}=\boldsymbol{O}+\boldsymbol{A}=\boldsymbol{A}$；

(4) $\boldsymbol{A}+(-\boldsymbol{A})=\boldsymbol{O}$，$\boldsymbol{O}$ 为 $m\times n$ 零矩阵.

定义 2.1.3 数 λ 与矩阵 $\boldsymbol{A}$ 的乘积记为 $\lambda\boldsymbol{A}$，即

$$\lambda\boldsymbol{A}=\begin{pmatrix}\lambda a_{11} & \lambda a_{12} & \cdots & \lambda a_{1n}\\ \lambda a_{21} & \lambda a_{22} & \cdots & \lambda a_{2n}\\ \vdots & \vdots & & \vdots\\ \lambda a_{m1} & \lambda a_{m2} & \cdots & \lambda a_{mn}\end{pmatrix}_{m\times n}$$

设 $\boldsymbol{A}$，$\boldsymbol{B}$ 为 $m\times n$ 矩阵，λ，u 为数，数乘矩阵满足下列运算规律：

(1) $(\lambda\mu)\boldsymbol{A}=\lambda(\mu\boldsymbol{A})$；

(2) $(\lambda+\mu)\boldsymbol{A}=\lambda\boldsymbol{A}+\mu\boldsymbol{A}$；

(3) $\lambda(\boldsymbol{A}+\boldsymbol{B})=\lambda\boldsymbol{A}+\lambda\boldsymbol{B}$.

例 2.1.1 已知矩阵 $\boldsymbol{A}=\begin{pmatrix}4 & 8 & 2\\ 6 & 8 & 10\end{pmatrix}$，$\boldsymbol{B}=\begin{pmatrix}3 & 2 & 1\\ 4 & 5 & 6\end{pmatrix}$，求 $\frac{1}{2}\boldsymbol{A}$，$2\boldsymbol{A}-3\boldsymbol{B}$.

解

$$\frac{1}{2}\boldsymbol{A}=\frac{1}{2}\begin{pmatrix}4 & 8 & 2\\ 6 & 8 & 10\end{pmatrix}=\begin{pmatrix}2 & 4 & 1\\ 3 & 4 & 5\end{pmatrix}$$

$$2\boldsymbol{A}-3\boldsymbol{B}=\begin{pmatrix}8 & 16 & 4\\ 12 & 16 & 20\end{pmatrix}-\begin{pmatrix}9 & 6 & 3\\ 12 & 15 & 18\end{pmatrix}=\begin{pmatrix}-1 & 10 & 1\\ 0 & 1 & 2\end{pmatrix}$$

2.1.3 矩阵的乘法

定义 2.1.4 设 $\boldsymbol{A}=(a_{ij})$是 m 行 s 列的矩阵，$\boldsymbol{B}=(b_{ij})$是 s 行 n 列的矩阵，定义矩阵 $\boldsymbol{A}$ 与矩阵 $\boldsymbol{B}$ 的乘积是一个 $m\times n$ 的矩阵 $\boldsymbol{C}$，记作

$$\boldsymbol{C}=\boldsymbol{AB}=(C_{ij})_{m\times n}$$

其中，$C_{ij}=a_{i1}b_{1j}+a_{i2}b_{2j}+\cdots+a_{is}b_{sj}=\sum_{k=1}^{s}a_{ik}b_{kj}$，$i=1, 2, \cdots, m$；$j=1, 2, \cdots, n$.

例 2.1.2 已知矩阵 $\boldsymbol{A}=\begin{pmatrix}3 & -2\\ 2 & 4\\ 1 & -3\end{pmatrix}$，$\boldsymbol{B}=\begin{pmatrix}-2 & 1 & 3\\ 4 & 1 & 6\end{pmatrix}$，求 $\boldsymbol{AB}$，$\boldsymbol{BA}$.

解

$$\boldsymbol{AB}=\begin{pmatrix}3 & -2\\ 2 & 4\\ 1 & -3\end{pmatrix}\begin{pmatrix}-2 & 1 & 3\\ 4 & 1 & 6\end{pmatrix}=\begin{pmatrix}3\times(-2)-2\times4 & 3\times1-2\times1 & 3\times3-2\times6\\ 2\times(-2)+4\times4 & 2\times1+4\times1 & 2\times3+4\times6\\ 1\times(-2)-3\times4 & 1\times1-3\times1 & 1\times3-3\times6\end{pmatrix}$$

$$=\begin{pmatrix}-14 & 1 & -3\\ 12 & 6 & 30\\ -14 & -2 & -15\end{pmatrix}$$

$$BA=\begin{pmatrix}-2\times3+1\times2+3\times1 & -2\times(-2)+1\times4+3\times(-3)\\ 4\times3+1\times2+6\times1 & 4\times(-2)+1\times4+6\times(-3)\end{pmatrix}$$
$$=\begin{pmatrix}-1 & -1\\ 20 & 22\end{pmatrix}.$$

例 2.1.3 已知$A=\begin{pmatrix}3 & 4\\ 1 & 2\end{pmatrix}$，$B=\begin{pmatrix}1 & 2\\ 4 & 5\\ 3 & 6\end{pmatrix}$，判断$A$能不能左乘以$B$，$B$能不能左乘以$A$.

解 因为A是2列，B是3列，所以A不能乘B，而B是2列，A是2行，所以B可以乘A，即

$$BA=\begin{pmatrix}1 & 2\\ 4 & 5\\ 3 & 6\end{pmatrix}\begin{pmatrix}3 & 4\\ 1 & 2\end{pmatrix}=\begin{pmatrix}5 & 8\\ 17 & 26\\ 15 & 24\end{pmatrix}$$

例 2.1.4 已知$A=\begin{pmatrix}-2 & 4\\ 1 & -2\end{pmatrix}$，$B=\begin{pmatrix}2 & 4\\ -3 & -6\end{pmatrix}$，求$AB$和$BA$.

解
$$AB=\begin{pmatrix}-2 & 4\\ 1 & -2\end{pmatrix}\begin{pmatrix}2 & 4\\ -3 & -6\end{pmatrix}=\begin{pmatrix}-16 & -32\\ 8 & 16\end{pmatrix}$$
$$BA=\begin{pmatrix}2 & 4\\ -3 & -6\end{pmatrix}\begin{pmatrix}-2 & 4\\ 1 & -2\end{pmatrix}=\begin{pmatrix}0 & 0\\ 0 & 0\end{pmatrix}$$

由例2.1.2可知，矩阵AB是A左乘B，BA是A右乘B. 例2.1.4表明$A\neq O$，$B\neq O$，但却有$BA=O$.

矩阵的乘法运算不满足交换律，但仍满足以下运算规律：

(1) $(AB)C=A(BC)$ （结合律）；

(2) $A(B+C)=AB+AC$ （分配律）；

$(B+C)A=BA+CA$，

$\lambda(AB)=(\lambda A)B=A(\lambda B)$，其中$\lambda$为实数；

(3) $E_m A_{m\times n}=A_{m\times n}$，$A_{m\times n}E_n=A_{m\times n}$，其中$E_m$是$m$阶单位矩阵；

(4) 设A为n阶方阵，k个A的连续积定义为A的k次幂，记为A^k，即

$$A^k=\underbrace{AA\cdots A}_{k个}$$

有了矩阵的定义和相关运算，第1章讨论的线性方程组可以由矩阵表示.

例 2.1.5 已知下列方程组

$$\begin{cases}a_{11}x_1+a_{12}x_2+\cdots+a_{1n}x_n=b_1\\ a_{21}x_1+a_{22}x_2+\cdots+a_{2n}x_n=b_2\\ \qquad\cdots\cdots\\ a_{m1}x_1+a_{m2}x_2+\cdots+a_{mn}x_n=b_m\end{cases}$$

将其用矩阵形式表示.

解 (1) 将线性方程组各方程中未知量x_1，x_2，…，x_n的系数依次抽取出来排成行构成系数矩阵，记为A，即

$$\boldsymbol{A}=\begin{pmatrix} a_{11} & a_{12} & \cdots & a_{1n} \\ a_{21} & a_{22} & \cdots & a_{2n} \\ \vdots & \vdots & & \vdots \\ a_{m1} & a_{m2} & \cdots & a_{mn} \end{pmatrix}$$

再将 m 个方程中未知量 $x_1, x_2, \cdots, x_n$ 和右边的常数依次提出构成列向量，记 $\boldsymbol{X}$ 和 $\boldsymbol{b}$，即

$$\boldsymbol{X}=\begin{pmatrix} x_1 \\ x_2 \\ \vdots \\ x_n \end{pmatrix}, \quad \boldsymbol{b}=\begin{pmatrix} b_1 \\ b_2 \\ \vdots \\ b_m \end{pmatrix}$$

则利用矩阵乘法，线性方程组可表示为

$$\boldsymbol{AX}=\boldsymbol{b}$$

例 2.1.6　将下列线性方程组

$$\begin{cases} x_1+2x_2+3x_3=3 \\ 2x_1+2x_2+x_3=3 \\ 3x_1+4x_2+3x_3=4 \end{cases}$$

写成矩阵形式.

解

$$\boldsymbol{A}=\begin{pmatrix} 1 & 2 & 3 \\ 2 & 2 & 1 \\ 3 & 4 & 3 \end{pmatrix}, \boldsymbol{X}=\begin{pmatrix} x_1 \\ x_2 \\ x_3 \end{pmatrix}, \boldsymbol{b}=\begin{pmatrix} 3 \\ 3 \\ 4 \end{pmatrix}$$

则方程组可表示为

$$\boldsymbol{AX}=\boldsymbol{b}$$

定义 $\overline{\boldsymbol{A}}=\begin{pmatrix} 1 & 2 & 3 & 3 \\ 2 & 2 & 1 & 3 \\ 3 & 4 & 3 & 4 \end{pmatrix}$ 为增广矩阵. 显然，一个线性方程组的增广矩阵完全能够代表这个方程组.

2.1.4　矩阵的转置

定义 2.1.5　记 $m \times n$ 矩阵

$$\boldsymbol{A}=\begin{pmatrix} a_{11} & a_{12} & \cdots & a_{1n} \\ a_{21} & a_{22} & \cdots & a_{2n} \\ \vdots & \vdots & & \vdots \\ a_{m1} & a_{m2} & \cdots & a_{mn} \end{pmatrix}$$

把 $\boldsymbol{A}$ 的行变为列得到 $n \times m$ 矩阵：

$$\boldsymbol{A}^{\mathrm{T}}=\begin{pmatrix} a_{11} & a_{21} & \cdots & a_{m1} \\ a_{12} & a_{22} & \cdots & a_{m2} \\ \vdots & \vdots & & \vdots \\ a_{1n} & a_{2n} & \cdots & a_{nm} \end{pmatrix}$$

叫作矩阵 $\boldsymbol{A}$ 的转置.

假设运算都是可行，矩阵转置的运算规律：

(1) $(\boldsymbol{A}^{\mathrm{T}})^{\mathrm{T}}=\boldsymbol{A}$；

(2) $(\boldsymbol{A}+\boldsymbol{B})^{\mathrm{T}}=\boldsymbol{A}^{\mathrm{T}}+\boldsymbol{B}^{\mathrm{T}}$；

(3) $(\boldsymbol{AB})^{\mathrm{T}}=\boldsymbol{B}^{\mathrm{T}}\boldsymbol{A}^{\mathrm{T}}$；

(4) $(\lambda\boldsymbol{A})^{\mathrm{T}}=\lambda\boldsymbol{A}^{\mathrm{T}}$；

(5) $\boldsymbol{A}$ 是对称矩阵的充要条件是 $\boldsymbol{A}=\boldsymbol{A}^{\mathrm{T}}$.

例 2.1.7 已知 $\boldsymbol{A}=\begin{pmatrix}4&1&6\\2&3&5\end{pmatrix}$，$\boldsymbol{B}=\begin{pmatrix}1&3&0\\-2&2&-4\end{pmatrix}$，计算 $(\boldsymbol{A}+\boldsymbol{B})^{\mathrm{T}}$.

解
$$\boldsymbol{A}+\boldsymbol{B}=\begin{pmatrix}5&4&6\\0&5&1\end{pmatrix},\ (\boldsymbol{A}+\boldsymbol{B})^{\mathrm{T}}=\begin{pmatrix}5&0\\4&5\\6&1\end{pmatrix}$$

2.1.5 共轭矩阵

定义 2.1.6 当 $\boldsymbol{A}=(a_{ij})$ 为复矩阵时，用 $\bar{a}_{ij}$ 表示 a_{ij} 的共轭复数，由 $\bar{a}_{ij}$ 作为元素构成的矩阵 $\overline{\boldsymbol{A}}$ 称为 $\boldsymbol{A}$ 的共轭矩阵，即
$$\overline{\boldsymbol{A}}=(\bar{a}_{ij})$$

设 $\boldsymbol{A}$，$\boldsymbol{B}$ 为复矩阵，λ 为复数，共轭矩阵满足下列运算规律：

(1) $\overline{\boldsymbol{A}+\boldsymbol{B}}=\overline{\boldsymbol{A}}+\overline{\boldsymbol{B}}$；

(2) $\overline{\lambda\boldsymbol{A}}=\bar{\lambda}\overline{\boldsymbol{A}}$；

(3) $\overline{\boldsymbol{AB}}=\overline{\boldsymbol{A}}\overline{\boldsymbol{B}}$.

2.2 方阵的行列式及其逆矩阵

2.2.1 方阵的行列式

定义 2.2.1 设 $\boldsymbol{A}=(a_{ij})_{n\times n}$ 为方阵，由 $\boldsymbol{A}$ 的元素按照原位置构成的行列，称为方阵 $\boldsymbol{A}$ 的行列式，记为 $|\boldsymbol{A}|$ 或 $\det\boldsymbol{A}$，即
$$|\boldsymbol{A}|=\begin{vmatrix}a_{11}&a_{12}&\cdots&a_{1n}\\a_{21}&a_{22}&\cdots&a_{2n}\\\vdots&\vdots&&\vdots\\a_{n1}&a_{n2}&\cdots&a_{nn}\end{vmatrix}$$

例 2.2.1 已知矩阵 $\boldsymbol{A}=\begin{pmatrix}2&0&0\\0&3&0\\0&0&1\end{pmatrix}$，求 $|\boldsymbol{A}|$.

解
$$|\boldsymbol{A}|=2\times3\times1=6$$

单位矩阵 $\boldsymbol{E}$ 的行列式 $|\boldsymbol{E}|=1$.

当 $|\boldsymbol{A}|\neq0$，称矩阵 $\boldsymbol{A}$ 是非奇异矩阵；当 $|\boldsymbol{A}|=0$ 时，称 $\boldsymbol{A}$ 为奇异矩阵. n 阶方阵 $\boldsymbol{A}$ 的行列式具有以下性质：

(1) $|\boldsymbol{A}^{\mathrm{T}}|=|\boldsymbol{A}|$;

(2) $|\lambda\boldsymbol{A}|=\lambda^{n}|\boldsymbol{A}|$;

(3) $|\boldsymbol{AB}|=|\boldsymbol{A}||\boldsymbol{B}|$.

例 2.2.2 已知 $\boldsymbol{A}=\begin{pmatrix}1&1&1\\2&-1&0\\1&0&1\end{pmatrix}$，$\boldsymbol{B}=\begin{pmatrix}1&0&0\\2&1&0\\0&2&1\end{pmatrix}$，求：

(1) $|-2\boldsymbol{B}|$;

(2) $|\boldsymbol{AB}-\boldsymbol{BA}|$.

解 (1) 由 n 阶方阵 $\boldsymbol{A}$ 的行列式的性质(2)，有

$$|-2\boldsymbol{B}|=(-2)^{3}\begin{vmatrix}1&0&0\\2&1&0\\0&2&1\end{vmatrix}=-8$$

(2) $$\boldsymbol{AB}-\boldsymbol{BA}=\begin{pmatrix}1&1&1\\2&-1&0\\1&0&1\end{pmatrix}\begin{pmatrix}1&0&0\\2&1&0\\0&2&1\end{pmatrix}-\begin{pmatrix}1&0&0\\2&1&0\\0&2&1\end{pmatrix}\begin{pmatrix}1&1&1\\2&-1&0\\1&0&1\end{pmatrix}$$

$$=\begin{pmatrix}3&3&1\\0&-1&0\\1&2&1\end{pmatrix}-\begin{pmatrix}1&1&1\\4&1&2\\5&-2&1\end{pmatrix}=\begin{pmatrix}2&2&0\\-4&-2&-2\\-4&4&0\end{pmatrix}$$

于是

$$|\boldsymbol{AB}-\boldsymbol{BA}|=\begin{vmatrix}2&2&0\\-4&-2&-2\\-4&4&0\end{vmatrix}=32$$

2.2.2 方阵的逆矩阵

定义 2.2.2 对于 n 阶矩阵 $\boldsymbol{A}$，如果存在 n 阶矩阵 $\boldsymbol{B}$，使 $\boldsymbol{AB}=\boldsymbol{BA}=\boldsymbol{E}$，则称矩阵 $\boldsymbol{A}$ 可逆，矩阵 $\boldsymbol{B}$ 为矩阵 $\boldsymbol{A}$ 的逆矩阵，记为 $\boldsymbol{B}=\boldsymbol{A}^{-1}$.

注 定义 2.2.2 中的单位矩阵 $\boldsymbol{E}$ 相当于数的运算中 1 的功能，我们都知道在实数运算中，对非零实数 a，都存在 a^{-1}，使 $aa^{-1}=a^{-1}a=1$. 由于矩阵的乘法运算不满足交换律，$\dfrac{\boldsymbol{B}}{\boldsymbol{A}}$无法清楚地表示 $\boldsymbol{A}^{-1}\boldsymbol{B}$ 和 $\boldsymbol{BA}^{-1}$，因而 $\boldsymbol{A}$ 的逆矩阵 $\boldsymbol{A}^{-1}$ 不能记为$\dfrac{1}{\boldsymbol{A}}$.

例 2.2.3 设 $\boldsymbol{A}=\begin{pmatrix}2&4\\3&1\end{pmatrix}$，判断 $\boldsymbol{A}$ 是否可逆，若可逆求 $\boldsymbol{A}^{-1}$.

解 设 $\boldsymbol{B}=\begin{pmatrix}x_1&x_2\\x_3&x_4\end{pmatrix}$，使得

$$\boldsymbol{AB}=\begin{pmatrix}2&4\\3&1\end{pmatrix}\begin{pmatrix}x_1&x_2\\x_3&x_4\end{pmatrix}=\boldsymbol{E}=\begin{pmatrix}1&0\\0&1\end{pmatrix}$$

则

$$\begin{cases}2x_1+4x_3=1\\3x_1+x_3=0\end{cases},\qquad\begin{cases}2x_2+4x_4=0\\3x_2+x_4=1\end{cases}$$

得 $x_1=-\frac{1}{10}$，$x_2=\frac{2}{5}$，$x_3=\frac{3}{10}$，$x_4=-\frac{1}{5}$，故存在矩阵

$$\boldsymbol{B}=\begin{pmatrix}-\frac{1}{10} & \frac{2}{5}\\ \frac{3}{10} & -\frac{1}{5}\end{pmatrix}$$

使得 $\boldsymbol{AB}=\boldsymbol{E}$. 类似地，可证明 $\boldsymbol{BA}=\boldsymbol{E}$，从而 $\boldsymbol{AB}=\boldsymbol{BA}=\boldsymbol{E}$，故 $\boldsymbol{A}$ 可逆，且

$$\boldsymbol{A}^{-1}=\boldsymbol{B}=\begin{pmatrix}-\frac{1}{10} & \frac{2}{5}\\ \frac{3}{10} & -\frac{1}{5}\end{pmatrix}$$

一般地，当矩阵 $\boldsymbol{A}$ 的行列式 $|\boldsymbol{A}|\neq 0$，矩阵 $\boldsymbol{A}$ 可逆且逆矩阵唯一. 由定义 2.2.2 可知，逆矩阵满足下列性质：

(1) $\boldsymbol{A}$ 可逆，则 $\boldsymbol{A}^{-1}$ 也可逆，且 $(\boldsymbol{A}^{-1})^{-1}=\boldsymbol{A}$；

(2) $\boldsymbol{A}$ 可逆，数 $\lambda\neq 0$，则 $\lambda\boldsymbol{A}$ 也可逆，且 $(\lambda\boldsymbol{A})^{-1}=\frac{1}{\lambda}\boldsymbol{A}^{-1}$；

(3) 若 $\boldsymbol{A}$，$\boldsymbol{B}$ 均可逆，则 $\boldsymbol{AB}$ 也可逆，且 $(\boldsymbol{AB})^{-1}=\boldsymbol{B}^{-1}\boldsymbol{A}^{-1}$；

(4) 若矩阵 $\boldsymbol{A}$ 可逆，则 $\boldsymbol{A}^{\mathrm{T}}$ 也可逆，且 $(\boldsymbol{A}^{\mathrm{T}})^{-1}=(\boldsymbol{A}^{-1})^{\mathrm{T}}$.

下面讨论矩阵可逆的充要条件和逆矩阵的计算方法.

设 n 阶方阵：

$$\boldsymbol{A}=\begin{pmatrix}a_{11} & a_{12} & \cdots & a_{1n}\\ a_{21} & a_{22} & \cdots & a_{2n}\\ \vdots & \vdots & & \vdots\\ a_{n1} & a_{n2} & \cdots & a_{nn}\end{pmatrix}$$

根据矩阵 $\boldsymbol{A}$ 对应的行列式 $|\boldsymbol{A}|$ 中元素 a_{ij} 的代数余子式 $A_{ij}(i，j=1，2，\cdots，n)$ 为元素构成的 n 阶方阵

$$\boldsymbol{A}^*=\begin{pmatrix}A_{11} & A_{21} & \cdots & A_{n1}\\ A_{12} & A_{22} & \cdots & A_{n2}\\ \vdots & \vdots & & \vdots\\ A_{1n} & A_{2n} & \cdots & A_{nn}\end{pmatrix}$$

称 $\boldsymbol{A}^*$ 为 $\boldsymbol{A}$ 的伴随矩阵.

定理 2.2.1 n 阶矩阵 $\boldsymbol{A}$ 可逆的充分必要条件是 $|\boldsymbol{A}|\neq 0$，并且 $\boldsymbol{A}^{-1}=\frac{1}{|\boldsymbol{A}|}\boldsymbol{A}^*$.

证 设 $\boldsymbol{A}=(a_{ij})$，记 $\boldsymbol{AA}^*=(b_{ij})$，则

$$b_{ij}=a_{i1}A_{j1}+a_{i2}A_{j2}+\cdots+a_{in}A_{jn}=\begin{cases}|\boldsymbol{A}|, & i=j\\ 0, & i\neq j\end{cases}$$

故 $\boldsymbol{AA}^*=|\boldsymbol{A}|\boldsymbol{E}$.

类似有 $\boldsymbol{A}^*\boldsymbol{A}=(\sum\limits_{k=1}^{n}A_{ki}a_{kj})=|\boldsymbol{A}|\boldsymbol{E}$，即 $\boldsymbol{A}^{-1}=\frac{1}{\boldsymbol{A}}\boldsymbol{A}^*$.

注 可逆矩阵就是非奇异矩阵.

例 2.2.4 设 $\boldsymbol{A}=\begin{pmatrix}1 & -1 & 1\\1 & 1 & 0\\2 & 1 & 1\end{pmatrix}$，利用伴随矩阵法求 $\boldsymbol{A}$ 的逆矩阵.

解 因为 $|\boldsymbol{A}|=\begin{vmatrix}1 & -1 & 1\\1 & 1 & 0\\2 & 1 & 1\end{vmatrix}=1\neq 0$，所以 $\boldsymbol{A}$ 可逆.

计算知 $A_{11}=1$，$A_{12}=-1$，$A_{13}=-1$；$A_{21}=2$，$A_{22}=-1$，$A_{23}=-3$；$A_{31}=-1$，$A_{32}=1$，$A_{33}=2$，则

$$\boldsymbol{A}^{*}=\begin{pmatrix}1 & 2 & -1\\-1 & -1 & 1\\-1 & -3 & 2\end{pmatrix}$$

故

$$\boldsymbol{A}^{-1}=\frac{1}{|\boldsymbol{A}|}\boldsymbol{A}^{*}=\begin{pmatrix}1 & 2 & -1\\-1 & -1 & 1\\-1 & -3 & 2\end{pmatrix}$$

例 2.2.5 设 $\boldsymbol{A}=\begin{pmatrix}1 & -1 & 1\\1 & 1 & 0\\2 & 1 & 1\end{pmatrix}$，$\boldsymbol{B}=\begin{pmatrix}2 & 1\\5 & 3\end{pmatrix}$，$\boldsymbol{C}=\begin{pmatrix}1 & 3\\2 & 0\\3 & 1\end{pmatrix}$，求矩阵 $\boldsymbol{X}$ 使满足 $\boldsymbol{AXB}=\boldsymbol{C}$.

解 若 $\boldsymbol{A}^{-1}$，$\boldsymbol{B}^{-1}$ 存在，则用 $\boldsymbol{A}^{-1}$ 左乘上式，$\boldsymbol{B}^{-1}$ 右乘上式，有

$$\boldsymbol{A}^{-1}\boldsymbol{AXBB}^{-1}=\boldsymbol{A}^{-1}\boldsymbol{CB}^{-1}，\boldsymbol{X}=\boldsymbol{A}^{-1}\boldsymbol{CB}^{-1}$$

$$\boldsymbol{A}^{-1}=\begin{pmatrix}1 & 2 & -1\\-1 & -1 & 1\\-1 & -3 & 2\end{pmatrix},\quad \boldsymbol{B}^{-1}=\begin{pmatrix}3 & -1\\-5 & 2\end{pmatrix}$$

于是

$$\begin{aligned}\boldsymbol{X}&=\begin{pmatrix}1 & 2 & -1\\-1 & -1 & 1\\-1 & -3 & 2\end{pmatrix}\begin{pmatrix}1 & 3\\2 & 0\\3 & 1\end{pmatrix}\begin{pmatrix}3 & -1\\-5 & 2\end{pmatrix}\\&=\begin{pmatrix}2 & 2\\0 & -2\\-1 & -1\end{pmatrix}\begin{pmatrix}3 & -1\\-5 & 2\end{pmatrix}=\begin{pmatrix}-4 & 2\\10 & -4\\2 & -1\end{pmatrix}\end{aligned}$$

2.3 分块矩阵

通过对矩阵的行、列画横线和竖线，把矩阵分成较小的矩阵，这种较小的矩阵称为子块，原矩阵称为分块矩阵.

2.3.1 分块矩阵的定义

给定矩阵 $\boldsymbol{A}=(a_{ij})_{m\times n}$，用若干条横线和竖线把 $\boldsymbol{A}$ 在行的方向分成 s 块，在列的方向分

成 t 块，称为 $\boldsymbol{A}$ 的 $s\times t$ 分块矩阵，记作 $\boldsymbol{A}=(\boldsymbol{A}_{kl})_{s\times t}$，其中 $\boldsymbol{A}_{kl}(k=1, 2, \cdots, s; l=1, 2, \cdots, t)$称为 $\boldsymbol{A}$ 的子块.

例 2.3.1 设矩阵 $\boldsymbol{A}=\begin{pmatrix}1&0&0&1&3\\0&1&0&1&1\\0&0&1&0&0\\2&3&0&2&4\end{pmatrix}$，则可根据具体需要把 $\boldsymbol{A}$ 分成各种形式.

(1) $\boldsymbol{A}=\left(\begin{array}{ccc:cc}1&0&0&1&3\\0&1&0&1&1\\0&0&1&0&0\\\hdashline 2&3&0&2&4\end{array}\right)$，$\boldsymbol{A}=\begin{pmatrix}\boldsymbol{A}_{11}&\boldsymbol{A}_{12}\\\boldsymbol{A}_{21}&\boldsymbol{A}_{22}\end{pmatrix}$

其中

$$\boldsymbol{A}_{11}=\begin{pmatrix}1&0&0\\0&1&0\\0&0&1\end{pmatrix}, \boldsymbol{A}_{12}=\begin{pmatrix}1&3\\1&1\\0&0\end{pmatrix}, \boldsymbol{A}_{21}=(2\quad 3\quad 0), \boldsymbol{A}_{22}=(2\quad 4)$$

(2) $\boldsymbol{A}=\left(\begin{array}{cc:cc:c}1&0&0&1&3\\0&1&0&1&1\\\hdashline 0&0&1&0&0\\2&3&0&2&4\end{array}\right)$，$\boldsymbol{A}=\begin{pmatrix}\boldsymbol{A}_{11}&\boldsymbol{A}_{12}&\boldsymbol{A}_{13}\\\boldsymbol{A}_{21}&\boldsymbol{A}_{22}&\boldsymbol{A}_{23}\end{pmatrix}$

其中

$$\boldsymbol{A}_{11}=\begin{pmatrix}1&0\\0&1\end{pmatrix}, \boldsymbol{A}_{12}=\begin{pmatrix}0&1\\0&1\end{pmatrix}, \boldsymbol{A}_{13}=\begin{pmatrix}3\\1\end{pmatrix}, \boldsymbol{A}_{21}=\begin{pmatrix}0&0\\2&3\end{pmatrix}, \boldsymbol{A}_{22}=\begin{pmatrix}1&0\\0&2\end{pmatrix}, \boldsymbol{A}_{23}=\begin{pmatrix}0\\4\end{pmatrix}$$

(3) $\boldsymbol{A}=\left(\begin{array}{c:c:c:c:c}1&0&0&1&3\\0&1&0&1&1\\0&0&1&0&0\\2&3&0&2&4\end{array}\right)$，$\boldsymbol{A}=(\boldsymbol{\beta}_1, \boldsymbol{\beta}_2, \boldsymbol{\beta}_3, \boldsymbol{\beta}_4, \boldsymbol{\beta}_5)$

其中

$$\boldsymbol{\beta}_1=\begin{pmatrix}1\\0\\0\\2\end{pmatrix}, \boldsymbol{\beta}_2=\begin{pmatrix}0\\1\\0\\3\end{pmatrix}, \boldsymbol{\beta}_3=\begin{pmatrix}0\\0\\1\\0\end{pmatrix}, \boldsymbol{\beta}_4=\begin{pmatrix}1\\1\\0\\2\end{pmatrix}, \boldsymbol{\beta}_5=\begin{pmatrix}3\\1\\0\\4\end{pmatrix}$$

2.3.2 分块矩阵的运算

1. 加法运算

设 $\boldsymbol{A}=(a_{ij})_{m\times n}$，$\boldsymbol{B}=(b_{ij})_{m\times n}$，采用相同的分块得

$$\boldsymbol{A}=\begin{pmatrix}\boldsymbol{A}_{11}&\cdots&\boldsymbol{A}_{1r}\\\vdots&&\vdots\\\boldsymbol{A}_{s1}&\cdots&\boldsymbol{A}_{sr}\end{pmatrix}, \quad \boldsymbol{B}=\begin{pmatrix}\boldsymbol{B}_{11}&\cdots&\boldsymbol{B}_{1r}\\\vdots&&\vdots\\\boldsymbol{B}_{s1}&\cdots&\boldsymbol{B}_{sr}\end{pmatrix}$$

其中，$\boldsymbol{A}_{ij}$ 与 $\boldsymbol{B}_{ij}(i=1, 2, \cdots, s; j=1, 2, \cdots, r)$的行数与列数相同，则

$$A+B=\begin{pmatrix} A_{11}+B_{11} & \cdots & A_{1r}+B_{1r} \\ \vdots & & \vdots \\ A_{s1}+B_{s1} & \cdots & A_{sr}+B_{sr} \end{pmatrix}$$

2. 数乘运算

设 $A=\begin{pmatrix} A_{11} & \cdots & A_{1r} \\ \vdots & & \vdots \\ A_{s1} & \cdots & A_{1r} \end{pmatrix}$，$\lambda$ 为数，则 $\lambda A=\begin{pmatrix} \lambda A_{11} & \cdots & \lambda A_{1r} \\ \vdots & & \vdots \\ \lambda A_{s1} & \cdots & \lambda A_{sr} \end{pmatrix}$.

3. 乘法运算

$$A=\begin{pmatrix} A_{11} & \cdots & A_{1t} \\ \vdots & & \vdots \\ A_{s1} & \cdots & A_{st} \end{pmatrix},\ B=\begin{pmatrix} B_{11} & \cdots & B_{1r} \\ \vdots & & \vdots \\ B_{t1} & \cdots & B_{tr} \end{pmatrix}$$

其中，A_{i1}，A_{i2}，…，A_{it} $(i=1, 2, \cdots, s)$的列数分别等于 B_{1j}，B_{2j}，…，B_{tj} $(j=1, 2, \cdots, r)$的行数，则

$$AB=\begin{pmatrix} C_{11} & \cdots & C_{1r} \\ \vdots & & \vdots \\ C_{s1} & \cdots & C_{sr} \end{pmatrix}$$

其中，$C_{ij}=\sum_{k=1}^{t} A_{ik}B_{kj}\,(i=1, 2, \cdots, s;\ j=1, 2, \cdots, r)$.

4. 转置运算

设 A 分块为 $A=\begin{pmatrix} A_{11} & \cdots & A_{1r} \\ \vdots & & \vdots \\ A_{s1} & \cdots & A_{sr} \end{pmatrix}$，则 $A^{T}=\begin{pmatrix} A_{11}^{T} & \cdots & A_{s1}^{T} \\ \vdots & & \vdots \\ A_{1r}^{T} & \cdots & A_{sr}^{T} \end{pmatrix}$.

例 2.3.2　设 $A=\begin{bmatrix} 1 & 0 & 0 & 0 \\ 0 & 1 & 2 & 0 \\ 0 & 1 & 2 & 0 \\ 0 & 1 & 0 & 2 \end{bmatrix}$，$B=\begin{bmatrix} 2 & 3 & 1 & 0 \\ 3 & 2 & 0 & 1 \\ -1 & 0 & 0 & 0 \\ 0 & -2 & 0 & 0 \end{bmatrix}$，求 $A+B$.

解　把 A，B 分块成以下形式：

$A=\begin{pmatrix} A_{11} & A_{12} \\ A_{21} & A_{22} \end{pmatrix}$，其中 $A_{11}=\begin{pmatrix} 1 & 0 \\ 0 & 1 \end{pmatrix}$，$A_{12}=\begin{pmatrix} 0 & 0 \\ 2 & 0 \end{pmatrix}$，$A_{21}=\begin{pmatrix} 0 & 1 \\ 0 & 1 \end{pmatrix}$，$A_{22}=\begin{pmatrix} 2 & 0 \\ 0 & 2 \end{pmatrix}$；

$B=\begin{pmatrix} B_{11} & B_{12} \\ B_{21} & B_{22} \end{pmatrix}$，其中 $B_{11}=\begin{pmatrix} 2 & 3 \\ 3 & 2 \end{pmatrix}$，$B_{12}=\begin{pmatrix} 1 & 0 \\ 0 & 1 \end{pmatrix}$，$B_{21}=\begin{pmatrix} -1 & 0 \\ 0 & -2 \end{pmatrix}$，$B_{22}=\begin{pmatrix} 0 & 0 \\ 0 & 0 \end{pmatrix}$，

则

$$A+B=\begin{pmatrix} A_{11}+B_{11}, & A_{12}+B_{12} \\ A_{21}+B_{21}, & A_{22}+B_{22} \end{pmatrix}=\begin{bmatrix} 3 & 3 & 1 & 0 \\ 3 & 3 & 2 & 1 \\ -1 & 1 & 2 & 0 \\ 0 & -1 & 0 & 2 \end{bmatrix}$$

例 2.3.3 设 $\boldsymbol{A}=\begin{pmatrix}1&1&1&1\\2&2&1&1\\3&3&2&2\end{pmatrix}$，$\boldsymbol{B}=\begin{pmatrix}\boldsymbol{B}_{11}&\boldsymbol{B}_{12}\\\boldsymbol{B}_{21}&\boldsymbol{B}_{22}\end{pmatrix}$，其中 $\boldsymbol{B}_{11}=\begin{pmatrix}1&1\\1&2\end{pmatrix}$，$\boldsymbol{B}_{12}=\begin{pmatrix}1&1\\1&1\end{pmatrix}$，$\boldsymbol{B}_{21}=\begin{pmatrix}3&1\\3&2\end{pmatrix}$，$\boldsymbol{B}_{22}=\begin{pmatrix}1&1\\1&2\end{pmatrix}$，对 $\boldsymbol{A}$ 进行适合的分块，并计算 $\boldsymbol{AB}$.

解 由于 $\boldsymbol{B}$ 是由 4 个 2×2 的子块构成的，所以对 $\boldsymbol{A}$ 的分块一定要保证每个子块必须有两列.

$$\boldsymbol{A}=\left(\begin{array}{cc:cc}1&1&1&1\\\hdashline 2&2&1&1\\3&3&2&2\end{array}\right)=\begin{pmatrix}\boldsymbol{A}_{11}&\boldsymbol{A}_{12}\\\boldsymbol{A}_{21}&\boldsymbol{A}_{22}\end{pmatrix}$$

其中

$$\boldsymbol{A}_{11}=(1\quad1)，\boldsymbol{A}_{12}=(1\quad1)，\boldsymbol{A}_{21}=\begin{pmatrix}2&2\\3&3\end{pmatrix}，\boldsymbol{A}_{22}=\begin{pmatrix}1&1\\2&2\end{pmatrix}$$

则

$$\begin{aligned}\boldsymbol{AB}&=\begin{pmatrix}\boldsymbol{A}_{11}&\boldsymbol{A}_{12}\\\boldsymbol{A}_{21}&\boldsymbol{A}_{22}\end{pmatrix}\begin{pmatrix}\boldsymbol{B}_{11}&\boldsymbol{B}_{12}\\\boldsymbol{B}_{21}&\boldsymbol{B}_{22}\end{pmatrix}=\begin{pmatrix}\boldsymbol{A}_{11}\boldsymbol{B}_{11}+\boldsymbol{A}_{12}\boldsymbol{B}_{21}&\boldsymbol{A}_{11}\boldsymbol{B}_{12}+\boldsymbol{A}_{12}\boldsymbol{B}_{22}\\\boldsymbol{A}_{21}\boldsymbol{B}_{11}+\boldsymbol{A}_{22}\boldsymbol{B}_{21}&\boldsymbol{A}_{21}\boldsymbol{B}_{12}+\boldsymbol{A}_{22}\boldsymbol{B}_{22}\end{pmatrix}\\&=\begin{pmatrix}8&6&4&5\\10&9&6&7\\18&15&10&12\end{pmatrix}\end{aligned}$$

读者可以对 $\boldsymbol{A}$ 进行其他适合的分解，自行计算 $\boldsymbol{AB}$.

2.4 矩阵的初等变换与初等矩阵

2.4.1 矩阵的初等变换

在第 1 章学习的行列式计算中，通过利用行列式的性质将行列式的某行或某列的部分元素变为零，再按行或列将行列式展开，从而极大地简化了行列式的运算. 将行列式的化简性质应用到矩阵中，就得到了矩阵的初等变换.

定义 2.4.1 下面三种变换称为矩阵的初等行变换：

(1) 对调矩阵两行(对调 i，j 两行，记为 $r_i\leftrightarrow r_j$)；

(2) 用非零常数乘矩阵某行的所有元素(第 i 行乘以 k，记为 $r_i\times k$)；

(3) 把某行所有元素的 k 倍加到另一行对应元素上去(第 j 行的 k 倍加到第 i 行上，记作 r_i+kr_j).

显然，三种初等行变换都是可逆的，且对应的逆变换也是同一类型的初等行变换：$r_i\leftrightarrow r_j$ 的逆变换仍为 $r_i\leftrightarrow r_j$；$r_i\times k$ 的逆变换为 $r_i\times\frac{1}{k}$；r_i+kr_j 的逆变换为 $r_i+(-k)r_j$.

对于矩阵(1)～(3)的初等行变换，同样可以定义矩阵的初等列变换，把定义 2.4.1 的三种变换中的“行”换成“列”，即得矩阵的初等列变换的定义(把所有行变换记号 r 换成列

变换记号 c）. 矩阵的初等行变换与初等列变换，统称初等变换.

性质 2.4.1　如果矩阵 $\boldsymbol{A}$ 经有限次行列初等变换变成矩阵 $\boldsymbol{B}$，就称矩阵 $\boldsymbol{A}$ 与 $\boldsymbol{B}$ 等价，记作 $\boldsymbol{A}\sim\boldsymbol{B}$. 矩阵的等价关系具有以下性质：

(1) 反射性：$\boldsymbol{A}\sim\boldsymbol{B}$；

(2) 对称性：若 $\boldsymbol{A}\sim\boldsymbol{B}$，则 $\boldsymbol{B}\sim\boldsymbol{A}$；

(3) 传递性：若 $\boldsymbol{A}\sim\boldsymbol{B}$，$\boldsymbol{B}\sim\boldsymbol{C}$，则 $\boldsymbol{A}\sim\boldsymbol{C}$.

数学中把具有上述三条性质的关系称为等价.

例 2.4.1　已知矩阵 $\boldsymbol{A}=\begin{pmatrix}\frac{1}{2} & \frac{1}{3} & 1\\ 1 & \frac{5}{3} & 3\\ 2 & \frac{4}{3} & 5\end{pmatrix}$，对 $\boldsymbol{A}$ 作适当的初等变换.

解　对 $\boldsymbol{A}$ 作初等变换得

$$\boldsymbol{A}\xrightarrow[r_3+(-2)r_2]{r_1+\left(-\frac{1}{2}\right)r_2}\begin{pmatrix}0 & -\frac{1}{2} & -\frac{1}{2}\\ 1 & \frac{5}{3} & 3\\ 0 & -2 & -1\end{pmatrix}\xrightarrow{(-2)r_1\leftrightarrow r_2}\begin{pmatrix}1 & \frac{5}{3} & 3\\ 0 & 1 & 1\\ 0 & -2 & -1\end{pmatrix}$$

$$\xrightarrow[\substack{r_1+(-3)r_3\\ r_2+(-1)r_3}]{r_3+2r_2}\begin{pmatrix}1 & \frac{5}{3} & 0\\ 0 & 1 & 0\\ 0 & 0 & 1\end{pmatrix}\xrightarrow{1+\left(-\frac{5}{3}\right)r_2}\begin{pmatrix}1 & 0 & 0\\ 0 & 1 & 0\\ 0 & 0 & 1\end{pmatrix}$$

例 2.4.2　已知矩阵 $\boldsymbol{A}=\begin{pmatrix}1 & 1 & 2 & 1 & 1\\ 0 & -1 & 1 & 1 & 1\\ 2 & 3 & 4 & -2 & -6\\ 1 & -1 & 3 & 6 & 10\end{pmatrix}$，对 $\boldsymbol{A}$ 作适当的初等变换.

解　对 $\boldsymbol{A}$ 作初等行变换得

$$\boldsymbol{A}\xrightarrow[r_4+(-1)r_1]{r_3+(-2)r_1}\begin{pmatrix}1 & 1 & 2 & 1 & 1\\ 0 & -1 & 1 & 1 & 1\\ 0 & 1 & 0 & -4 & -8\\ 0 & -2 & 1 & 5 & 9\end{pmatrix}\xrightarrow[\substack{r_3+r_2\\ r_4+2r_2}]{r_2\leftrightarrow r_3}\begin{pmatrix}1 & 1 & 2 & 1 & 1\\ 0 & 1 & 0 & -4 & -8\\ 0 & 0 & 1 & -3 & -7\\ 0 & 0 & 1 & -3 & -7\end{pmatrix}$$

$$\xrightarrow{r_4+(-1)r_3}\begin{pmatrix}1 & 1 & 2 & 1 & 1\\ 0 & 1 & 0 & -4 & -8\\ 0 & 0 & 1 & -3 & -7\\ 0 & 0 & 0 & 0 & 0\end{pmatrix}$$

$$=\boldsymbol{B}$$

对 $\boldsymbol{B}$ 继续进行初等行变换还可化为更简单的形式：

$$B \xrightarrow[r_1+(-2)r_3]{r_1+(-1)r_2} \begin{pmatrix} 1 & 0 & 0 & 11 & 23 \\ 0 & 1 & 0 & -4 & -8 \\ 0 & 0 & 1 & -3 & -7 \\ 0 & 0 & 0 & 0 & 0 \end{pmatrix} = C$$

对 C 继续进行初等变换：

$$C \xrightarrow[c_5+8c_2]{\substack{c_4+(-11)c_1 \\ c_4+4c_2}} \begin{pmatrix} 1 & 0 & 0 & 0 & 0 \\ 0 & 1 & 0 & 0 & 0 \\ 0 & 0 & 1 & -3 & -7 \\ 0 & 0 & 0 & 0 & 0 \end{pmatrix} \xrightarrow[c_5+7c_3]{c_4+3c_3} \begin{pmatrix} 1 & 0 & 0 & 0 & 0 \\ 0 & 1 & 0 & 0 & 0 \\ 0 & 0 & 1 & 0 & 0 \\ 0 & 0 & 0 & 0 & 0 \end{pmatrix}$$

$$= \begin{pmatrix} E_3 & O \\ O & O \end{pmatrix}$$

$$= D$$

矩阵 B 和 C 都称为**行阶梯形矩阵**，其特点是：可画出一条阶梯线，线的下方全为 0；每个台阶只有一行，台阶数即是非零行的行数，阶梯线的竖线(每段竖线的长度为一行)后面的第一个元素为非零元，也就是非零行的第一个非零元.

C 也称为**行最简形矩阵**，其特点是：非零行的第一个非零元为 1，且这些非零元所在列的其他元素都为 0. $D=\begin{pmatrix} E_3 & O \\ O & O \end{pmatrix}$ 称为矩阵的标准形.

定理 2.4.1 任意矩阵 $A=(a_{ij})_{m\times n}$ 都可以经过有限次初等变换化为其标准形.

证明略.

推论 2.4.1 任意矩阵 $A=(a_{ij})_{m\times n}$ 都可以经过有限次初等行变换化简为行阶梯形矩阵，从而化简为行最简形矩阵.

2.4.2 初等矩阵

定义 2.4.2 由单位矩阵 E 经过一次初等变换得到的矩阵称为初等矩阵.

(1) 互换单位矩阵 E 的第 i 行与第 j 行(或第 i 列与第 j 列)得到的初等矩阵为

$$E(i,j) = \begin{pmatrix} 1 & & & & & & & & \\ & \ddots & & & & & & & \\ & & 1 & & & & & & \\ & & & 0 & \cdots & 1 & & & \\ & & & \vdots & 1 & \vdots & & & \\ & & & 1 & \cdots & 0 & & & \\ & & & & & & 1 & & \\ & & & & & & & \ddots & \\ & & & & & & & & 1 \end{pmatrix} \begin{matrix} \\ \\ \\ 第\,i\,行 \\ \\ 第\,j\,行 \\ \\ \\ \\ \end{matrix}$$

(2) 用常数 k 乘 E 的第 i 行(或第 i 列)得

$$\boldsymbol{E}(i(k))=\begin{pmatrix}1&&&&&&\\&\ddots&&&&&\\&&1&&&&\\&&&k&&&\\&&&&1&&\\&&&&&\ddots&\\&&&&&&1\end{pmatrix}\text{第 } i \text{ 行}$$

(3) 把 $\boldsymbol{E}$ 的第 j 行的 k 倍加到第 i 行(或把第 i 列的 k 倍加到第 j 列)得

$$\boldsymbol{E}(i,j(k))=\begin{pmatrix}1&&&&&&\\&\ddots&&&&&\\&&1&\cdots&k&&\\&&&\ddots&\vdots&&\\&&&&1&&\\&&&&&\ddots&\\&&&&&&1\end{pmatrix}\begin{matrix}\text{第 } i \text{ 行}\\ \\ \text{第 } j \text{ 行}\end{matrix}$$

性质 2.4.2 初等矩阵具有以下性质:

(1) 初等矩阵都是可逆矩阵，其逆矩阵仍是初等矩阵，且

$$\boldsymbol{E}(i,j)^{-1}=\boldsymbol{E}(i,j),\ \boldsymbol{E}(i(k))^{-1}=\boldsymbol{E}\left(i\left(\frac{1}{k}\right)\right),\ \boldsymbol{E}(i,j(k))^{-1}=\boldsymbol{E}(i,j(-k))$$

(2) 初等矩阵的转置仍为初等矩阵.

定理 2.4.2 对矩阵 $\boldsymbol{A}$ 的行(列)进行初等变换和对矩阵 $\boldsymbol{A}$ 左(右)乘初等矩阵等价，即

(1) 对矩阵左乘以初等矩阵 $\boldsymbol{E}(i,j)$ 等效于将矩阵 $\boldsymbol{A}$ 的第 i 行与第 j 列互换;

(2) 对矩阵 $\boldsymbol{A}$ 左乘以初等矩阵 $\boldsymbol{E}(i(k))$ 等效于将矩阵 $\boldsymbol{A}$ 的第 i 行乘以非零的常数 k;

(3) 对矩阵 $\boldsymbol{A}$ 左乘以初等矩阵 $\boldsymbol{E}(i,j(k))$ 等效于将矩阵 $\boldsymbol{A}$ 的第 j 行的 k 倍加到第 i 行上.

同样，对矩阵 $\boldsymbol{A}$ 右乘以相应的初等矩阵等效于对矩阵 $\boldsymbol{A}$ 进行列变换.

例如，对矩阵 $\boldsymbol{A}$ 施以一次初等行变换得

$$\boldsymbol{A}=\begin{pmatrix}a_{11}&a_{12}&a_{13}\\a_{21}&a_{22}&a_{23}\end{pmatrix}\xleftrightarrow{r_1\leftrightarrow r_2}\begin{pmatrix}a_{21}&a_{22}&a_{23}\\a_{11}&a_{12}&a_{13}\end{pmatrix}$$

相应地

$$\boldsymbol{E}(1,2)\boldsymbol{A}=\begin{pmatrix}0&1\\1&0\end{pmatrix}\begin{pmatrix}a_{11}&a_{12}&a_{13}\\a_{21}&a_{22}&a_{23}\end{pmatrix}=\begin{pmatrix}a_{21}&a_{22}&a_{23}\\a_{11}&a_{12}&a_{13}\end{pmatrix}$$

对 $\boldsymbol{A}$ 施以一次初等列变换得

$$\boldsymbol{A}=\begin{pmatrix}a_{11}&a_{12}&a_{13}\\a_{21}&a_{22}&a_{23}\end{pmatrix}\xrightarrow{c_2+kc_3}\begin{pmatrix}a_{11}&a_{12}+ka_{13}&a_{13}\\a_{21}&a_{22}+ka_{23}&a_{23}\end{pmatrix}$$

相应地

$$AE(3,\ 2(k))=\begin{pmatrix}a_{11} & a_{12} & a_{13}\\ a_{21} & a_{22} & a_{23}\end{pmatrix}\begin{pmatrix}1 & 0 & 0\\ 0 & 1 & 0\\ 0 & k & 1\end{pmatrix}=\begin{pmatrix}a_{11} & a_{12}+ka_{13} & a_{13}\\ a_{21} & a_{22}+ka_{23} & a_{23}\end{pmatrix}$$

2.4.3 利用矩阵的初等变换求逆矩阵和解矩阵方程

定理 2.4.3 方阵 $\boldsymbol{A}$ 可逆的充要条件是 $\boldsymbol{A}$ 可以表示成一系列初等矩阵的乘积，即 $\boldsymbol{A}=\boldsymbol{P}_1\boldsymbol{P}_2\cdots\boldsymbol{P}_m$，其中 $\boldsymbol{P}_1$，$\boldsymbol{P}_2$，…，$\boldsymbol{P}_m$ 使 $\boldsymbol{P}_m\cdots\boldsymbol{P}_1\boldsymbol{A}=\boldsymbol{E}$，则 $\boldsymbol{A}^{-1}=\boldsymbol{P}_m\cdots\boldsymbol{P}_1=\boldsymbol{P}_m\cdots\boldsymbol{P}_1\boldsymbol{E}$.

若把矩阵 $\boldsymbol{A}$，$\boldsymbol{E}$ 凑在一起构成一个 $n\times 2n$ 的分块矩阵$(\boldsymbol{A}\mid\boldsymbol{E})$，按矩阵的分块乘法可得

$$\boldsymbol{P}_m\cdots\boldsymbol{P}_1(\boldsymbol{A}\mid\boldsymbol{E})=(\boldsymbol{P}_m\cdots\boldsymbol{P}_1\boldsymbol{A}\mid\boldsymbol{P}_m\cdots\boldsymbol{P}_1\boldsymbol{E})=(\boldsymbol{E}\mid\boldsymbol{A}^{-1})$$

即利用初等变换求可逆矩阵 $\boldsymbol{A}$ 的逆矩阵的方法.

另外，设有 n 阶可逆矩阵 $\boldsymbol{A}$ 和 $n\times s$ 矩阵 $\boldsymbol{B}$，求解矩阵方程 $\boldsymbol{AX}=\boldsymbol{B}$，则 $\boldsymbol{X}=\boldsymbol{A}^{-1}\boldsymbol{B}$. 类似地，

$$\boldsymbol{P}_m\cdots\boldsymbol{P}_1(\boldsymbol{A}\mid\boldsymbol{B})=(\boldsymbol{P}_m\cdots\boldsymbol{P}_1\boldsymbol{A}\mid\boldsymbol{P}_m\cdots\boldsymbol{P}_1\boldsymbol{B})=(\boldsymbol{E}\mid\boldsymbol{A}^{-1}\boldsymbol{B})$$

例 2.4.3 设 $\boldsymbol{A}=\begin{pmatrix}1 & 4 & 3\\ -1 & -2 & 0\\ 2 & 2 & 3\end{pmatrix}$，求 $\boldsymbol{A}^{-1}$.

解 对$(\boldsymbol{A}\mid\boldsymbol{E})$作初等变换有

$$(\boldsymbol{A}\mid\boldsymbol{E})=\left(\begin{array}{ccc:ccc}1 & 4 & 3 & 1 & 0 & 0\\ -1 & -2 & 0 & 0 & 1 & 0\\ 2 & 2 & 3 & 0 & 0 & 1\end{array}\right)\xrightarrow[r_3-2r_1]{r_2+r_1}\left(\begin{array}{ccc:ccc}0 & 4 & 3 & 1 & 0 & 0\\ 0 & 2 & 3 & 1 & 1 & 0\\ 0 & -6 & -3 & -2 & 0 & 1\end{array}\right)$$

$$\xrightarrow{r_3+3r_2}\left(\begin{array}{ccc:ccc}1 & 4 & 3 & 1 & 0 & 0\\ 0 & 2 & 3 & 1 & 1 & 0\\ 0 & 0 & 6 & 1 & 3 & 1\end{array}\right)\xrightarrow[r_2+\left(-\frac{1}{2}\right)r_3]{r_1+\left(-\frac{1}{2}\right)r_3}\left(\begin{array}{ccc:ccc}1 & 4 & 0 & \frac{1}{2} & -\frac{3}{2} & -\frac{1}{2}\\ 0 & 2 & 0 & \frac{1}{2} & -\frac{1}{2} & -\frac{1}{2}\\ 0 & 0 & 6 & 1 & 3 & 1\end{array}\right)$$

$$\xrightarrow{r_1+(-2)r_3}\left(\begin{array}{ccc:ccc}1 & 0 & 0 & -\frac{1}{2} & -\frac{1}{2} & \frac{1}{2}\\ 0 & 2 & 0 & \frac{1}{2} & -\frac{1}{2} & -\frac{1}{2}\\ 0 & 0 & 6 & 1 & 3 & 1\end{array}\right)\xrightarrow[\frac{1}{6}r_3]{\frac{1}{2}r_2}\left(\begin{array}{ccc:ccc}1 & 0 & 0 & -\frac{1}{2} & -\frac{1}{2} & \frac{1}{2}\\ 0 & 1 & 0 & \frac{1}{4} & -\frac{1}{4} & -\frac{1}{4}\\ 0 & 0 & 1 & \frac{1}{6} & \frac{1}{2} & \frac{1}{6}\end{array}\right)$$

因此

$$\boldsymbol{A}^{-1}=\begin{pmatrix}-\frac{1}{2} & -\frac{1}{2} & \frac{1}{2}\\ \frac{1}{4} & -\frac{1}{4} & -\frac{1}{4}\\ \frac{1}{6} & \frac{1}{2} & \frac{1}{6}\end{pmatrix}$$

例 2.4.4 解矩阵方程 $\boldsymbol{AX}=\boldsymbol{B}$，其中 $\boldsymbol{A}=\begin{pmatrix}1&0&1\\-1&1&1\\2&-1&1\end{pmatrix}$，$\boldsymbol{B}=\begin{pmatrix}1&1\\0&1\\-1&0\end{pmatrix}$.

解 因为 $\boldsymbol{A}$ 可逆，所以 $\boldsymbol{X}=\boldsymbol{A}^{-1}\boldsymbol{B}$.

$$(\boldsymbol{A}\,\vdots\,\boldsymbol{B})=\begin{pmatrix}1&0&1&1&1\\-1&1&1&0&1\\2&-1&1&-1&0\end{pmatrix}\xrightarrow[r_3+(-2)r_1]{r_2+r_1}\begin{pmatrix}1&0&1&1&1\\0&1&2&1&2\\0&-1&-1&-3&-2\end{pmatrix}$$

$$\xrightarrow{r_3+r_2}\begin{pmatrix}1&0&1&1&1\\0&1&2&1&2\\0&0&1&-2&0\end{pmatrix}\xrightarrow[r_1+(-1)r_3]{r_2+(-2)r_3}\begin{pmatrix}1&0&0&3&1\\0&1&0&5&2\\0&0&1&-2&0\end{pmatrix}=(\boldsymbol{E}\,\vdots\,\boldsymbol{X})$$

所以

$$\boldsymbol{X}=\begin{pmatrix}3&1\\5&2\\-2&0\end{pmatrix}$$

2.5 矩阵的秩

由矩阵的初等变换可知，任意矩阵 $\boldsymbol{A}$ 均可经过初等变换化成行阶梯形矩阵，且行阶梯矩阵所含非零行的行数是唯一确定的，是由矩阵 $\boldsymbol{A}$ 本身所决定的．定义这个数为矩阵的秩.

2.5.1 矩阵的秩的定义

定义 2.5.1 在 $m\times n$ 矩阵 $\boldsymbol{A}$ 中，任取 k 行与 k 列($k\leqslant m$，$k\leqslant n$)，位于这些行列交叉处的 k^2 个元素，不改变它们在 $\boldsymbol{A}$ 中所处的位置次序而得的 k 阶行列式，称为矩阵 $\boldsymbol{A}$ 的 k 阶子式.

在 $m\times n$ 矩阵 $\boldsymbol{A}$ 中共有 $C_m^k C_n^k$ 个 k 阶子式.

例 2.5.1 在矩阵 $\boldsymbol{A}=\begin{pmatrix}1&0&2&5&3\\0&2&1&-2&3\\2&1&0&3&1\\1&0&0&2&1\end{pmatrix}$ 中，选第 2 行，第 3 行和第 3 列，第 5 列，它们交点上的元素按照原位置组成的 2 阶行列式

$$\begin{vmatrix}1&3\\0&1\end{vmatrix}=1$$

是矩阵 $\boldsymbol{A}$ 的二阶子式．$\boldsymbol{A}$ 中共有 $C_4^2 C_5^2=60$ 个二阶子式.

定义 2.5.2 设在矩阵 $\boldsymbol{A}$ 中有一个不等于零的 r 阶子式 D，且所有 $r+1$ 阶子式全等于零，则称数 r 为矩阵 $\boldsymbol{A}$ 的秩，记为 $R(\boldsymbol{A})$．零矩阵的秩规定等于零.

例 2.5.2 求矩阵 $\boldsymbol{A}=\begin{pmatrix}1&2&4\\-2&3&5\\-4&-1&-3\end{pmatrix}$ 的秩.

解 在 $\boldsymbol{A}$ 中，$\boldsymbol{A}$ 的三阶子式只有一个 $\boldsymbol{A}$ 的行列式 $|\boldsymbol{A}|=0$，其二阶子式 $\begin{vmatrix} 1 & 2 \\ -2 & 3 \end{vmatrix}=7\neq 0$，因此 $R(\boldsymbol{A})=2$.

例 2.5.3 求矩阵 $\boldsymbol{A}=\begin{pmatrix} 3 & 2 & 0 & 1 \\ 1 & -1 & 2 & -1 \\ 1 & 4 & -4 & 3 \end{pmatrix}$ 的秩.

解 在矩阵 $\boldsymbol{A}$ 中，其二阶子式 $\begin{vmatrix} 3 & 2 \\ 1 & -1 \end{vmatrix}=-5\neq 0$，而其三阶子式：

$$\begin{vmatrix} 3 & 2 & 0 \\ 1 & -1 & 2 \\ 1 & 4 & -4 \end{vmatrix}=0,\quad \begin{vmatrix} 3 & 2 & 1 \\ 1 & -1 & -1 \\ 1 & 4 & 3 \end{vmatrix}=0,\quad \begin{vmatrix} 2 & 0 & 1 \\ -1 & 2 & -1 \\ 4 & -4 & 3 \end{vmatrix}=0,\quad \begin{vmatrix} 3 & 0 & 1 \\ 1 & 2 & -1 \\ 1 & -4 & 3 \end{vmatrix}=0$$

故 $R(\boldsymbol{A})=2$.

根据矩阵 $\boldsymbol{A}$ 的秩的定义可知，当 n 阶方阵 $\boldsymbol{A}$ 的行列式 $|\boldsymbol{A}|\neq 0$（$\Leftrightarrow \boldsymbol{A}$ 可逆），则 $R(\boldsymbol{A})=n$，称 $\boldsymbol{A}$ 为满秩矩阵；若 $|\boldsymbol{A}|=0$（$\Leftrightarrow \boldsymbol{A}$ 不可逆），则 $R(\boldsymbol{A})<n$，称 $\boldsymbol{A}$ 为降秩矩阵.

注 规定零矩阵的秩为零. 若 $\boldsymbol{A}$ 为 $m\times n$ 矩阵，则 $R(\boldsymbol{A})\leqslant \min(m, n)$，即 $\boldsymbol{A}$ 的秩既不超过其行数，也不超过其列数. $R(\boldsymbol{A})=R(\boldsymbol{A}^{\mathrm{T}})$. 若 $\boldsymbol{A}$ 有一个 r 阶子式不等于零，则 $R(\boldsymbol{A})\geqslant r$；若 $\boldsymbol{A}$ 的所有 $r+1$ 阶子式都为零，则 $R(\boldsymbol{A})=r$.

2.5.2 用初等变换求矩阵的秩

由矩阵的定义可知，对于一般的矩阵，当行数与列数较高时，按定义求矩阵的秩是很复杂的. 而对于行阶梯形矩阵，它的秩就等于非零行的行数. 因此通过初等变换把矩阵化为行阶梯形矩阵，即 $\boldsymbol{A}\sim\boldsymbol{B}$，则 $R(\boldsymbol{A})=R(\boldsymbol{B})$.

例 2.5.4 已知矩阵 $\boldsymbol{A}=\begin{pmatrix} 1 & 2 & 1 & 1 \\ 2 & -1 & 1 & 2 \\ 4 & 3 & 3 & 4 \\ 2 & -1 & 3 & 5 \end{pmatrix}$，求 $R(\boldsymbol{A})$.

解 对矩阵 $\boldsymbol{A}$ 进行初等变换后可化为

$$\begin{pmatrix} 1 & 2 & 1 & 1 \\ 2 & -1 & 1 & 2 \\ 4 & 3 & 3 & 4 \\ 2 & -1 & 3 & 5 \end{pmatrix}\to\begin{pmatrix} 1 & 2 & 1 & 1 \\ 0 & 1 & \frac{1}{5} & 0 \\ 0 & 0 & 1 & \frac{3}{2} \\ 0 & 0 & 0 & 0 \end{pmatrix}$$

非零行个数是 3，故 $R(\boldsymbol{A})=3$.

例 2.5.5 设 $\boldsymbol{A}=\begin{pmatrix} 1 & -2 & 3\lambda \\ -1 & 2\lambda & -3 \\ \lambda & -2 & 3 \end{pmatrix}$，$\lambda$ 取何值，可使（1）$R(\boldsymbol{A})=1$；（2）$R(\boldsymbol{A})=2$；（3）$R(\boldsymbol{A})=3$.

解

$$A=\begin{pmatrix}1&-2&3\lambda\\-1&2\lambda&-3\\\lambda&-2&3\end{pmatrix}\rightarrow\begin{pmatrix}1&-1&\lambda\\0&\lambda-1&\lambda-1\\0&0&-(\lambda-1)(\lambda+2)\end{pmatrix}$$

由秩的定义，可知

(1) 当 $\lambda=1$ 时，$R(\boldsymbol{A})=1$；

(2) 当 $\lambda=-2$ 时，$R(\boldsymbol{A})=2$；

(3) 当 $\lambda\neq1$ 且 $\lambda\neq-2$ 时，$R(\boldsymbol{A})=3$.

2.6　线性方程组的解

针对二元、三元线性方程组可以采用消元法求解. 在第 1 章中我们学习了克拉默法则求解一类特殊的线性方程组，即方程的个数等于未知量的个数，且方程组的系数行列式不为零. 针对一般的线性方程组的求解，可以利用矩阵的初等行变换来完成.

定义 2.6.1　设有 n 个未知数 m 个方程的线性方程组

$$\begin{cases}a_{11}x_1+a_{12}x_2+\cdots+a_{1n}x_n=b_1\\a_{21}x_1+a_{22}x_2+\cdots+a_{2n}x_n=b_2\\\quad\cdots\cdots\\a_{m1}x_1+a_{m2}x_2+\cdots+a_{mn}x_n=b_m\end{cases}\tag{2.6.1}$$

记

$$\boldsymbol{A}=\begin{pmatrix}a_{11}&a_{12}&\cdots&a_{1n}\\a_{21}&a_{22}&\cdots&a_{2n}\\\vdots&\vdots&&\vdots\\a_{m1}&a_{m2}&\cdots&a_{mn}\end{pmatrix},\ \boldsymbol{x}=\begin{pmatrix}x_1\\x_2\\\vdots\\x_n\end{pmatrix},\ \boldsymbol{b}=\begin{pmatrix}b_1\\b_2\\\vdots\\b_m\end{pmatrix}$$

$$\boldsymbol{B}=\begin{pmatrix}a_{11}&a_{12}&\cdots&a_{1n}&b_1\\a_{21}&a_{22}&\cdots&a_{2n}&b_2\\\vdots&\vdots&&\vdots&\vdots\\a_{m1}&a_{m2}&\cdots&a_{mn}&b_m\end{pmatrix}=(\boldsymbol{A},\ \boldsymbol{b})$$

称矩阵 $\boldsymbol{B}$ 为方程组(2.6.1)的增广矩阵，式(2.6.1)的矩阵形式为

$$\boldsymbol{Ax}=\boldsymbol{b}$$

当 $b_i=0(i=1,\ 2,\ \cdots,\ m)$ 时，线性方程组(2.6.1)称为齐次的，否则称为非齐次的. 齐次线性方程组 $\boldsymbol{Ax}=\boldsymbol{0}$ 一定有零解，不一定有非零解.

定理 2.6.1　n 元非齐次线性方程组(2.6.1)有解的充分必要条件是系数矩阵 $\boldsymbol{A}$ 的秩等于增广矩阵 $\boldsymbol{B}=(\boldsymbol{A},\ \boldsymbol{b})$ 的秩，且

(1) 当 $R(\boldsymbol{A})=R(\boldsymbol{B})=n$ 时，方程组 $\boldsymbol{Ax}=\boldsymbol{b}$ 有唯一解；

(2) 当 $R(\boldsymbol{A})=R(\boldsymbol{B})<n$ 时，方程组 $\boldsymbol{Ax}=\boldsymbol{b}$ 有无穷多解.

证明略.

定理 2.6.2　当 $b_i=0(i=1,\ 2,\ \cdots,\ m)$，齐次线性方程组(2.6.1)有非零解的充要条件为系数矩阵 $\boldsymbol{A}$ 的秩 $R(\boldsymbol{A})<n$.

当方程组(2.6.1)的系数矩阵 $\boldsymbol{A}$ 的秩和增广矩阵 $\boldsymbol{B}$ 的秩相等，即 $R(\boldsymbol{A})=R(\boldsymbol{B})=n$ 时，方程组没有自由未知量，只有唯一解. 当 $R(\boldsymbol{A})=R(\boldsymbol{B})<n$ 时，方程组有 $n-r$ 个自由未知量，令它们分别等于 c_1，c_2，…，c_{n-r}，可得含 $n-r$ 个参数 c_1，c_2，…，c_{n-r} 的解，这些参数可任意取值，因此方程组(2.6.1)有无穷多个解，并且 $n-r$ 个参数的解可表示方程组(2.6.1)的任一解，被称为通解.

例 2.6.1 求解齐次线性方程组

$$\begin{cases}x_1+2x_2+2x_3+x_4=0\\2x_1+x_2-2x_3-2x_4=0\\x_1-x_2-4x_3-3x_4=0\end{cases}$$

解 对系数矩阵 $\boldsymbol{A}$ 施行初等变换变为最简形矩阵：

$$\boldsymbol{A}=\begin{pmatrix}1&2&2&1\\2&1&-2&-2\\1&-1&-4&-3\end{pmatrix}\xrightarrow[r_3-r_1]{r_2-2r_1}\begin{pmatrix}1&2&2&1\\0&-3&-6&-4\\0&-3&-6&-4\end{pmatrix}$$

$$\xrightarrow[\left(-\frac{1}{3}\right)r_2]{r_3-r_2}\begin{pmatrix}1&2&2&1\\0&1&2&\frac{4}{3}\\0&0&0&0\end{pmatrix}\xrightarrow{r_1-2r_2}\begin{pmatrix}1&0&-2&-\frac{5}{3}\\0&1&2&\frac{4}{3}\\0&0&0&0\end{pmatrix}$$

即得与原方程组同解的方程组：

$$\begin{cases}x_1-2x_3-\frac{5}{3}x_4=0\\x_2+2x_3+\frac{4}{3}x_4=0\end{cases}$$

计算可得 $\begin{cases}x_1=2x_3+\frac{5}{3}x_4\\x_2=-2x_3-\frac{4}{3}x_4\end{cases}$ （x_3，x_4 可任意取值）.

令 $x_3=c_1$，$x_4=c_2$，则通解的参数形式为

$$\begin{cases}x_1=2c_1+\frac{5}{3}c_2\\x_2=-2c_1-\frac{4}{3}c_2\\x_3=c_1\\x_4=c_2\end{cases}$$

其中，c_1，c_2 为任意实数.

例 2.6.2 求解非齐次线性方程组

$$\begin{cases}x_1-2x_2+3x_3-x_4=1\\3x_1-x_2+5x_3-3x_4=2\\2x_1+x_2+2x_3-2x_4=3\end{cases}$$

解　对方程组的增广矩阵 $\boldsymbol{B}$ 施以初等变换：

$$\boldsymbol{B}=\begin{pmatrix}1 & -2 & 3 & -1 & 1\\ 3 & -1 & 5 & -3 & 2\\ 2 & 1 & 2 & -2 & 3\end{pmatrix}$$

$$\xrightarrow[r_3+(-2)r_1]{r_2+(-3)r_1}\begin{pmatrix}1 & -2 & 3 & -1 & 1\\ 0 & 5 & -4 & 0 & -1\\ 0 & 5 & -4 & 0 & 1\end{pmatrix}$$

$$\xrightarrow{r_3+(-1)r_2}\begin{pmatrix}1 & -2 & 3 & -1 & 1\\ 0 & 5 & -4 & 0 & -1\\ 0 & 0 & 0 & 0 & 2\end{pmatrix}$$

显然 $R(\boldsymbol{A})=2$，$R(\boldsymbol{B})=3$，因此方程组无解.

例 2.6.3　对于非齐次方程组

$$\begin{cases}\lambda x_1+x_2+x_3=\lambda-3\\ x_1+\lambda x_2+x_3=-2\\ x_1+x_2+\lambda x_3=-2\end{cases}$$

讨论 λ 取何值时，方程组无解、有唯一解和无穷多组解. 在方程组有无穷多组解时，求出其通解.

解　对方程组的增广矩阵施以初等行变换：

$$\boldsymbol{B}=\begin{pmatrix}\lambda & 1 & 1 & \lambda-3\\ 1 & \lambda & 1 & -2\\ 1 & 1 & \lambda & -2\end{pmatrix}\xrightarrow{r_1\leftrightarrow r_3}\begin{pmatrix}1 & 1 & \lambda & -2\\ 1 & \lambda & 1 & -2\\ \lambda & 1 & 1 & \lambda-3\end{pmatrix}$$

$$\xrightarrow[r_3-\lambda r_1]{r_2-r_1}\begin{pmatrix}1 & 1 & \lambda & -2\\ 0 & \lambda-1 & 1-\lambda & 0\\ 0 & 1-\lambda & 1-\lambda^2 & 3(\lambda-1)\end{pmatrix}$$

$$\xrightarrow{r_3+r_2}\begin{pmatrix}1 & 1 & \lambda & -2\\ 0 & \lambda-1 & 1-\lambda & 0\\ 0 & 0 & -(\lambda+2)(\lambda-1) & 3(\lambda-1)\end{pmatrix}$$

(1) 当 $\lambda\neq-2$ 且 $\lambda\neq1$ 时，$R(\boldsymbol{A})=R(\boldsymbol{B})=3$，从而方程组有唯一解.

(2) 当 $\lambda=-2$ 时，$R(\boldsymbol{A})=2$，$R(\boldsymbol{B})=3$，$R(\boldsymbol{A})\neq R(\boldsymbol{B})$，所以方程组无解.

(3) 当 $\lambda=1$ 时，$R(\boldsymbol{A})=R(\boldsymbol{B})=1<3$，方程组有无穷多组解.

计算可得

$$\begin{cases}x_1=-2-x_2-x_3\\ x_2=x_2\\ x_3=x_3\end{cases}$$

令 $c_1=x_2$，$c_2=x_3$ 为任意实数，则原方程的通解为

$$\begin{pmatrix}x_1\\ x_2\\ x_3\end{pmatrix}=\begin{pmatrix}-2\\ 0\\ 0\end{pmatrix}+c_1\begin{pmatrix}-1\\ 1\\ 0\end{pmatrix}+c_2\begin{pmatrix}-1\\ 0\\ 1\end{pmatrix}$$

习 题 2

1. 设

$$A=\begin{pmatrix}3&1&4\\-2&0&1\\1&2&2\end{pmatrix},\ B=\begin{pmatrix}1&0&2\\-3&1&1\\2&-4&1\end{pmatrix}$$

求(1) $2A$；(2) $A+B$；(3) $(2A)^T-(3B)^T$；(4) BA；(5) $(BA)^T$.

2. 已知 $A=\begin{pmatrix}1&-1&0\\4&0&2\end{pmatrix}$，$B=\begin{pmatrix}2&-1&3\\1&2&1\end{pmatrix}$，$C=\begin{pmatrix}1\\-2\end{pmatrix}$，求矩阵 X，Y，使

(1) $3A-X=B$；

(2) $AY=C$.

3. 设 $A=\begin{pmatrix}\lambda&1&0\\0&\lambda&1\\0&0&\lambda\end{pmatrix}$，求 A^k.

4. 求下列矩阵的逆矩阵.

(1) $\begin{pmatrix}1&2\\2&5\end{pmatrix}$；(2) $\begin{pmatrix}1&2&3\\2&2&1\\3&4&3\end{pmatrix}$；(3) $\begin{bmatrix}2&&&\\&3&&\\&&-1&\\&&&4\end{bmatrix}$.

5. 已知 $X=AX+B$，其中 $A=\begin{pmatrix}0&1&0\\-1&1&1\\-1&0&-1\end{pmatrix}$，$B=\begin{pmatrix}1&-1\\2&0\\5&-3\end{pmatrix}$，求矩阵 X.

6. 计算下列分块乘法.

(1) $\left(\begin{array}{ccc:c}1&1&1&-1\\2&1&2&-1\end{array}\right)\left(\begin{array}{ccc}4&-2&1\\2&3&1\\1&1&2\\\hdashline 1&2&3\end{array}\right)$；　(2) $\left(\begin{array}{ccc:cc}0&0&1&0&0\\0&1&0&0&0\\1&0&0&0&0\\\hdashline 0&0&0&0&1\\0&0&0&1&0\end{array}\right)\left(\begin{array}{cc}1&-1\\2&-2\\3&-2\\\hdashline 4&-4\\5&-5\end{array}\right)$；

7. 设 $A=\begin{pmatrix}2&-1&0&0\\1&0&0&0\\0&0&3&4\\0&0&2&3\end{pmatrix}$，对 A 进行分块，并求 A^{-1}.

8. 把下列矩阵化为最简形矩阵.

(1) $\begin{pmatrix}1&0&2&-1\\2&0&3&1\\3&0&4&-3\end{pmatrix}$；(2) $\begin{pmatrix}1&-1&3&-4&3\\3&-3&5&-4&1\\2&-2&3&-2&0\\3&-3&4&-2&-1\end{pmatrix}$.

9. 求下列矩阵的逆.

(1) $\begin{pmatrix}2 & 5\\1 & 3\end{pmatrix}$；　(2) $\begin{pmatrix}2 & 0 & 5\\0 & 3 & 0\\1 & 0 & 3\end{pmatrix}$；　(3) $\begin{pmatrix}-1 & -3 & -3\\2 & 6 & 1\\3 & 8 & 3\end{pmatrix}$.

10. 已知 $\boldsymbol{A}=\begin{pmatrix}5 & 3\\3 & 2\end{pmatrix}$，$\boldsymbol{B}=\begin{pmatrix}6 & 2\\2 & 4\end{pmatrix}$，$\boldsymbol{C}=\begin{pmatrix}4 & -2\\-6 & 3\end{pmatrix}$，解下列矩阵方程.

(1) $\boldsymbol{AX}+\boldsymbol{B}=\boldsymbol{C}$；

(2) $\boldsymbol{AX}+\boldsymbol{B}=\boldsymbol{X}$.

11. 利用初等变换求矩阵的秩.

(1) $\boldsymbol{A}=\begin{pmatrix}1 & -1 & 3 & 0\\-2 & 1 & -2 & 1\\-1 & -1 & 5 & 2\end{pmatrix}$；　(2) $\boldsymbol{A}=\begin{pmatrix}1 & 1 & -2 & 1 & -1\\4 & 4 & -7 & 4 & -5\\2 & 5 & -8 & 4 & -3\\2 & -1 & 2 & 0 & -3\end{pmatrix}$.

12. 设 $\boldsymbol{A}=\begin{pmatrix}2 & -3 & 1\\1 & a & 1\\5 & 0 & 3\end{pmatrix}$，且 $R(\boldsymbol{A})=2$，求 a.

13. 求解下列线性方程组.

(1) $\begin{cases}x_1+x_2+2x_3-x_4=0\\2x_1+x_2+x_3-x_4=0\\2x_1+2x_2+x_3+2x_4=0\end{cases}$；

(2) $\begin{cases}4x_1+2x_2-x_3=2\\3x_1-x_2+2x_3=10\\11x_1+3x_2=8\end{cases}$；

(3) $\begin{cases}2x_1+x_2-x_3+x_4=1\\4x_1+2x_2-2x_3+x_4=2\\2x_1+x_2-x_3-x_4=1\end{cases}$.

14. 当 λ_1，λ_2 取何值时，线性方程组有无穷多解？

$$\begin{cases}x_1+x_2+x_3+x_4+x_5=1\\3x_1+2x_2+x_3+x_4-3x_5=\lambda_1\\x_2+2x_3+2x_4+6x_5=3\\5x_1+4x_2+3x_3+3x_4-x_5=\lambda_2\end{cases}$$

习题 2 参考答案

第3章 向 量

3.1 向量组及其线性相关性

最基本的向量空间就是欧几里得向量空间 $\mathbf{R}^n$，$n=1, 2, \cdots$. 在中学学习过二维空间，三维欧氏空间中的向量在坐标系确定后，可以用 2 个或 3 个数组成的有序数组来表示. 本节我们讨论由多个数组成的有序数组.

3.1.1 *n* 维向量的定义

定义 3.1.1 n 个有次序的数 $a_1, a_2, \cdots, a_n$ 组成的有序数组称为 n 维向量，用黑体小写字母 $\boldsymbol{a}$ 或 $\boldsymbol{a}^{\mathrm{T}}$ 表示 n 维向量，即

$$\boldsymbol{a}=\begin{pmatrix} a_1 \\ a_2 \\ \vdots \\ a_n \end{pmatrix} \quad 或 \quad \boldsymbol{a}^{\mathrm{T}}=(a_1, a_2, \cdots, a_n)$$

其中，n 个数 $a_1, a_2, \cdots, a_n$ 称为向量 $\boldsymbol{a}$ 或 $\boldsymbol{a}^{\mathrm{T}}$ 的 n 个分量，第 i 个数 a_i 称为第 i 个分量，分量全为实数的向量称为实向量，分量为复数的向量称为复向量，通常 $\boldsymbol{a}$ 称为列向量，$\boldsymbol{a}^{\mathrm{T}}$ 称为行向量，"T"表示将向量 $\boldsymbol{a}$ 进行转置.

n 维行向量和 n 维列向量就是第 2 章学习的行矩阵和列矩阵. 因此向量作为一种特殊的矩阵，具有和矩阵一样的运算和运算规律.

3.1.2 向量的线性运算

若两个 n 维向量 $\boldsymbol{\alpha}=\begin{pmatrix} a_1 \\ a_2 \\ \vdots \\ a_n \end{pmatrix}$，$\boldsymbol{\beta}=\begin{pmatrix} b_1 \\ b_2 \\ \vdots \\ b_n \end{pmatrix}$的对应分量都相等，即 $a_i=b_i(i=1, 2, \cdots, n)$，则记为 $\boldsymbol{\alpha}=\boldsymbol{\beta}$. $a_i=0$ 的向量称为零向量，记作 $\mathbf{0}=\begin{pmatrix} 0 \\ 0 \\ \vdots \\ 0 \end{pmatrix}$. 维数不同的向量一定不相等，包括

零向量. 向量 $\begin{pmatrix}-a_1\\-a_2\\\vdots\\-a_n\end{pmatrix}$ 称为向量 $\boldsymbol{\alpha}=\begin{pmatrix}a_1\\a_2\\\vdots\\a_n\end{pmatrix}$ 的负向量，记作 $-\boldsymbol{\alpha}$.

定义 3.1.2　设 $\boldsymbol{\alpha}=\begin{pmatrix}a_1\\a_2\\\vdots\\a_n\end{pmatrix}$，$\boldsymbol{\beta}=\begin{pmatrix}b_1\\b_2\\\vdots\\b_n\end{pmatrix}$ 都是 n 维向量，定义

$$\boldsymbol{\alpha}+\boldsymbol{\beta}=\begin{pmatrix}a_1+b_1\\a_2+b_2\\\vdots\\a_n+b_n\end{pmatrix},\ \boldsymbol{\alpha}-\boldsymbol{\beta}=\begin{pmatrix}a_1-b_1\\a_2-b_2\\\vdots\\a_n-b_n\end{pmatrix},\ \lambda\boldsymbol{\alpha}=\begin{pmatrix}\lambda a_1\\\lambda a_2\\\vdots\\\lambda a_n\end{pmatrix}$$

分别为向量的加法、减法和数乘运算，其中 $\lambda\in\mathbf{R}$.

注　$0\boldsymbol{\alpha}=0$；$(-1)\boldsymbol{\alpha}=-\boldsymbol{\alpha}$；$\lambda\mathbf{0}=\mathbf{0}$. 向量作为特殊的矩阵具有和矩阵相同的运算规律，矩阵的运算规律我们在第 2 章已经介绍了，故向量的运算规律就不重复介绍了.

n 维向量的全体所组成的集合

$$\mathbf{R}^n=\{\boldsymbol{x}=(x_1,x_2,\cdots,x_n)^{\mathrm{T}}\mid x_1,x_2,\cdots,x_n\in\mathbf{R}\}$$

叫作 n 维向量空间.

例 3.1.1　设 $\boldsymbol{\alpha}=\begin{pmatrix}3\\-2\\2\end{pmatrix}$，$\boldsymbol{\beta}=\begin{pmatrix}1\\-2\\0\end{pmatrix}$. 若已知 $\boldsymbol{\alpha}+2\boldsymbol{\gamma}=3\boldsymbol{\beta}$，求向量 $\boldsymbol{\gamma}$.

解　$\boldsymbol{\alpha}+2\boldsymbol{\gamma}=3\boldsymbol{\beta}$，由向量的运算定义和运算律可知

$$\boldsymbol{\gamma}=\frac{1}{2}(3\boldsymbol{\beta}-\boldsymbol{\alpha})=\frac{1}{2}\left(\begin{pmatrix}3\\-6\\0\end{pmatrix}-\begin{pmatrix}3\\-2\\2\end{pmatrix}\right)=\frac{1}{2}\begin{pmatrix}0\\-4\\-2\end{pmatrix}=\begin{pmatrix}0\\-2\\-1\end{pmatrix}$$

3.1.3　向量的线性相关性

通常把若干个同维数的列(行)向量所组成的集合叫作向量组.

例如，矩阵 $\boldsymbol{A}=(a_{ij})_{m\times n}$ 可以看作由 n 个 m 维列向量

$$\boldsymbol{a}_j=\begin{pmatrix}a_{1j}\\a_{2j}\\\vdots\\a_{mj}\end{pmatrix}\quad(j=1,2,\cdots,n)$$

组成的列向量组 $\boldsymbol{a}_1,\boldsymbol{a}_2,\cdots,\boldsymbol{a}_n$. 也可以看作由 m 个 n 维行向量 $\boldsymbol{a}_i^{\mathrm{T}}=(a_{i1},a_{i2},\cdots,a_{in})$ $(i=1,2,\cdots,n)$ 组成的行向量组 $\boldsymbol{a}_1^{\mathrm{T}},\boldsymbol{a}_2^{\mathrm{T}},\cdots,\boldsymbol{a}_m^{\mathrm{T}}$.

由第 2 章学习可知，线性方程组矩阵形式 $\boldsymbol{Ax}=\boldsymbol{b}$ 与对应的增广矩阵 $\boldsymbol{B}=(\boldsymbol{A},\boldsymbol{b})$ 一一对应. 这种对应实际上可看成一个方程对应一个行向量，若把方程组写成向量形式

$$x_1\boldsymbol{a}_1+x_2\boldsymbol{a}_2+\cdots+x_n\boldsymbol{a}_n=\boldsymbol{b}$$

方程组与 $\boldsymbol{B}$ 的列向量组 $\boldsymbol{a}_1, \boldsymbol{a}_2, \cdots, \boldsymbol{a}_n, \boldsymbol{b}$ 之间也有一一对应的关系.

定义 3.1.3 给定向量组 $\boldsymbol{b}, \boldsymbol{a}_1, \boldsymbol{a}_2, \cdots, \boldsymbol{a}_m$，若存在一组数 $k_1, k_2, \cdots, k_m$，使

$$\boldsymbol{b}=k_1\boldsymbol{a}_1+k_2\boldsymbol{a}_2+\cdots+k_m\boldsymbol{a}_m$$

则称向量 $\boldsymbol{b}$ 能由向量组 $\boldsymbol{a}_1, \boldsymbol{a}_2, \cdots, \boldsymbol{a}_m$ 线性表示，或称向量 $\boldsymbol{b}$ 是向量组 $\boldsymbol{a}_1, \boldsymbol{a}_2, \cdots, \boldsymbol{a}_m$ 的线性组合.

注 (1) 零向量是任何一组向量 $\boldsymbol{a}_1, \boldsymbol{a}_2, \cdots, \boldsymbol{a}_m$ 的线性组合，即

$$\boldsymbol{0}=0\boldsymbol{a}_1+0\boldsymbol{a}_2+\cdots+0\boldsymbol{a}_m$$

(2) 对于向量组 $\boldsymbol{a}_1, \boldsymbol{a}_2, \cdots, \boldsymbol{a}_m$，其中每个 $\boldsymbol{a}_i (i=1, 2, \cdots, m)$ 均可由该向量组线性表示，即

$$\boldsymbol{a}_i=0\boldsymbol{a}_1+0\boldsymbol{a}_2+\cdots+1\boldsymbol{a}_i+\cdots+0\boldsymbol{a}_m$$

(3) 设 n 维单位向量组为

$$\boldsymbol{\varepsilon}_1=\begin{pmatrix}1\\0\\\vdots\\0\end{pmatrix}, \boldsymbol{\varepsilon}_2=\begin{pmatrix}0\\1\\\vdots\\0\end{pmatrix}, \cdots, \boldsymbol{\varepsilon}_n=\begin{pmatrix}0\\0\\\vdots\\1\end{pmatrix}$$

则任意一个 n 维单位向量 $\boldsymbol{\beta}$ 是单位向量组 $\boldsymbol{\varepsilon}_1, \boldsymbol{\varepsilon}_2, \cdots, \boldsymbol{\varepsilon}_n$ 的线性组合，即

$$\boldsymbol{\beta}=a_1\boldsymbol{\varepsilon}_1+a_2\boldsymbol{\varepsilon}_2+\cdots+a_n\boldsymbol{\varepsilon}_n，其中 \boldsymbol{\beta}=\begin{pmatrix}a_1\\a_2\\\vdots\\a_n\end{pmatrix}$$

定义 3.1.4 设有两个向量组

$$\boldsymbol{A}: \boldsymbol{a}_1, \boldsymbol{a}_2, \cdots, \boldsymbol{a}_s; \boldsymbol{B}: \boldsymbol{\beta}_1, \boldsymbol{\beta}_2, \cdots, \boldsymbol{\beta}_t$$

若向量组 $\boldsymbol{B}$ 中的每一个向量都能由向量组 $\boldsymbol{A}$ 线性表示，则称向量组 $\boldsymbol{B}$ 能由向量组 $\boldsymbol{A}$ 线性表示. 若向量组 $\boldsymbol{A}$ 和向量组 $\boldsymbol{B}$ 互相线性表示，则称向量组 $\boldsymbol{A}$ 和向量组 $\boldsymbol{B}$ 等价.

向量组的线性表示、线性组合及等价等概念也可以用于线性方程组解的问题.

定理 3.1.1 向量 $\boldsymbol{\beta}$ 能由向量组 $\boldsymbol{a}_1, \boldsymbol{a}_2, \cdots, \boldsymbol{a}_n$ 线性表示，即

$$x_1\boldsymbol{a}_1+x_2\boldsymbol{a}_2+\cdots+x_n\boldsymbol{a}_n=\boldsymbol{\beta}\Leftrightarrow$$

$$\begin{cases}a_{11}x_1+a_{12}x_2+\cdots+a_{1n}x_n=b_1\\a_{21}x_1+a_{22}x_2+\cdots+a_{2n}x_n=b_2\\\cdots\cdots\\a_{m1}x_1+a_{m2}x_2+\cdots+a_{mn}x_n=b_m\end{cases}\tag{3.1.1}$$

有解，具体包括以下三种情况：

(1) $\boldsymbol{\beta}$ 不能由向量组 $\boldsymbol{a}_1, \boldsymbol{a}_2, \cdots, \boldsymbol{a}_n$ 线性表示的充分必要条件是线性方程组(3.1.1)无解；

(2) $\boldsymbol{\beta}$ 能由向量组 $\boldsymbol{a}_1, \boldsymbol{a}_2, \cdots, \boldsymbol{a}_n$ 唯一线性表示的充分必要条件是线性方程组(3.1.1)有唯一解；

(3) $\boldsymbol{\beta}$ 能由向量组 $\boldsymbol{a}_1, \boldsymbol{a}_2, \cdots, \boldsymbol{a}_n$ 线性表示且表示式不唯一的充分必要条件是线性方程组(3.1.1)有无穷多个解.

定义 3.1.5 给定 n 维向量组 $\boldsymbol{A}: \boldsymbol{a}_1, \boldsymbol{a}_2, \cdots, \boldsymbol{a}_m$，如果存在一组不全为零的数 k_1, k_2，

$\cdots$，k_m，使

$$k_1\boldsymbol{a}_1+k_2\boldsymbol{a}_2+\cdots+k_m\boldsymbol{a}_m=\boldsymbol{0}$$

则称向量组 $\boldsymbol{A}$ 是线性相关的，否则称它线性无关.

向量组 $\boldsymbol{A}$：$\boldsymbol{a}_1$，$\boldsymbol{a}_2$，$\cdots$，$\boldsymbol{a}_m$ 线性相关，通常是指 $m\geqslant 2$. 当 $m=2$，即向量组 $\boldsymbol{a}_1$，$\boldsymbol{a}_2$ 线性相关的充分必要条件是 $\boldsymbol{a}_1$，$\boldsymbol{a}_2$ 的分量对应成比例，几何意义是两向量共线. $m=3$，3 个向量线性相关的几何意义是三个向量共面. 线性相关的向量组 $\boldsymbol{A}$ 中至少有一个向量能由 $m-1$ 个向量线性表示.

例如 $\boldsymbol{a}_1$，$\boldsymbol{a}_2$，$\boldsymbol{a}_3$ 三个向量线性相关，则有不全为 0 的数 k_1，k_2，k_3，使 $k_1\boldsymbol{a}_1+k_2\boldsymbol{a}_2+k_3\boldsymbol{a}_3=\boldsymbol{0}$. 因 k_1，k_2，k_3 不全为零，设 $k_1\neq 0$，于是有

$$\boldsymbol{a}_1=-\frac{1}{k_1}(k_2\boldsymbol{a}_2+k_3\boldsymbol{a}_3)$$

即 $\boldsymbol{a}_1$ 能由 $\boldsymbol{a}_2$，$\boldsymbol{a}_3$ 线性表示.

类似向量组的线性表示，向量组的线性相关与线性无关的概念也可以用于线性方程组.

由向量组 $\boldsymbol{A}$：$\boldsymbol{a}_1$，$\boldsymbol{a}_2$，$\cdots$，$\boldsymbol{a}_m$ 构成齐次线性方程系数矩阵 $\boldsymbol{A}=(\boldsymbol{a}_1，\boldsymbol{a}_2，\cdots，\boldsymbol{a}_m)$，则向量组 $\boldsymbol{A}$ 线性相关等价于齐次线性方程组

$$x_1\boldsymbol{a}_1+x_2\boldsymbol{a}_2+\cdots+x_m\boldsymbol{a}_m=\boldsymbol{0}$$

即 $\boldsymbol{Ax}=\boldsymbol{0}$ 有非零解.

定理 3.1.2　向量组 $\boldsymbol{a}_1$，$\boldsymbol{a}_2$，$\cdots$，$\boldsymbol{a}_m$ 线性相关的充分必要条件是它所构成的矩阵 $\boldsymbol{A}=(\boldsymbol{a}_1，\boldsymbol{a}_2，\cdots，\boldsymbol{a}_m)$ 的秩小于向量个数；向量组线性无关的充分必要条件是 $R(\boldsymbol{A})=m$.

例 3.1.2　4 维向量组

$$\boldsymbol{\varepsilon}_1=\begin{pmatrix}1\\0\\0\\0\end{pmatrix}，\boldsymbol{\varepsilon}_2=\begin{pmatrix}0\\1\\0\\0\end{pmatrix}，\boldsymbol{\varepsilon}_3=\begin{pmatrix}0\\0\\1\\0\end{pmatrix}，\boldsymbol{\varepsilon}_4=\begin{pmatrix}0\\0\\0\\1\end{pmatrix}$$

讨论线性相关性.

解　4 维向量组构成的矩阵

$$\boldsymbol{E}=(\boldsymbol{\varepsilon}_1，\boldsymbol{\varepsilon}_2，\boldsymbol{\varepsilon}_3，\boldsymbol{\varepsilon}_4)$$

是 4 阶单位矩阵，由 $|\boldsymbol{E}|=1\neq 0$，故 $R(\boldsymbol{E})=4$，即 $R(\boldsymbol{E})$ 等于向量组中向量个数，故由定理 3.1.2 可知向量组是线性无关的.

例 3.1.3　判断向量组

$$\boldsymbol{a}_1=\begin{pmatrix}1\\4\\1\end{pmatrix}，\boldsymbol{a}_2=\begin{pmatrix}2\\1\\0\end{pmatrix}，\boldsymbol{a}_3=\begin{pmatrix}-1\\3\\1\end{pmatrix}$$

的线性相关性.

解　设由向量组 $\boldsymbol{a}_1$，$\boldsymbol{a}_2$，$\boldsymbol{a}_3$ 构成齐次线性方程组的系数矩阵 $\boldsymbol{A}$，即

$$\boldsymbol{A}=\begin{pmatrix}1&2&-1\\4&1&3\\1&0&1\end{pmatrix}$$

其对应的行列式 $|\boldsymbol{A}|=0$，由定理 3.1.2 可知向量组 $\boldsymbol{a}_1$，$\boldsymbol{a}_2$，$\boldsymbol{a}_3$ 线性相关.

例 3.1.4 判断向量组

$$\boldsymbol{a}_1=\begin{pmatrix}1\\-1\\2\\3\end{pmatrix},\ \boldsymbol{a}_2=\begin{pmatrix}-2\\3\\1\\2\end{pmatrix},\ \boldsymbol{a}_3=\begin{pmatrix}1\\0\\7\\7\end{pmatrix}$$

的线性相关性.

解 设由向量组 $\boldsymbol{a}_1$，$\boldsymbol{a}_2$，$\boldsymbol{a}_3$ 构成齐次线性方程组的系数矩阵 $\boldsymbol{A}$，我们将 $\boldsymbol{Ax}=\boldsymbol{0}$ 化简为行阶梯形：

$$\begin{pmatrix}1&-2&1&0\\-1&3&0&0\\2&1&7&0\\3&-2&7&0\end{pmatrix}\to\begin{pmatrix}1&-2&1&0\\0&1&1&0\\0&0&0&0\\0&0&0&0\end{pmatrix}$$

由于行阶梯形含有一个自由变量 x_3，因此存在非平凡解，故向量组 $\boldsymbol{a}_1$，$\boldsymbol{a}_2$，$\boldsymbol{a}_3$ 线性相关.

下面我们给出线性相关的相关结论.

定理 3.1.3 (1) 若向量组 $\boldsymbol{A}$：$\boldsymbol{a}_1$，$\boldsymbol{a}_2$，…，$\boldsymbol{a}_m$ 线性相关，则向量组 $\boldsymbol{B}$：$\boldsymbol{a}_1$，$\boldsymbol{a}_2$，…，$\boldsymbol{a}_m$，$\boldsymbol{a}_{m+1}$ 也线性相关. 反之，若向量组 $\boldsymbol{B}$ 线性无关，则向量组 $\boldsymbol{A}$ 也线性无关.

(2) 设向量组 $\boldsymbol{B}$ 是由向量组 $\boldsymbol{A}$：$\boldsymbol{a}_1$，$\boldsymbol{a}_2$，…，$\boldsymbol{a}_m$ 的每个向量 $\boldsymbol{a}_i\,(i=1,2,\cdots,m)$ 添上一个分量后得到的 $\boldsymbol{b}_i$，即

$$\boldsymbol{a}_i=\begin{pmatrix}a_{1i}\\\vdots\\a_{ri}\end{pmatrix},\ \boldsymbol{b}_i=\begin{pmatrix}a_{1i}\\\vdots\\a_{ri}\\a_{r+1,\,i}\end{pmatrix},\ i=1,2,\cdots,m$$

若向量组 $\boldsymbol{A}$ 线性无关，则向量组 $\boldsymbol{B}$ 也线性无关. 反之，若向量组 $\boldsymbol{B}$ 线性相关，则向量组 $\boldsymbol{A}$ 也线性相关.

(3) m 个 n 维向量组成的向量组，当维数 n 小于向量个数 m 时一定线性相关.

例 3.1.5 设向量组 $\boldsymbol{a}_1$，$\boldsymbol{a}_2$，$\boldsymbol{a}_3$ 线性无关，$\boldsymbol{\beta}_1=\boldsymbol{a}_1+\boldsymbol{a}_2$，$\boldsymbol{\beta}_2=\boldsymbol{a}_2+\boldsymbol{a}_3$，$\boldsymbol{\beta}_3=\boldsymbol{a}_3+\boldsymbol{a}_1$，证明 $\boldsymbol{\beta}_1$，$\boldsymbol{\beta}_2$，$\boldsymbol{\beta}_3$ 也线性无关.

证 设存在数 k_1，k_2，k_3，使 $k_1\boldsymbol{\beta}_1+k_2\boldsymbol{\beta}_2+k_3\boldsymbol{\beta}_3=\boldsymbol{0}$，即

$$k_1(\boldsymbol{a}_1+\boldsymbol{a}_2)+k_2(\boldsymbol{a}_2+\boldsymbol{a}_3)+k_3(\boldsymbol{a}_3+\boldsymbol{a}_1)=\boldsymbol{0}$$

整理，得

$$(k_1+k_3)\boldsymbol{a}_1+(k_1+k_2)\boldsymbol{a}_2+(k_2+k_3)\boldsymbol{a}_3=\boldsymbol{0}$$

由已知条件，知

$$\begin{cases}k_1+k_3=0\\k_1+k_2=0\\k_2+k_3=0\end{cases}$$

由于此方程组对应的系数行列式为

$$\begin{vmatrix}1&0&1\\1&1&0\\0&1&1\end{vmatrix}=2\neq0$$

故只有零解，即 $k_1=k_2=k_3=0$，所以 $\boldsymbol{\beta}_1$，$\boldsymbol{\beta}_2$，$\boldsymbol{\beta}_3$ 线性无关.

3.2　向量组的秩和向量空间

矩阵的秩在研究向量组的线性相关性时具有重要作用，矩阵是由行向量组或列向量组构成的，类似矩阵秩的定义，我们定义向量组的秩，并研究向量空间.

3.2.1　向量组的秩

定义 3.2.1　设向量组 $\boldsymbol{A}$（含有有限或无限多个向量）的一个子向量组 $\boldsymbol{A}_0=\boldsymbol{a}_1$，$\boldsymbol{a}_2$，…，$\boldsymbol{a}_r$ 满足：

(1) 向量组 $\boldsymbol{A}_0$：$\boldsymbol{a}_1$，$\boldsymbol{a}_2$，…，$\boldsymbol{a}_r$ 线性无关；

(2) 从向量组 $\boldsymbol{A}$ 中任取除 $\boldsymbol{a}_1$，$\boldsymbol{a}_2$，…，$\boldsymbol{a}_r$ 外的一个向量（存在的话）$\boldsymbol{\beta}$ 与向量组 $\boldsymbol{A}_0$ 构成的 $r+1$ 个向量 $\boldsymbol{a}_1$，$\boldsymbol{a}_2$，…，$\boldsymbol{a}_r$，$\boldsymbol{\beta}$ 都线性相关，则称向量组 $\boldsymbol{A}_0$ 是向量组 $\boldsymbol{A}$ 的一个极大线性无关向量组（简称极大无关组）；极大无关组 $\boldsymbol{A}$ 所含向量个数 r 称为向量组 $\boldsymbol{A}$ 的秩，记为 $R(\boldsymbol{a}_1, \boldsymbol{a}_2, \cdots, \boldsymbol{a}_r)$.

由向量组的极大无关组定义可知，向量组的极大无关组不唯一. 特别地，若向量组 $\boldsymbol{A}$：$\boldsymbol{a}_1$，$\boldsymbol{a}_2$，…，$\boldsymbol{a}_m$ 是线性无关的，则向量组 $\boldsymbol{A}$ 本身就是自己的极大无关组. 向量组的极大无关组具有以下性质：

性质 3.2.1　向量组的任意两个极大线性无关组等价，与向量组本身也等价.

性质 3.2.2　向量组的极大线性无关组都含有相同个数的向量，个数就是向量组的秩.

定理 3.2.1　矩阵的秩等于其列向量组的秩，也等于其行向量的秩.

定理 3.2.2　若向量组 $\boldsymbol{B}$ 能由向量组 $\boldsymbol{A}$ 线性表示，则向量组 $\boldsymbol{B}$ 的秩不大于向量组 $\boldsymbol{A}$ 的秩.

推论 3.2.1　等价的向量组的秩相等.

矩阵是由行向量组或列向量组构成的，求向量组的秩可以利用矩阵求秩的方法.

例 3.2.1　求向量组 $\boldsymbol{a}_1=\begin{pmatrix}1\\3\\6\end{pmatrix}$，$\boldsymbol{a}_2=\begin{pmatrix}-1\\3\\0\end{pmatrix}$，$\boldsymbol{a}_3=\begin{pmatrix}0\\6\\6\end{pmatrix}$ 的极大无关组.

解　因为 $\boldsymbol{a}_1\neq\boldsymbol{0}$，且 $\boldsymbol{a}_1$ 和 $\boldsymbol{a}_2$ 对应分量不成比例，所以子向量组 $\boldsymbol{a}_1$，$\boldsymbol{a}_2$ 线性无关. 又 $\boldsymbol{a}_3=\boldsymbol{a}_1+\boldsymbol{a}_2$，故 $\boldsymbol{a}_1$，$\boldsymbol{a}_2$，$\boldsymbol{a}_3$ 线性相关. 所以 $\boldsymbol{a}_1$，$\boldsymbol{a}_2$ 是向量组 $\boldsymbol{a}_1$，$\boldsymbol{a}_2$，$\boldsymbol{a}_3$ 的极大无关组. 类似可知，$\boldsymbol{a}_1$，$\boldsymbol{a}_3$ 和 $\boldsymbol{a}_2$，$\boldsymbol{a}_3$ 也是向量组的极大无关组.

例 3.2.2　求向量组

$$\boldsymbol{a}_1=\begin{pmatrix}1\\2\\1\\2\end{pmatrix},\ \boldsymbol{a}_2=\begin{pmatrix}1\\0\\3\\1\end{pmatrix},\ \boldsymbol{a}_3=\begin{pmatrix}2\\-1\\0\\1\end{pmatrix},\ \boldsymbol{a}_4=\begin{pmatrix}2\\1\\-2\\2\end{pmatrix}$$

的极大线性无关组和向量组的秩，并把其余向量用极大无关组线性表示.

解　对由向量组 $\boldsymbol{a}_1$，$\boldsymbol{a}_2$，$\boldsymbol{a}_3$，$\boldsymbol{a}_4$ 构成的矩阵进行初等变换，并化为阶梯形.

$$A=\begin{pmatrix}1&1&2&2\\2&0&-1&1\\1&3&0&-2\\2&1&1&2\end{pmatrix}\xrightarrow[r_4-2r_1]{\substack{r_2-2r_1\\r_3-r_1}}\begin{pmatrix}1&1&2&2\\0&-2&-5&-3\\0&2&-2&-4\\0&-1&-3&-2\end{pmatrix}\xrightarrow[\substack{r_3+2r_1\\r_4-2r_1}]{r_2\leftrightarrow r_4}\begin{pmatrix}1&1&2&2\\0&-1&-3&-2\\0&0&-8&-8\\0&0&1&1\end{pmatrix}$$

$$\xrightarrow[\substack{r_1-2r_3\\r_2-3r_3}]{\substack{r_3\leftrightarrow r_4\\r_4+8r_3}}\begin{pmatrix}1&1&0&0\\0&1&0&-1\\0&0&1&1\\0&0&0&0\end{pmatrix}\xrightarrow{r_1-r_2}\begin{pmatrix}1&0&0&0\\0&1&0&-1\\0&0&1&1\\0&0&0&0\end{pmatrix}$$

由阶梯形可知，$\boldsymbol{a}_1$，$\boldsymbol{a}_2$，$\boldsymbol{a}_3$ 为向量组的一极大无关组，向量组的秩为

$$R(\boldsymbol{a}_1, \boldsymbol{a}_2, \boldsymbol{a}_3, \boldsymbol{a}_4)=3$$

$$\boldsymbol{a}_4=\boldsymbol{a}_1-\boldsymbol{a}_2+\boldsymbol{a}_3$$

3.2.2 向量空间

向量空间就是一组向量在线性运算下满足某种约束条件的向量全体构成的集合.

定义 3.2.2 设 V 是一个非空的 n 维向量集合，且集合 V 对于加法及乘数两种运算封闭(即对任意 $\boldsymbol{\alpha}$，$\boldsymbol{\beta}\in\mathbf{R}^n$，都有 $\boldsymbol{\alpha}+\boldsymbol{\beta}\in\mathbf{R}^n$，$k\boldsymbol{\alpha}\in\mathbf{R}^n$，$k\in\mathbf{R}$)，则称 V 是向量空间.

例 3.2.3 n 维向量的全体 $\mathbf{R}^n$ 构成一个向量空间，n 维零向量所形成的集合 $\{0\}$ 构成一个向量空间.

例 3.2.4 证明集合 $V=\{\boldsymbol{x}=(0, x_2, x_3, x_4, x_5)^{\mathrm{T}} \mid x_2, x_3, x_4, x_5\in\mathbf{R}\}$ 是一个向量空间.

证明 假设 $\boldsymbol{a}=(0, a_2, a_3, a_4, a_5)^{\mathrm{T}}\in V$，$\boldsymbol{b}=(0, b_2, b_3, b_4, b_5)^{\mathrm{T}}\in V$，则

$$\boldsymbol{a}+\boldsymbol{b}=(0, a_2+b_2, a_3+b_3, a_4+b_4, a_5+b_5)^{\mathrm{T}}\in V$$

$$\lambda\boldsymbol{a}=(0, \lambda a_2, \lambda a_3, \lambda a_4, \lambda a_5)^{\mathrm{T}}\in V$$

由定义 3.2.2 可知 V 是一个向量空间.

例 3.2.5 证明集合 $V=\{(x_1, x_2, x_3, x_4) \mid x_1+x_2+x_3+x_4=2\}$ 不构成向量空间.

证明 设 $\boldsymbol{a}=(a_1, a_2, a_3, a_4)\in V$，且 $a_1+a_2+a_3+a_4=2$，则

$$k\boldsymbol{a}=(ka_1, ka_2, ka_3, ka_4)=2k\text{，当 } k\neq 1 \text{ 时，有 } k\boldsymbol{a}\notin V$$

由定义 3.2.2 知 V 对乘数运算不封闭，所以 V 不构成向量空间.

定义 3.2.3 假设 V_1 和 V_2 都是向量空间，且 $V_1\subset V_2$，则称 V_1 是 V_2 的子空间.

例如，任何由 n 维向量所组成的向量空间 V 都是 $\mathbf{R}^n$ 的子空间. $\mathbf{R}^n$ 和 $\{0\}$ 称为 $\mathbf{R}^n$ 的平凡子空间，其他子空间称为 $\mathbf{R}^n$ 的非平凡子空间.

定义 3.2.4 设 V 是向量空间，如果向量组 $\boldsymbol{a}_1$，$\boldsymbol{a}_2$，…，$\boldsymbol{a}_r\in V$，且满足：

(1) $\boldsymbol{a}_1$，$\boldsymbol{a}_2$，…，$\boldsymbol{a}_r$ 线性无关；

(2) V 中任一向量都可由 $\boldsymbol{a}_1$，$\boldsymbol{a}_2$，…，$\boldsymbol{a}_r$ 线性表示，则向量组 $\boldsymbol{a}_1$，$\boldsymbol{a}_2$，…，$\boldsymbol{a}_r$ 就称为 V 的一组基，r 称为 V 的维数，记为 $\dim V$，并称 V 为 r 维向量空间.

例 3.2.6 已知三维向量组

$$\boldsymbol{a}_1=\begin{pmatrix}1\\2\\3\end{pmatrix}, \boldsymbol{a}_2=\begin{pmatrix}-2\\1\\0\end{pmatrix}, \boldsymbol{a}_3=\begin{pmatrix}1\\0\\1\end{pmatrix}, \boldsymbol{\beta}=\begin{pmatrix}1\\0\\2\end{pmatrix}$$

证明向量组 $\boldsymbol{a}_1$，$\boldsymbol{a}_2$，$\boldsymbol{a}_3$ 是 $\mathbf{R}^3$ 的一组基，求 $\boldsymbol{\beta}$ 在基底 $\boldsymbol{a}_1$，$\boldsymbol{a}_2$，$\boldsymbol{a}_3$ 下的坐标.

证明 由于 $\dim\mathbf{R}^3=3$，只需要证明 $\boldsymbol{a}_1$，$\boldsymbol{a}_2$，$\boldsymbol{a}_3$ 线性无关，由于

$$\begin{vmatrix}1 & -2 & 1\\ 2 & 1 & 0\\ 3 & 0 & 1\end{vmatrix}=2\neq 0$$

所以 $\boldsymbol{a}_1$，$\boldsymbol{a}_2$，$\boldsymbol{a}_3$ 是 $\mathbf{R}^3$ 的一组基. 令 $\boldsymbol{A}=(\boldsymbol{a}_1, \boldsymbol{a}_2, \boldsymbol{a}_3)$，下面求解线性方程组 $\boldsymbol{Ax}=\boldsymbol{\beta}$.

$$\boldsymbol{A}=\begin{pmatrix}1 & -2 & 1 & 1\\ 2 & 1 & 0 & 0\\ 3 & 0 & 1 & 2\end{pmatrix}\xrightarrow[r_3+(-3)r_2]{r_2+(-2)r_1}\begin{pmatrix}1 & -2 & 1 & 1\\ 0 & 5 & -2 & -2\\ 0 & 6 & -2 & -1\end{pmatrix}\xrightarrow{\frac{1}{5}r_2}\begin{pmatrix}1 & -2 & 1 & 1\\ 0 & 1 & -\frac{2}{5} & -\frac{2}{5}\\ 0 & 6 & -2 & -1\end{pmatrix}$$

$$\xrightarrow[\frac{5}{2}r_3]{r_3+(-6)r_2}\begin{pmatrix}1 & -2 & 1 & 1\\ 0 & 1 & -\frac{2}{5} & -\frac{2}{5}\\ 0 & 0 & 1 & \frac{7}{2}\end{pmatrix}\xrightarrow{r_1+2r_2}\begin{pmatrix}1 & 0 & \frac{1}{5} & \frac{1}{5}\\ 0 & 1 & -\frac{2}{5} & -\frac{2}{5}\\ 0 & 0 & 1 & \frac{7}{2}\end{pmatrix}$$

$$\xrightarrow[r_2+\frac{2}{5}r_3]{r_1+\left(-\frac{1}{5}\right)r_3}\begin{pmatrix}1 & 0 & 0 & -\frac{1}{2}\\ 0 & 1 & 0 & 1\\ 0 & 0 & 1 & \frac{7}{2}\end{pmatrix}$$

因此，向量 $\boldsymbol{\beta}=\begin{pmatrix}1\\0\\2\end{pmatrix}$ 在基底 $\boldsymbol{a}_1$，$\boldsymbol{a}_2$，$\boldsymbol{a}_3$ 下的坐标为 $\begin{pmatrix}-\frac{1}{2}\\ 1\\ \frac{7}{2}\end{pmatrix}$.

3.3 线性方程组解的结构

在第 2 章中，我们用初等变换解线性方程组 $\boldsymbol{Ax}=\boldsymbol{b}$ 和 $\boldsymbol{Ax}=\boldsymbol{0}$ 的解，通过选取自由变量的方法获得解的表达式. 本节我们通过解向量组的线性相关性理论进一步探讨线性方程组解的结构.

3.3.1 齐次线性方程组解的结构

设 n 元齐次线性方程组

$$\begin{cases}a_{11}x_1+a_{12}x_2+\cdots+a_{1n}x_n=0\\ a_{21}x_1+a_{22}x_2+\cdots+a_{2n}x_n=0\\ \quad\cdots\cdots\\ a_{m1}x_1+a_{m2}x_2+\cdots+a_{mn}x_n=0\end{cases}\tag{3.3.1}$$

记

$$A=\begin{pmatrix} a_{11} & a_{12} & \cdots & a_{1n} \\ a_{21} & a_{22} & \cdots & a_{2n} \\ \vdots & \vdots & & \vdots \\ a_{m1} & a_{m2} & \cdots & a_{mn} \end{pmatrix},\ x=\begin{pmatrix} x_1 \\ x_2 \\ \vdots \\ x_n \end{pmatrix}$$

则式(3.3.1)对应的向量方程为

$$Ax=0 \tag{3.3.2}$$

显然，方程(3.3.2)存在零解. 如果 $R(A)=r<n$，则向量方程(3.3.2)有无穷多个非零解. 如何求出这无穷多个解，并揭示解的结构？首先讨论方程(3.3.2)解的性质.

性质 3.3.1 若 ζ_1，ζ_2 是方程(3.3.2)的解，则 $\zeta_1+\zeta_2$ 也是方程(3.3.2)的解；$k\in \mathbf{R}$，则 $k\zeta_1$ 也是方程(3.3.2)的解.

若用 S 表示方程组(3.3.1)的全体解向量所组成的集合，下面我们来求解空间 S 的基础解系 ζ_1，ζ_2，…，ζ_{n-r}.

设方程(3.3.1)的系数矩阵 $R(A)=r<n$，对 A 施以初等行变换化为行最简形，最简形矩阵为

$$A=\begin{pmatrix} a_{11} & a_{12} & \cdots & a_{1n} \\ a_{21} & a_{22} & \cdots & a_{2n} \\ \vdots & \vdots & & \vdots \\ a_{m1} & a_{m2} & \cdots & a_{mn} \end{pmatrix}\to B=\begin{pmatrix} 1 & 0 & \cdots & 0 & b_{1r+1} & \cdots & b_{1n} \\ 0 & 1 & \cdots & 0 & b_{2r+1} & \cdots & b_{2n} \\ \vdots & \vdots & & \vdots & \vdots & & \vdots \\ 0 & 0 & \cdots & 1 & b_{rr+1} & \cdots & b_{rn} \\ \vdots & \vdots & & \vdots & \vdots & & \vdots \\ 0 & 0 & \cdots & 0 & 0 & \cdots & 0 \end{pmatrix}$$

B 对应的线性方程组

$$\begin{cases} x_1=-b_{1,r+1}x_{r+1}-\cdots-b_{1n}x_n \\ x_2=-b_{2,r+1}x_{r+1}-\cdots-b_{2n}x_n \\ \quad\cdots\cdots \\ x_r=-b_{r,r+1}x_{r+1}-\cdots-b_{rn}x_n \end{cases} \tag{3.3.3}$$

由初等行变换的性质可知方程(3.3.3)与方程(3.3.2)同解. 由式(3.3.3)可知，任给 x_{r+1}，…，x_n 一组值，即唯一确定 x_1，…，x_r 的值，就得(3.3.3)的一个解，也是(3.3.1)的解. 令自由未知量 x_{r+1}，x_{r+2}，…，x_n 取下列 $n-r$ 组数：

$$\begin{pmatrix} x_{r+1} \\ x_{r+2} \\ \vdots \\ x_n \end{pmatrix}=\begin{pmatrix} 1 \\ 0 \\ \vdots \\ 0 \end{pmatrix},\ \begin{pmatrix} 0 \\ 1 \\ \vdots \\ 0 \end{pmatrix},\ \cdots,\ \begin{pmatrix} 0 \\ 0 \\ \vdots \\ 1 \end{pmatrix}$$

则由方程组(3.3.3)可得

$$\begin{pmatrix} x_1 \\ x_2 \\ \vdots \\ x_r \end{pmatrix}=\begin{pmatrix} -b_{1,r+1} \\ -b_{2,r+1} \\ \vdots \\ -b_{r,r+1} \end{pmatrix},\ \begin{pmatrix} -b_{1,r+2} \\ -b_{2,r+2} \\ \vdots \\ -b_{r,r+2} \end{pmatrix},\ \cdots,\ \begin{pmatrix} -b_{1n} \\ -b_{2n} \\ \vdots \\ -b_{rn} \end{pmatrix}$$

x_1, x_2, …, x_n 合起来有

$$\boldsymbol{\zeta}_1=\begin{pmatrix}-b_{1,r+1}\\-b_{2,r+1}\\\vdots\\-b_{r,r+1}\\1\\0\\\vdots\\0\end{pmatrix},\ \boldsymbol{\zeta}_2=\begin{pmatrix}-b_{1,r+2}\\-b_{2,r+2}\\\vdots\\-b_{r,r+2}\\0\\1\\\vdots\\0\end{pmatrix},\ \cdots,\ \boldsymbol{\zeta}_{n-r}=\begin{pmatrix}-b_{1,n-r}\\-b_{2,n-r}\\\vdots\\-b_{r,n-r}\\0\\0\\\vdots\\1\end{pmatrix}$$

容易验证 $\boldsymbol{\zeta}_1$, $\boldsymbol{\zeta}_2$, …, $\boldsymbol{\zeta}_{n-r}$ 线性无关，且方程(3.3.3)的任一个解 $\boldsymbol{x}$ 都可以用 $\boldsymbol{\zeta}_1$, $\boldsymbol{\zeta}_2$, …, $\boldsymbol{\zeta}_{n-r}$ 线性表示，即

$$\boldsymbol{x}=\begin{pmatrix}x_1\\x_2\\\vdots\\x_r\\x_{r+1}\\x_{r+2}\\\vdots\\x_n\end{pmatrix}=x_{r+1}\begin{pmatrix}-b_{1,r+1}\\-b_{2,r+1}\\\vdots\\-b_{r,r+1}\\1\\0\\\vdots\\0\end{pmatrix}+x_{r+2}\begin{pmatrix}-b_{1,r+2}\\-b_{2,r+2}\\\vdots\\-b_{r,r+2}\\0\\1\\\vdots\\0\end{pmatrix}+\cdots+x_n\begin{pmatrix}-b_{1n}\\-b_{2n}\\\vdots\\-b_{rn}\\0\\0\\\vdots\\1\end{pmatrix}$$

$$=x_{r+1}\boldsymbol{\zeta}_1+x_{r+2}\boldsymbol{\zeta}_2+\cdots+x_n\boldsymbol{\zeta}_{n-r}$$

所以，$\boldsymbol{\zeta}_1$, $\boldsymbol{\zeta}_2$, …, $\boldsymbol{\zeta}_{n-r}$ 为方程组(3.3.2)解向量组 $\boldsymbol{X}$ 的一个极大无关组，即基础解系，从而知方程(3.3.2)解空间的维数是 $n-r$.

定理 3.3.1 n 元齐次方程组(3.3.2)，若 $R(\boldsymbol{A})=n$，则方程组(3.3.2)只有零解；若 $R(\boldsymbol{A})=r<n$，则方程组有无穷多个非零解，其全体解所构成的集合 S 是一个向量空间，解空间 S 的维数为 $n-r$，通解为

$$\boldsymbol{x}=k_1\boldsymbol{\zeta}_1+k_2\boldsymbol{\zeta}_2+\cdots+k_{n-r}\boldsymbol{\zeta}_{n-r}$$

其中，$\boldsymbol{\zeta}_1$, $\boldsymbol{\zeta}_2$, …, $\boldsymbol{\zeta}_{n-r}$ 为方程组(3.3.2)的基础解系，k_1, k_2, …, $k_{n-r}\in\mathbf{R}$.

例 3.3.1 求齐次线性方程组

$$\begin{cases}3x_1+2x_2+5x_4=0\\3x_1-2x_2+3x_3+6x_4-x_5=0\\2x_1+x_3+5x_4-3x_5=0\\x_1+6x_2-4x_3-x_4+4x_5=0\end{cases}$$

的一个基础解系，并用基础解系表示方程组的通解.

解 记方程组的系数矩阵为 $\boldsymbol{A}$，对其进行初等行变换

$$\boldsymbol{A}=\begin{pmatrix}3&2&0&5&0\\3&-2&3&6&-1\\2&0&1&5&-3\\1&6&-4&-1&4\end{pmatrix}\xrightarrow[r_2+(-1)r_4]{r_1\leftrightarrow r_4}\begin{pmatrix}1&6&-4&-1&4\\0&-4&3&1&-1\\2&0&1&5&-3\\3&2&0&5&0\end{pmatrix}$$

$$\xrightarrow{r_3+(-2)r_1}\begin{pmatrix}1&6&-4&-1&4\\0&-4&3&1&-1\\0&-12&9&7&-11\\0&-16&12&8&-12\end{pmatrix}\xrightarrow[r_4+(-4)r_2]{r_3+(-3)r_2}\begin{pmatrix}1&6&-4&-1&4\\0&-4&3&1&-1\\0&0&0&4&-8\\0&0&0&4&-8\end{pmatrix}$$

$$\xrightarrow[-\frac{1}{4}r_2]{r_4+(-1)r_3}\begin{pmatrix}1&6&-4&-1&4\\0&1&-\frac{3}{4}&-\frac{1}{4}&\frac{1}{4}\\0&0&0&4&-8\\0&0&0&0&0\end{pmatrix}\xrightarrow[\frac{1}{4}r_3]{r_1+(-6)r_2}\begin{pmatrix}1&0&\frac{1}{2}&\frac{1}{2}&\frac{5}{2}\\0&1&-\frac{3}{4}&-\frac{1}{4}&\frac{1}{4}\\0&0&0&1&-2\\0&0&0&0&0\end{pmatrix}$$

$$\xrightarrow[r_2+\frac{1}{4}r_3]{r_1+\left(-\frac{1}{2}\right)r_3}\begin{pmatrix}1&0&\frac{1}{2}&0&\frac{7}{2}\\0&1&-\frac{3}{4}&0&-\frac{1}{4}\\0&0&0&1&-2\\0&0&0&0&0\end{pmatrix}$$

由于$R(\boldsymbol{A})=3$，$n=5$，所以基础解系中含$n-R(\boldsymbol{A})=2$个线性无关的解向量，直接写出方程组的通解：

$$\begin{cases}x_1=-\frac{1}{2}x_3-\frac{7}{2}x_5\\x_2=\frac{3}{4}x_3+\frac{1}{4}x_5\\x_3=x_3\\x_4=2x_5\\x_5=x_5\end{cases}$$

其中，x_3，x_5为任意实数，或向量形式：

$$\begin{pmatrix}x_1\\x_2\\x_3\\x_4\\x_5\end{pmatrix}=x_3\begin{pmatrix}-\frac{1}{2}\\\frac{3}{4}\\1\\0\\0\end{pmatrix}+x_5\begin{pmatrix}-\frac{7}{2}\\\frac{1}{4}\\0\\2\\1\end{pmatrix}$$

一基础解系为

$$\boldsymbol{\zeta}_1=\begin{pmatrix}-\frac{1}{2}\\ \frac{3}{4}\\ 1\\ 0\\ 0\end{pmatrix},\ \boldsymbol{\zeta}_2=\begin{pmatrix}-\frac{7}{2}\\ \frac{1}{4}\\ 0\\ 2\\ 1\end{pmatrix}$$

3.3.2 非齐次线性方程组解的结构

设 n 元非齐次线性方程组

$$\begin{cases}a_{11}x_1+a_{12}x_2+\cdots+a_{1n}x_n=b_1\\ a_{21}x_1+a_{22}x_2+\cdots+a_{2n}x_n=b_2\\ \cdots\cdots\\ a_{m1}x_1+a_{m2}x_2+\cdots+a_{mn}x_n=b_m\end{cases}\tag{3.3.4}$$

对应的向量形式为

$$\boldsymbol{Ax}=\boldsymbol{b}\tag{3.3.5}$$

对应的齐次方程为

$$\boldsymbol{Ax}=\boldsymbol{0}\tag{3.3.6}$$

对于向量方程(3.3.5)和其对应的齐次方程(3.3.6)之间的解具有以下关系.

性质 3.3.2 若 $\boldsymbol{\eta}_1$，$\boldsymbol{\eta}_2$ 都是方程组(3.3.5)的解，则 $\boldsymbol{\eta}_1-\boldsymbol{\eta}_2$ 是方程组(3.3.5)对应的齐次方程(3.3.6)的解.

证 因为 $\boldsymbol{\eta}_1$，$\boldsymbol{\eta}_2$ 是向量方程(3.3.5)的解，则有 $\boldsymbol{A\eta}_1=\boldsymbol{b}$，$\boldsymbol{A\eta}_2=\boldsymbol{b}$，所以 $\boldsymbol{A}(\boldsymbol{\eta}_1-\boldsymbol{\eta}_2)=\boldsymbol{A\eta}_1-\boldsymbol{A\eta}_2=\boldsymbol{0}$. 即 $\boldsymbol{\eta}_1-\boldsymbol{\eta}_2$ 是对应的齐次方程(3.3.6)的解.

性质 3.3.3 设 $\boldsymbol{x}=\boldsymbol{\eta}$ 是方程(3.3.5)的解，$\boldsymbol{\delta}$ 是方程(3.3.6)的解，则 $\boldsymbol{x}=\boldsymbol{\delta}+\boldsymbol{\eta}$ 仍是方程(3.3.5)的解.

证

$$\boldsymbol{A}(\boldsymbol{\delta}+\boldsymbol{\eta})=\boldsymbol{A\delta}+\boldsymbol{A\eta}=\boldsymbol{0}+\boldsymbol{b}=\boldsymbol{b}$$

即 $\boldsymbol{x}=\boldsymbol{\delta}+\boldsymbol{\eta}$ 是方程(3.3.5)的解.

根据以上性质，给出非齐次线性方程组的结构.

定理 3.3.2 设非齐次方程(3.3.5)有解，$\boldsymbol{\eta}^*$ 是它的一个(特)解，$\boldsymbol{\delta}$ 为对应的齐次线性方程(3.3.6)的通解，则非齐次线性方程(3.3.5)的通解结构如下：

$$\boldsymbol{x}=\boldsymbol{\eta}^*+\boldsymbol{\delta}$$

设 $R(\boldsymbol{A})=r$，$\boldsymbol{\delta}_1$，$\boldsymbol{\delta}_2$，…，$\boldsymbol{\delta}_{n-r}$ 为 $\boldsymbol{Ax}=\boldsymbol{0}$ 的基础解系，则 $\boldsymbol{Ax}=\boldsymbol{b}$ 的通解为

$$\boldsymbol{x}=\boldsymbol{\eta}^*+k_1\boldsymbol{\delta}_1+k_2\boldsymbol{\delta}_2+\cdots+k_{n-r}\boldsymbol{\delta}_{n-r}$$

其中，k_1，k_2，…，$k_{n-r}\in\mathbf{R}$.

例 3.3.2 求非齐次线性方程组

$$\begin{cases}x_1-x_2-x_3+x_4=0\\ x_1-x_2+x_3-3x_4=1\\ x_1-x_2-2x_3+3x_4=-\frac{1}{2}\end{cases}$$

解 对增广矩阵施以初等行变换化成行最简形：

$$\boldsymbol{B}=\begin{pmatrix}1 & -1 & -1 & 1 & 0\\ 1 & -1 & 1 & -3 & 1\\ 1 & -1 & -2 & 3 & -\frac{1}{2}\end{pmatrix}\xrightarrow[r_3-r_1]{r_2-r_1}\begin{pmatrix}1 & -1 & -1 & 1 & 0\\ 0 & 0 & 2 & -4 & 1\\ 0 & 0 & -1 & 2 & -\frac{1}{2}\end{pmatrix}$$

$$\xrightarrow[r_3+r_2]{\frac{1}{2}r_2}\begin{pmatrix}1 & -1 & -1 & 1 & 0\\ 0 & 0 & 1 & -2 & \frac{1}{2}\\ 0 & 0 & 0 & 0 & 0\end{pmatrix}\xrightarrow{r_1+r_2}\begin{pmatrix}1 & -1 & 0 & -1 & \frac{1}{2}\\ 0 & 0 & 1 & -2 & \frac{1}{2}\\ 0 & 0 & 0 & 0 & 0\end{pmatrix}$$

由此可知，$R(\boldsymbol{A})=R(\boldsymbol{B})=2<4$，故方程组有无穷多解，并有同解方程组：

$$\begin{cases}x_1-x_2-x_4=\dfrac{1}{2}\\ x_3-2x_4=\dfrac{1}{2}\end{cases}$$

取 x_2，x_4 为自由未知量，且 $x_2=x_4=0$，则求出 $x_1=x_3=\frac{1}{2}$，得到方程组的一个特解为

$$\boldsymbol{\eta}^*=\begin{pmatrix}\frac{1}{2}\\ 0\\ \frac{1}{2}\\ 0\end{pmatrix}$$

同时，由行最简形可得对应的齐次线性方程组为

$$\begin{cases}x_1=x_2+x_4\\ x_3=2x_4\end{cases}$$

在此方程中取 $x_2=1$，$x_4=0$，解得 $x_1=1$，$x_3=0$；若取 $x_2=0$，$x_4=1$，解得 $x_1=1$，$x_3=2$，整理得对应的齐次线性方程组的基础解系为

$$\boldsymbol{\delta}_1=\begin{pmatrix}1\\ 1\\ 0\\ 0\end{pmatrix},\ \boldsymbol{\delta}_2=\begin{pmatrix}1\\ 0\\ 2\\ 1\end{pmatrix}$$

于是所求非齐次线性方程组的通解为

$$\begin{pmatrix}x_1\\ x_2\\ x_3\\ x_4\end{pmatrix}=k_1\begin{pmatrix}1\\ 1\\ 0\\ 0\end{pmatrix}+k_2\begin{pmatrix}1\\ 0\\ 2\\ 1\end{pmatrix}+\begin{pmatrix}\frac{1}{2}\\ 0\\ \frac{1}{2}\\ 0\end{pmatrix}$$

其中，k_1，$k_2\in\mathbf{R}$.

例 3.3.3　已知 $\boldsymbol{\eta}_1=\begin{pmatrix}0\\1\\0\end{pmatrix}$，$\boldsymbol{\eta}_2=\begin{pmatrix}-3\\2\\2\end{pmatrix}$是线性方程组

$$\begin{cases}x_1-x_2+2x_3=-1\\3x_1+x_2+4x_3=1\\ax_1+ex_2+cx_3=d\end{cases}$$

的两个解，求此方程组的通解.

解　设 $\boldsymbol{A}=\begin{pmatrix}1&-1&2\\3&1&4\\a&e&c\end{pmatrix}$，$\boldsymbol{b}=\begin{pmatrix}-1\\1\\d\end{pmatrix}$，对应的向量方程为 $\boldsymbol{Ax}=\boldsymbol{b}$，由于 $\boldsymbol{\eta}_1\neq\boldsymbol{\eta}_2$，所以 $\boldsymbol{Ax}=\boldsymbol{b}$ 的解不唯一，因此 $R(\boldsymbol{A})=R(\boldsymbol{A},\boldsymbol{b})<3$. 又 $\boldsymbol{A}$ 有二阶子式

$$\begin{vmatrix}1&-1\\3&1\end{vmatrix}=4\neq0$$

所以 $R(\boldsymbol{A})\geqslant2$，从而可得 $R(\boldsymbol{A})=2$. 因此导出对应的齐次方程组 $\boldsymbol{Ax}=\boldsymbol{0}$ 的基础解系由一个向量构成，可以取为

$$\boldsymbol{\zeta}=\boldsymbol{\eta}_1-\boldsymbol{\eta}_2=\begin{pmatrix}0\\1\\0\end{pmatrix}-\begin{pmatrix}-3\\2\\2\end{pmatrix}=\begin{pmatrix}3\\-1\\-2\end{pmatrix}$$

原方程组的通解为

$$\begin{pmatrix}x_1\\x_2\\x_3\end{pmatrix}=\begin{pmatrix}0\\1\\0\end{pmatrix}+k\begin{pmatrix}3\\-1\\-2\end{pmatrix}$$

其中，$k\in\mathbf{R}$.

习　题　3

1. 设 $\boldsymbol{a}_1=\begin{pmatrix}1\\1\\0\end{pmatrix}$，$\boldsymbol{a}_2=\begin{pmatrix}0\\1\\1\end{pmatrix}$，$\boldsymbol{a}_3=\begin{pmatrix}3\\4\\0\end{pmatrix}$，求 $\boldsymbol{a}_1-\boldsymbol{a}_2$ 及 $3\boldsymbol{a}_1+2\boldsymbol{a}_2-\boldsymbol{a}_3$.

2. 设向量组 $\boldsymbol{a}_1=\begin{pmatrix}0\\2\\3\end{pmatrix}$，$\boldsymbol{a}_2=\begin{pmatrix}1\\2\\3\end{pmatrix}$，$\boldsymbol{a}_3=\begin{pmatrix}0\\0\\3\end{pmatrix}$，给定 $\boldsymbol{\beta}=\begin{pmatrix}2\\2\\-6\end{pmatrix}$，试把 $\boldsymbol{\beta}$ 用 $\boldsymbol{a}_1$，$\boldsymbol{a}_2$，$\boldsymbol{a}_3$ 线性表示.

3. 确定下列 $\mathbf{R}^2$ 中向量是否是线性无关的.

(1) $\begin{pmatrix}2\\1\end{pmatrix}$，$\begin{pmatrix}3\\2\end{pmatrix}$；(2) $\begin{pmatrix}2\\3\end{pmatrix}$，$\begin{pmatrix}4\\6\end{pmatrix}$；(3) $\begin{pmatrix}-2\\1\end{pmatrix}$，$\begin{pmatrix}1\\3\end{pmatrix}$，$\begin{pmatrix}2\\4\end{pmatrix}$；

(4) $\begin{pmatrix}1\\1\\3\end{pmatrix}$，$\begin{pmatrix}0\\2\\1\end{pmatrix}$；(5) $\begin{pmatrix}2\\1\\-2\end{pmatrix}$，$\begin{pmatrix}-2\\-1\\2\end{pmatrix}$，$\begin{pmatrix}4\\2\\-4\end{pmatrix}$.

4. 设 $\boldsymbol{a}_1$，$\boldsymbol{a}_2$，$\boldsymbol{a}_3$ 为 $\mathbf{R}^n$ 中线性无关的向量，并设

$$\boldsymbol{\beta}_1=\boldsymbol{a}_2-\boldsymbol{a}_1,\ \boldsymbol{\beta}_2=\boldsymbol{a}_3-\boldsymbol{a}_2,\ \boldsymbol{\beta}_3=\boldsymbol{a}_3-\boldsymbol{a}_1$$

问 $\boldsymbol{\beta}_1$，$\boldsymbol{\beta}_2$ 和 $\boldsymbol{\beta}_3$ 线性无关吗？

5. 设向量组 $\boldsymbol{\alpha}_1=\begin{pmatrix}3\\-2\\4\end{pmatrix}$，$\boldsymbol{\alpha}_2=\begin{pmatrix}-3\\2\\-4\end{pmatrix}$，$\boldsymbol{\alpha}_3=\begin{pmatrix}-6\\4\\-8\end{pmatrix}$，求由 $(\boldsymbol{\alpha}_1,\boldsymbol{\alpha}_2,\boldsymbol{\alpha}_3)$ 构成的空间维数.

6. 给定向量 $\boldsymbol{\alpha}_1=\begin{pmatrix}2\\1\\3\end{pmatrix}$，$\boldsymbol{\alpha}_2=\begin{pmatrix}3\\-1\\4\end{pmatrix}$，$\boldsymbol{\alpha}_3=\begin{pmatrix}2\\6\\4\end{pmatrix}$，

(1) 证明 $\boldsymbol{\alpha}_1$，$\boldsymbol{\alpha}_2$，$\boldsymbol{\alpha}_3$ 是线性相关的；

(2) 证明 $\boldsymbol{\alpha}_1$ 和 $\boldsymbol{\alpha}_2$ 是线性无关的；

(3) 求 $(\boldsymbol{\alpha}_1,\boldsymbol{\alpha}_2,\boldsymbol{\alpha}_3)$ 构成空间的维数.

7. 验证 $\boldsymbol{\alpha}_1=\begin{pmatrix}1\\-1\\0\end{pmatrix}$，$\boldsymbol{\alpha}_2=\begin{pmatrix}2\\1\\3\end{pmatrix}$，$\boldsymbol{\alpha}_3=\begin{pmatrix}3\\1\\2\end{pmatrix}$ 为 $\mathbf{R}^3$ 的一组基，并把 $\boldsymbol{\beta}_1=\begin{pmatrix}5\\0\\7\end{pmatrix}$，$\boldsymbol{\beta}_2=\begin{pmatrix}-9\\-8\\-13\end{pmatrix}$ 用这组基线性表示出来.

8. 求下列齐次线性方程组的一个基础解系和通解.

(1) $\begin{cases}x_1+x_2+x_5=0\\x_1+x_2-x_3=0\\x_3+x_4+x_5=0\end{cases}$；　(2) $\begin{cases}x_1+3x_2+2x_3=0\\x_1+5x_2+x_3=0\\3x_1+5x_2+8x_3=0.\end{cases}$

9. 求非齐次线性方程组

$$\begin{cases}2x_1+3x_2+x_3=4\\x_1-2x_2+4x_3=-5\\3x_1+8x_2-2x_3=13\\4x_1-x_2+9x_3=-6\end{cases}$$

的通解.

10. 三元非齐次线性方程组的系数矩阵的秩为 1，已知 $\boldsymbol{\eta}_1$，$\boldsymbol{\eta}_2$，$\boldsymbol{\eta}_3$ 是它的 3 个解向量，且

$$\boldsymbol{\eta}_1+\boldsymbol{\eta}_2=\begin{pmatrix}1\\2\\3\end{pmatrix},\ \boldsymbol{\eta}_2+\boldsymbol{\eta}_3=\begin{pmatrix}0\\-1\\1\end{pmatrix},\ \boldsymbol{\eta}_3+\boldsymbol{\eta}_1=\begin{pmatrix}1\\0\\-1\end{pmatrix}$$

求该非齐次线性方程组的通解.

习题 3 参考答案

第4章 相似矩阵及二次型

4.1 矩阵的特征值与特征向量

特征值与特征向量不仅在工程技术中应用广泛，而且在数学中诸如方阵对角化、微分方程组、动力系统等方面也都要用到特征值的理论.

定义 4.1.1 设矩阵 $\boldsymbol{A}$ 是 n 阶方阵，若存在数 λ 和 n 维非零列向量 $\boldsymbol{x}$ 使得

$$\boldsymbol{Ax}=\lambda\boldsymbol{x} \tag{4.1.1}$$

成立，则称数 λ 为方阵 $\boldsymbol{A}$ 的特征值，$\boldsymbol{x}$ 是对应 λ 的特征向量.

整理式(4.1.1)得

$$(\boldsymbol{A}-\lambda\boldsymbol{E})\boldsymbol{x}=\boldsymbol{0} \tag{4.1.2}$$

特征向量 $\boldsymbol{x}$ 是非零向量，由方程(4.1.2)可知，方阵 $\boldsymbol{A}=(a_{ij})_{n\times n}$ 的特征值就是使齐次线性方程组(4.1.2)有非零解 λ 的值，而方程(4.1.2)有非零解的充要条件为 $|\boldsymbol{A}-\lambda\boldsymbol{E}|=0$，即

$$\begin{vmatrix} a_{11}-\lambda & a_{12} & \cdots & a_{1n} \\ a_{21} & a_{22}-\lambda & \cdots & a_{2n} \\ \vdots & \vdots & & \vdots \\ a_{n1} & a_{n2} & \cdots & a_{nn}-\lambda \end{vmatrix}=0$$

上式是关于 λ 的 n 次多项式，记为 $f(\lambda)$，称为方阵 $\boldsymbol{A}$ 的特征多项式. 方程 $|\boldsymbol{A}-\lambda\boldsymbol{E}|=0$ 称为方阵 $\boldsymbol{A}$ 的特征方程. 这样计算 $\boldsymbol{A}$ 的特征值问题就转化为求特征方程的解问题. 并且在复数范围内必有 n 个复数根(重根按重数计算)，因此，n 阶方阵 $\boldsymbol{A}$ 有 n 个特征值.

由定义 4.1.1，我们给出关于特征向量的几个结论.

(1) 若 $\boldsymbol{x}$ 是 $\boldsymbol{A}$ 的属于 λ 的特征向量，则对于任意 $k\neq 0$，$k\boldsymbol{x}$ 也是 $\boldsymbol{A}$ 的属于 λ 的特征向量.

(2) 若 $\boldsymbol{x}_1$ 和 $\boldsymbol{x}_2$ 都是矩阵 $\boldsymbol{A}$ 的属于特征值 λ 的特征向量，则 $\boldsymbol{x}_1+\boldsymbol{x}_2\neq\boldsymbol{0}$ 也是 $\boldsymbol{A}$ 的属于特征值 λ 的特征向量.

(3) 设 n 阶矩阵 $\boldsymbol{A}=(a_{ij})$ 的特征值为 $\lambda_1, \lambda_2, \cdots, \lambda_n$，则

$$\lambda_1+\lambda_2+\cdots+\lambda_n=a_{11}+a_{22}+\cdots+a_{nn}$$

$$\lambda_1\lambda_2\cdots\lambda_n=|\boldsymbol{A}|$$

下面给出方阵 $\boldsymbol{A}$ 的特征值与特征向量的计算步骤.

(1) 计算特征多项式 $|\boldsymbol{A}-\lambda\boldsymbol{E}|$，求出 $|\boldsymbol{A}-\lambda\boldsymbol{E}|=0$ 的所有特征值.

(2) 对于不同的特征值 λ，求出 $(\boldsymbol{A}-\lambda\boldsymbol{E})\boldsymbol{x}=\boldsymbol{0}$ 的所有非零解，即先求出 $(\boldsymbol{A}-\lambda\boldsymbol{E})\boldsymbol{x}=\boldsymbol{0}$ 的一个基础解系 $\boldsymbol{a}_1, \boldsymbol{a}_2, \cdots, \boldsymbol{a}_{n-r}$ 的所有非零线性组合

$$k_1\boldsymbol{a}_1+k_2\boldsymbol{a}_2+\cdots+k_{n-r}\boldsymbol{a}_{n-r} \quad (\text{其中}, k_1, k_2, \cdots, k_{n-r}\text{ 不全为实数})$$

就是 $\boldsymbol{A}$ 的属于 λ 的全部特征向量.

例 4.1.1 求矩阵 $\boldsymbol{A}=\begin{pmatrix}3 & 1\\ 5 & -1\end{pmatrix}$ 的特征值与特征向量.

解 $\boldsymbol{A}$ 的特征方程为

$$|\boldsymbol{A}-\lambda\boldsymbol{E}|=\begin{vmatrix}3-\lambda & 1\\ 5 & -1-\lambda\end{vmatrix}=(\lambda-4)(\lambda+2)=0$$

计算可得 $\lambda_1=-2$，$\lambda_2=4$ 是矩阵 $\boldsymbol{A}$ 的两个不同的特征值.

当 $\lambda_1=-2$ 时，对应的特征向量应满足

$$\begin{pmatrix}5 & 1\\ 5 & 1\end{pmatrix}\begin{pmatrix}x_1\\ x_2\end{pmatrix}=0$$

得到基础解系 $\boldsymbol{a}_1=\begin{pmatrix}1\\ -5\end{pmatrix}$，所以 $\boldsymbol{A}$ 的属于 $\lambda_1=-2$ 的全部特征向量是 $k_1\boldsymbol{a}_1$（k_1 是任意的非零数）.

当 $\lambda_2=4$ 时，对应的特征向量应满足

$$\begin{pmatrix}-1 & 1\\ 5 & -5\end{pmatrix}\begin{pmatrix}x_1\\ x_2\end{pmatrix}=0$$

得到基础解系 $\boldsymbol{a}_2=\begin{pmatrix}1\\ 1\end{pmatrix}$，所以 $\boldsymbol{A}$ 的属于 $\lambda_2=4$ 的全部特征向量是 $k_2\boldsymbol{a}_2$（k_2 是任意的非零解）.

例 4.1.2 求矩阵 $\boldsymbol{A}=\begin{pmatrix}2 & -3 & 1\\ 1 & -2 & 1\\ 1 & -3 & 2\end{pmatrix}$ 的特征值和特征向量.

解 $\boldsymbol{A}$ 的特征方程为

$$|\boldsymbol{A}-\lambda\boldsymbol{E}|=\begin{vmatrix}2-\lambda & -3 & 1\\ 1 & -2-\lambda & 1\\ 1 & -3 & 2-\lambda\end{vmatrix}=-\lambda(\lambda-1)^2$$

所以 $\lambda_1=0$，$\lambda_2=\lambda_3=1$.

当 $\lambda_1=0$ 时，对应的特征向量应满足 $(\boldsymbol{A}-0\boldsymbol{E})\boldsymbol{x}=\boldsymbol{0}$，由于

$$\begin{pmatrix}2 & -3 & 1\\ 1 & -2 & 1\\ 1 & -3 & 2\end{pmatrix}\to\begin{pmatrix}1 & 0 & -1\\ 0 & 1 & -1\\ 0 & 0 & 0\end{pmatrix}$$

得到基础解系 $\boldsymbol{a}_1=\begin{pmatrix}1\\ 1\\ 1\end{pmatrix}$，所以 $\boldsymbol{A}$ 的属于 $\lambda_1=0$ 的全部特征向量是 $k_1\boldsymbol{a}_1$（k_1 是任意的非零数）.

当 $\lambda_2=\lambda_3=1$ 时，代入 $(\boldsymbol{A}-\boldsymbol{E})\boldsymbol{x}=\boldsymbol{0}$，由于

$$A-E=\begin{pmatrix}1&-3&1\\1&-3&1\\1&-3&1\end{pmatrix}\to\begin{pmatrix}1&-3&1\\0&0&0\\0&0&0\end{pmatrix}$$

得到基础解系 $\boldsymbol{a}_2=\begin{pmatrix}3\\1\\0\end{pmatrix}$，$\boldsymbol{a}_3=\begin{pmatrix}-1\\0\\1\end{pmatrix}$. 因此，$\boldsymbol{A}$ 属于 $\lambda_2=\lambda_3=1$ 的全部特征向量是 $k_2\boldsymbol{a}_2+k_3\boldsymbol{a}_3$（$k_2$，$k_3$ 是任意的非零解）.

例 4.1.3 设 λ 是方阵 $\boldsymbol{A}$ 的特征值，证明 λ^2 是 $\boldsymbol{A}^2$ 的特征值.

证明 由于 λ 是 $\boldsymbol{A}$ 的特征值，故存在 $\boldsymbol{x}\neq\boldsymbol{0}$ 使 $\boldsymbol{Ax}=\lambda\boldsymbol{x}$. 于是

$$\boldsymbol{A}^2\boldsymbol{x}=\boldsymbol{A}(\boldsymbol{Ax})=\boldsymbol{A}(\lambda\boldsymbol{x})=\lambda(\boldsymbol{Ax})=\lambda^2\boldsymbol{x}$$

所以 $\boldsymbol{x}^2$ 是 $\boldsymbol{A}^2$ 特征值.

定理 4.1.1 设 λ_1，λ_2，…，λ_n 是方阵 $\boldsymbol{A}$ 的 n 个特征值，$\boldsymbol{\eta}_1$，$\boldsymbol{\eta}_2$，…，$\boldsymbol{\eta}_n$ 依次是与之对应的特征向量. 若 λ_1，λ_2，…，λ_n 互不相同，则 $\boldsymbol{\eta}_1$，$\boldsymbol{\eta}_2$，…，$\boldsymbol{\eta}_n$ 线性无关(读者自行证明).

4.2 相似矩阵

定义 4.2.1 设 $\boldsymbol{A}$，$\boldsymbol{B}$ 都是 n 阶方阵，若存在可逆矩阵 $\boldsymbol{P}$，使

$$\boldsymbol{P}^{-1}\boldsymbol{AP}=\boldsymbol{B}$$

则 $\boldsymbol{A}$ 与 $\boldsymbol{B}$ 相似，$\boldsymbol{B}$ 称为 $\boldsymbol{A}$ 的相似矩阵，记作 $\boldsymbol{A}\sim\boldsymbol{B}$.

矩阵的相似关系也是一种等价关系，有以下性质：

(1) 反射性：任意矩阵 $\boldsymbol{A}$ 与自身相似，即 $\boldsymbol{A}\sim\boldsymbol{A}$.

(2) 对称性：若 $\boldsymbol{A}\sim\boldsymbol{B}$，则 $\boldsymbol{B}\sim\boldsymbol{A}$.

(3) 传递性：若 $\boldsymbol{A}\sim\boldsymbol{B}$，$\boldsymbol{B}\sim\boldsymbol{C}$，则 $\boldsymbol{A}\sim\boldsymbol{C}$.

定理 4.2.1 若 n 阶矩阵 $\boldsymbol{A}$ 与 $\boldsymbol{B}$ 相似，则 $\boldsymbol{A}$ 与 $\boldsymbol{B}$ 有相同的特征多项式和相同的特征值.

证明 由已知 $\boldsymbol{A}$ 与 $\boldsymbol{B}$ 相似，则存在可逆矩阵 $\boldsymbol{P}$，使 $\boldsymbol{P}^{-1}\boldsymbol{BP}=\boldsymbol{A}$，于是

$$\begin{aligned}|\boldsymbol{A}-\lambda\boldsymbol{E}|&=|\boldsymbol{P}^{-1}\boldsymbol{BP}-\boldsymbol{P}^{-1}(\lambda\boldsymbol{E})\boldsymbol{P}|=|\boldsymbol{P}^{-1}(\boldsymbol{A}-\lambda\boldsymbol{E})\boldsymbol{P}|\\&=|\boldsymbol{P}^{-1}||\boldsymbol{A}-\lambda\boldsymbol{E}||\boldsymbol{P}|=|\boldsymbol{A}-\lambda\boldsymbol{E}|\end{aligned}$$

由定理 4.2.1 可以获得以下结论.

推论 4.2.1 (1) 若 $\boldsymbol{A}\sim\boldsymbol{B}$，则 $|\boldsymbol{A}|=|\boldsymbol{B}|$；

(2) 若 $\boldsymbol{A}\sim\boldsymbol{B}$，则 $\mathrm{tr}(\boldsymbol{A})=\mathrm{tr}(\boldsymbol{B})$；

(3) $\boldsymbol{A}\sim\mathrm{diag}(\lambda_1,\lambda_2,\cdots,\lambda_n)$，则 λ_1，λ_2，…，λ_n 是 $\boldsymbol{A}$ 的特征值.

例 4.2.1 求矩阵 $\boldsymbol{P}$，使矩阵 $\boldsymbol{A}=\begin{pmatrix}1&2&2\\2&1&2\\2&2&1\end{pmatrix}$ 可以相似对角化.

解 写出 $\boldsymbol{A}$ 的特征多项式：

$$|\boldsymbol{A}-\lambda\boldsymbol{E}|=\boldsymbol{0}$$

解得 $\lambda_1=5$，$\lambda_2=\lambda_3=-1$.

当 $\lambda_1=5$ 时，

$$(\boldsymbol{A}-5\boldsymbol{E})\rightarrow\begin{pmatrix}1 & 0 & -1\\0 & 1 & -1\\0 & 0 & 0\end{pmatrix}$$

得方程组$(\boldsymbol{A}-5\boldsymbol{E})\boldsymbol{x}=\boldsymbol{0}$的一个基础解系

$$\boldsymbol{\zeta}_1=\begin{pmatrix}1\\1\\1\end{pmatrix}$$

当$\lambda_2=\lambda_3=-1$时，

$$(\boldsymbol{A}+\boldsymbol{E})\rightarrow\begin{pmatrix}1 & 1 & 1\\0 & 0 & 0\\0 & 0 & 0\end{pmatrix}$$

得方程组$(\boldsymbol{A}+\boldsymbol{E})\boldsymbol{x}=\boldsymbol{0}$的两个基础解系

$$\boldsymbol{\zeta}_2=\begin{pmatrix}-1\\1\\0\end{pmatrix},\ \boldsymbol{\zeta}_3=\begin{pmatrix}-1\\0\\1\end{pmatrix}$$

令$\boldsymbol{P}=(\boldsymbol{\zeta}_1,\boldsymbol{\zeta}_2,\boldsymbol{\zeta}_3)=\begin{pmatrix}1 & -1 & -1\\1 & 1 & 0\\1 & 0 & 1\end{pmatrix}$，计算可得

$$\boldsymbol{P}^{-1}\boldsymbol{AP}=\begin{pmatrix}5 & & \\ & -1 & \\ & & -1\end{pmatrix}$$

定理 4.2.2 n阶方阵$\boldsymbol{A}$与n阶对角矩阵$\boldsymbol{D}=\begin{bmatrix}\lambda_1 & & & \\ & \lambda_2 & & \\ & & \ddots & \\ & & & \lambda_n\end{bmatrix}$相似的充分必要条件是$\boldsymbol{A}$有$n$个线性无关的特征向量.

推论 4.2.2 若n阶矩阵$\boldsymbol{A}$的n个特征值互不相等，则$\boldsymbol{A}$与对角矩阵相似.

例 4.2.2 若$\boldsymbol{A}=\begin{pmatrix}3 & -1 & -2\\2 & 0 & -2\\2 & -1 & -1\end{pmatrix}$，试求出可逆矩阵$\boldsymbol{P}$，使得$\boldsymbol{P}^{-1}\boldsymbol{AP}$为对角矩阵.

解 令$|\boldsymbol{A}-\lambda\boldsymbol{E}|=0$，容易求得矩阵$\boldsymbol{A}$的特征值为$\lambda_1=0$，$\lambda_2=1$，$\lambda_3=1$.

当$\lambda_1=0$时，容易求得其对应的特征向量为$\boldsymbol{\zeta}_1=\begin{pmatrix}1\\1\\1\end{pmatrix}$.

当$\lambda_2=\lambda_3=1$，求得其对应的特征向量分别为$\boldsymbol{\zeta}_2=\begin{pmatrix}1\\2\\0\end{pmatrix}$，$\boldsymbol{\zeta}_3=\begin{pmatrix}1\\0\\1\end{pmatrix}$. 令$\boldsymbol{P}=\begin{pmatrix}1 & 1 & 1\\1 & 2 & 0\\1 & 0 & 1\end{pmatrix}$，可得

$$P^{-1}AP=\begin{pmatrix}-2&1&2\\1&0&-1\\2&-1&-1\end{pmatrix}\begin{pmatrix}3&-1&-2\\2&0&-2\\2&-1&-1\end{pmatrix}\begin{pmatrix}1&1&1\\1&2&0\\1&0&1\end{pmatrix}=\begin{pmatrix}0&0&0\\0&1&0\\0&0&1\end{pmatrix}$$

例 4.2.2 说明，当 $\boldsymbol{A}$ 的特征方程有重根时，就不一定有 n 个线性无关的特征向量，从而不一定能对角化. 但如果存在 n 个线性无关的特征向量，$\boldsymbol{A}$ 也可以对角化.

例 4.2.3　设 $\boldsymbol{A}=\begin{pmatrix}0&0&1\\1&1&c\\1&0&0\end{pmatrix}$，问 c 为何值时，矩阵 $\boldsymbol{A}$ 能对角化?

解　由

$$|\boldsymbol{A}-\lambda\boldsymbol{E}|=\begin{vmatrix}-\lambda&0&1\\1&1-\lambda&c\\1&0&-\lambda\end{vmatrix}=(\lambda-1)^2(\lambda+1)=0$$

可得 $\lambda_1=-1$，$\lambda_2=\lambda_3=1$.

对于 $\lambda_1=-1$，可获得线性无关的特征向量恰有 1 个；而对于 $\lambda_2=\lambda_3=1$ 重根，$\boldsymbol{A}$ 对角化的条件是找到 2 个线性无关的特征向量，即 $(\boldsymbol{A}-\boldsymbol{E})\boldsymbol{x}=\boldsymbol{0}$ 有 2 个线性无关的解，即 $R(\boldsymbol{A}-\boldsymbol{E})=1$.

$$\boldsymbol{A}-\boldsymbol{E}=\begin{pmatrix}-1&0&1\\1&0&c\\1&0&-1\end{pmatrix}\to\begin{pmatrix}1&0&-1\\0&0&c+1\\0&0&0\end{pmatrix}$$

要使 $R(\boldsymbol{A}-\boldsymbol{E})=1$，必须有 $c+1=0$，即 $c=-1$. 因此当 $c=-1$ 时，矩阵 $\boldsymbol{A}$ 可以对角化.

4.3　实对称矩阵的相似矩阵

在学习了向量之间的线性运算后，我们开始学习 n 维向量空间 $\mathbf{R}^n$ 中向量的度量性质，如夹角、长度等. 为此，在 $\mathbf{R}^n$ 中引进内积的定义及相关结论，这些结论在实对称矩阵的对角化过程中具有重要作用.

4.3.1　预备知识

定义 4.3.1　设有 n 维向量

$$\boldsymbol{x}=\begin{pmatrix}x_1\\x_2\\\vdots\\x_n\end{pmatrix},\quad \boldsymbol{y}=\begin{pmatrix}y_1\\y_2\\\vdots\\y_n\end{pmatrix}$$

令 $[\boldsymbol{x},\boldsymbol{y}]=x_1y_1+x_2y_2+\cdots+x_ny_n$，定义 $[\boldsymbol{x},\boldsymbol{y}]$ 为向量 x 与 y 的内积，用矩阵记号表示，当 $\boldsymbol{x}$ 与 $\boldsymbol{y}$ 都是列向量时，有

$$[\boldsymbol{x},\boldsymbol{y}]=\boldsymbol{x}^{\mathrm{T}}\boldsymbol{y}$$

例 4.3.1　若 $\boldsymbol{x}=\begin{pmatrix}3\\-2\\1\end{pmatrix}$，$\boldsymbol{y}=\begin{pmatrix}4\\3\\2\end{pmatrix}$，求 $[\boldsymbol{x},\boldsymbol{y}]$.

解 $[\boldsymbol{x}, \boldsymbol{y}]=\boldsymbol{x}^{\mathrm{T}}\boldsymbol{y}=(3, -2, 1)\begin{pmatrix}4\\3\\2\end{pmatrix}=3\times4+(-2)\times3+1\times2=8$

由定义 4.3.1 容易得出内积满足下列运算规律和性质：

(1) $[\boldsymbol{x}, \boldsymbol{y}]=[\boldsymbol{y}, \boldsymbol{x}]$；

(2) $[\lambda\boldsymbol{x}, \boldsymbol{y}]=\lambda[\boldsymbol{x}, \boldsymbol{y}]$；

(3) $[\boldsymbol{x}+\boldsymbol{y}, \boldsymbol{z}]=[\boldsymbol{x}, \boldsymbol{z}]+[\boldsymbol{y}, \boldsymbol{z}]$；

(4) 当 $\boldsymbol{x}\neq\boldsymbol{0}$ 时，$\|\boldsymbol{x}\|>0$，当 $\boldsymbol{x}=\boldsymbol{0}$ 时，$\|\boldsymbol{x}\|=0$，其中

$$\|\boldsymbol{x}\|=\sqrt{[\boldsymbol{x}, \boldsymbol{x}]}=\sqrt{x_1^2+x_2^2+\cdots+x_n^2}$$

(5) $\|\boldsymbol{x}+\boldsymbol{y}\|\leqslant\|\boldsymbol{x}\|+\|\boldsymbol{y}\|$；

(6) $[\boldsymbol{x}, \boldsymbol{y}]\leqslant\|\boldsymbol{x}\|\|\boldsymbol{y}\|$，此不等式被称为柯西-施瓦茨(Cauchy-Schwarz)不等式.

柯西-施瓦茨不等式进一步可以整理为

$$\left|\frac{[\boldsymbol{x}, \boldsymbol{y}]}{\|\boldsymbol{x}\|\cdot\|\boldsymbol{y}\|}\right|\leqslant1 \quad (\|\boldsymbol{x}\|\cdot\|\boldsymbol{y}\|\neq0)$$

定义 4.3.2 设 $\boldsymbol{x}$，$\boldsymbol{y}$ 为欧氏空间 $\mathbf{R}^n$ 中两个非零向量，称 $\theta=\arccos\dfrac{[\boldsymbol{x}, \boldsymbol{y}]}{\|\boldsymbol{x}\|\|\boldsymbol{y}\|}$ 为 $\boldsymbol{x}$ 与 $\boldsymbol{y}$ 之间的夹角，记作$[\boldsymbol{x}, \boldsymbol{y}]$. 特别地，当$[\boldsymbol{x}, \boldsymbol{y}]=0$ 时，称向量 $\boldsymbol{x}$ 与 $\boldsymbol{y}$ 正交. 若 $\boldsymbol{x}=\boldsymbol{0}$，则零向量 $\boldsymbol{x}$ 与任何向量都正交.

定义 4.3.3 若 $\boldsymbol{a}_1$，$\boldsymbol{a}_2$，…，$\boldsymbol{a}_n$ 是欧氏空间 $\mathbf{R}^n$ 中的两两正交且非零的向量，则称 $\boldsymbol{a}_1$，$\boldsymbol{a}_2$，…，$\boldsymbol{a}_n$ 为 $\mathbf{R}^n$ 的正交向量组.

定理 4.3.1 设 $\boldsymbol{a}_1$，$\boldsymbol{a}_2$，…，$\boldsymbol{a}_n$ 是 $\mathbf{R}^n$ 中一组两两正交的非零向量，则 $\boldsymbol{a}_1$，$\boldsymbol{a}_2$，…，$\boldsymbol{a}_n$ 一定线性无关.

证明 设有 k_1，k_2，…，$k_n\in\mathbf{R}$，使 $k_1\boldsymbol{a}_1+k_2\boldsymbol{a}_2+\cdots+k_n\boldsymbol{a}_n=\boldsymbol{0}$，以 $\boldsymbol{a}_i(i=1, 2, \cdots, n)$ 分别与上式两边作内积，又由 $\boldsymbol{a}_1$，$\boldsymbol{a}_2$，…，$\boldsymbol{a}_n$ 两两正交，可得

$$k_i[\boldsymbol{a}_i, \boldsymbol{a}_j]=0$$

由于 $\boldsymbol{a}_i\neq\boldsymbol{0}$，故$[\boldsymbol{a}_i, \boldsymbol{a}_j]>0$，从而 $k_i=0(i=1, 2, \cdots, n)$. $\boldsymbol{a}_1$，$\boldsymbol{a}_2$，…，$\boldsymbol{a}_n$ 的线性无关性被证明了.

例 4.3.2 (1) $\boldsymbol{0}$ 向量和 $\mathbf{R}^2$ 中的任何向量正交.

(2) 向量$\begin{pmatrix}3\\2\end{pmatrix}$和$\begin{pmatrix}-4\\6\end{pmatrix}$在 $\mathbf{R}^2$ 中正交.

(3) 向量$\begin{pmatrix}2\\-3\\1\end{pmatrix}$和$\begin{pmatrix}1\\1\\1\end{pmatrix}$在 $\mathbf{R}^3$ 中正交.

下面给出将向量组 $\boldsymbol{a}_1$，$\boldsymbol{a}_2$，…，$\boldsymbol{a}_n$ 转化为正交向量组的施密特正交化的具体步骤：

令
$$\boldsymbol{\beta}_1=\boldsymbol{a}_1$$
$$\boldsymbol{\beta}_2=\boldsymbol{a}_2-\frac{[\boldsymbol{\beta}_1, \boldsymbol{a}_2]}{[\boldsymbol{\beta}_1, \boldsymbol{\beta}_1]}\boldsymbol{\beta}_1$$
……
$$\boldsymbol{\beta}_n=\boldsymbol{a}_n-\frac{[\boldsymbol{\beta}_1, \boldsymbol{a}_n]}{[\boldsymbol{\beta}_1, \boldsymbol{\beta}_1]}\boldsymbol{\beta}_1-\frac{[\boldsymbol{\beta}_2, \boldsymbol{a}_n]}{[\boldsymbol{\beta}_2, \boldsymbol{\beta}_2]}\boldsymbol{\beta}_2-\cdots-\frac{[\boldsymbol{\beta}_{n-1}, \boldsymbol{a}_n]}{[\boldsymbol{\beta}_{n-1}, \boldsymbol{\beta}_{n-1}]}\boldsymbol{\beta}_{n-1}$$

容易验证 $\boldsymbol{\beta}_1, \boldsymbol{\beta}_2, \cdots, \boldsymbol{\beta}_n$ 两两正交.

进一步将它们单位化，得

$$\boldsymbol{\varepsilon}_1=\frac{\boldsymbol{\beta}_1}{\|\boldsymbol{\beta}_1\|},\ \boldsymbol{\varepsilon}_2=\frac{\boldsymbol{\beta}_2}{\|\boldsymbol{\beta}_2\|},\ \cdots,\ \boldsymbol{\varepsilon}_n=\frac{\boldsymbol{\beta}_n}{\|\boldsymbol{\beta}_n\|}$$

称 $\boldsymbol{\varepsilon}_1, \boldsymbol{\varepsilon}_2, \cdots, \boldsymbol{\varepsilon}_n$ 为正交单位向量组.

例 4.3.3 将 $\boldsymbol{a}_1=\begin{pmatrix}0\\1\\1\end{pmatrix}$，$\boldsymbol{a}_2=\begin{pmatrix}1\\1\\0\end{pmatrix}$，$\boldsymbol{a}_3=\begin{pmatrix}1\\0\\1\end{pmatrix}$化为正交向量组.

解 取

$$\boldsymbol{\beta}_1=\boldsymbol{a}_1=\begin{pmatrix}0\\1\\1\end{pmatrix}$$

$$\boldsymbol{\beta}_2=\boldsymbol{a}_2-\frac{[\boldsymbol{\beta}_1,\ \boldsymbol{a}_2]}{[\boldsymbol{\beta}_1,\ \boldsymbol{\beta}_1]}\boldsymbol{\beta}_1=\begin{pmatrix}1\\1\\0\end{pmatrix}-\frac{1}{2}\begin{pmatrix}0\\1\\1\end{pmatrix}=\begin{pmatrix}1\\\frac{1}{2}\\-\frac{1}{2}\end{pmatrix}$$

$$\boldsymbol{\beta}_3=\boldsymbol{a}_3-\frac{[\boldsymbol{\beta}_1,\ \boldsymbol{a}_3]}{[\boldsymbol{\beta}_1,\ \boldsymbol{\beta}_1]}\boldsymbol{\beta}_1-\frac{[\boldsymbol{\beta}_2,\ \boldsymbol{a}_3]}{[\boldsymbol{\beta}_2,\ \boldsymbol{\beta}_2]}\boldsymbol{\beta}_2=\begin{pmatrix}1\\0\\1\end{pmatrix}-\begin{pmatrix}0\\\frac{1}{2}\\\frac{1}{2}\end{pmatrix}-\frac{1}{3}\begin{pmatrix}1\\\frac{1}{2}\\-\frac{1}{2}\end{pmatrix}=\frac{2}{3}\begin{pmatrix}1\\-1\\1\end{pmatrix}$$

定义 4.3.4 若 n 阶方阵 $\boldsymbol{A}$ 满足 $\boldsymbol{A}^{\mathrm{T}}\boldsymbol{A}=\boldsymbol{E}$(即 $\boldsymbol{A}^{-1}=\boldsymbol{A}^{\mathrm{T}}$)，则称 $\boldsymbol{A}$ 为正交矩阵. 用列向量形式可表示为

$$\begin{pmatrix}\boldsymbol{a}_1^{\mathrm{T}}\\\boldsymbol{a}_2^{\mathrm{T}}\\\vdots\\\boldsymbol{a}_n^{\mathrm{T}}\end{pmatrix}(\boldsymbol{a}_1,\ \boldsymbol{a}_2,\ \cdots,\ \boldsymbol{a}_n)=\boldsymbol{E}$$

亦即

$$\boldsymbol{a}_i^{\mathrm{T}}\boldsymbol{a}_j=\delta_{ij}$$

由此得 n^2 个关系式：

$$\boldsymbol{a}_i^{\mathrm{T}}\boldsymbol{a}_j=\delta_{ij}=\begin{cases}1, & i=j\\0, & i\neq j\end{cases}\quad(i,\ j=1,\ 2,\ \cdots,\ n)$$

由于 $\boldsymbol{A}^{\mathrm{T}}\boldsymbol{A}=\boldsymbol{E}$ 与 $\boldsymbol{A}\boldsymbol{A}^{\mathrm{T}}=\boldsymbol{E}$ 等价，所以上述结论对 $\boldsymbol{A}$ 的行向量也成立.

例 4.3.4 验证对任意固定的 θ，矩阵 $\boldsymbol{Q}=\begin{pmatrix}\cos\theta & -\sin\theta\\\sin\theta & \cos\theta\end{pmatrix}$是正交矩阵.

解 $\boldsymbol{Q}^{-1}=\boldsymbol{Q}^{\mathrm{T}}=\begin{pmatrix}\cos\theta & \sin\theta\\-\sin\theta & \cos\theta\end{pmatrix}$，则 $\boldsymbol{Q}^{\mathrm{T}}\boldsymbol{Q}=\begin{pmatrix}\cos\theta & \sin\theta\\-\sin\theta & \cos\theta\end{pmatrix}\begin{pmatrix}\cos\theta & -\sin\theta\\\sin\theta & \cos\theta\end{pmatrix}=\boldsymbol{E}$

故 $\boldsymbol{Q}$ 是正交矩阵.

例 4.3.5 将 $\boldsymbol{a}_1=\begin{pmatrix}1\\1\\1\end{pmatrix}$，$\boldsymbol{a}_2=\begin{pmatrix}2\\1\\-3\end{pmatrix}$，$\boldsymbol{a}_3=\begin{pmatrix}4\\-5\\1\end{pmatrix}$化为正交单位向量组.

解 容易验证 $\boldsymbol{a}_1$，$\boldsymbol{a}_2$，$\boldsymbol{a}_3$ 是正交向量组，构造单位正交集.

$$\boldsymbol{\beta}_1=\frac{\boldsymbol{a}_1}{\|\boldsymbol{a}_1\|}=\frac{1}{\sqrt{3}}\begin{pmatrix}1\\1\\1\end{pmatrix},\ \boldsymbol{\beta}_2=\frac{\boldsymbol{a}_2}{\|\boldsymbol{a}_2\|}=\frac{1}{\sqrt{14}}\begin{pmatrix}2\\1\\-3\end{pmatrix},\ \boldsymbol{\beta}_3=\frac{\boldsymbol{a}_3}{\|\boldsymbol{a}_3\|}=\frac{1}{\sqrt{42}}\begin{pmatrix}4\\-5\\1\end{pmatrix}$$

4.3.2 对称矩阵的对角化

定理 4.3.2 对称矩阵的特征值是实数.

证明由读者完成.

定理 4.3.3 实对称矩阵 $\boldsymbol{A}$ 的属于不同特征值的特征向量彼此正交.

证明 设 λ_1，λ_2 是 $\boldsymbol{A}$ 的两个特征向量，$\boldsymbol{P}_1$，$\boldsymbol{P}_2$ 是对应的特征向量. 设 $\lambda_1\neq\lambda_2$，只需证明 $\boldsymbol{P}_1$ 与 $\boldsymbol{P}_2$ 正交. 由 $\boldsymbol{A}$ 的对称性可知

$$\lambda_1[\boldsymbol{P}_1,\ \boldsymbol{P}_2]=[\lambda_1\boldsymbol{P}_1,\ \boldsymbol{P}_2]=[\boldsymbol{A}\boldsymbol{P}_1,\ \boldsymbol{P}_2]=(\boldsymbol{A}\boldsymbol{P}_1)^{\mathrm{T}}\boldsymbol{P}_2=\boldsymbol{P}_1^{\mathrm{T}}\boldsymbol{A}\boldsymbol{P}_2=\boldsymbol{P}_1^{\mathrm{T}}\lambda_2\boldsymbol{P}_2=\lambda_2[\boldsymbol{P}_1,\ \boldsymbol{P}_2]$$

于是$(\lambda_1-\lambda_2)[\boldsymbol{P}_1,\ \boldsymbol{P}_2]=0$，由于 $\lambda_1\neq\lambda_2$，因此，$[\boldsymbol{P}_1,\ \boldsymbol{P}_2]=0$.

定理 4.3.4 设 $\boldsymbol{A}$ 为 n 阶对称矩阵，则必有正交矩阵 $\boldsymbol{P}$，使

$$\boldsymbol{P}^{-1}\boldsymbol{A}\boldsymbol{P}=\boldsymbol{P}^{\mathrm{T}}\boldsymbol{A}\boldsymbol{P}=\boldsymbol{\Lambda}=\begin{pmatrix}\lambda_1 & & & \\ & \lambda_2 & & \\ & & \ddots & \\ & & & \lambda_n\end{pmatrix}$$

其中，λ_1，λ_2，…，λ_n 是 $\boldsymbol{A}$ 的特征值.

定理 4.3.4 的结论不需要严格证明，主要介绍正交矩阵 $\boldsymbol{P}$ 的计算. 由于 $\boldsymbol{P}$ 是正交矩阵，所以 $\boldsymbol{P}$ 的列向量组是由 $\boldsymbol{A}$ 的 n 个线性无关的特征向量组成的，计算 $\boldsymbol{P}$ 的主要步骤包括：

(1) 求出 $\boldsymbol{A}$ 的所有的特征值λ_1，λ_2，…，λ_n(可能有重根)；

(2) 求出对应于每个特征值 λ_i 的一组线性无关的特征向量，即求出方程$(\boldsymbol{A}-\lambda_i\boldsymbol{E})\boldsymbol{x}=\boldsymbol{0}$的一个基础解系，并正交单位化；

(3) 将特征值 λ_1，λ_2，…，λ_n 对应的 n 个正交单位线性无关的特征向量作为列向量所得的 n 阶阵就是要求的矩阵 $\boldsymbol{P}$.

例 4.3.6 设 $\boldsymbol{A}=\begin{pmatrix}4&2&2\\2&4&2\\2&2&4\end{pmatrix}$，求正交矩阵 $\boldsymbol{P}$，使 $\boldsymbol{P}^{-1}\boldsymbol{A}\boldsymbol{P}=\boldsymbol{P}^{\mathrm{T}}\boldsymbol{\Lambda}\boldsymbol{P}$ 为对角阵.

解 (1) 先求 $\boldsymbol{A}$ 的特征根.

$$|\boldsymbol{A}-\lambda\boldsymbol{E}|=\begin{vmatrix}4-\lambda&2&2\\2&4-\lambda&2\\2&2&4-\lambda\end{vmatrix}=(\lambda-2)^2(\lambda-8)=0$$

得 $\lambda_1=\lambda_2=2$(二重根)，$\lambda_3=8$.

(2) 当 $\lambda_1=\lambda_2=2$，求齐次线性方程组 $(\boldsymbol{A}-2\boldsymbol{E})\boldsymbol{x}=\boldsymbol{0}$. 由

$$\boldsymbol{A}-2\boldsymbol{E}=\begin{pmatrix}2&2&2\\2&2&2\\2&2&2\end{pmatrix}\to\begin{pmatrix}1&1&1\\0&0&0\\0&0&0\end{pmatrix}$$

求得一基础解系为

$$\boldsymbol{\zeta}_1=\begin{pmatrix}-1\\1\\0\end{pmatrix},\ \boldsymbol{\zeta}_2=\begin{pmatrix}-1\\0\\1\end{pmatrix}$$

(3) 对 $\boldsymbol{\zeta}_1$，$\boldsymbol{\zeta}_2$ 进行正交化，令

$$\boldsymbol{\eta}_1=\boldsymbol{\zeta}_1=\begin{pmatrix}-1\\1\\0\end{pmatrix},\ \boldsymbol{\eta}_2=\boldsymbol{\zeta}_2-\frac{[\boldsymbol{\eta}_1,\boldsymbol{\zeta}_2]}{[\boldsymbol{\eta}_1,\boldsymbol{\eta}_1]}\boldsymbol{\eta}_1=\begin{pmatrix}-1\\0\\1\end{pmatrix}-\frac{1}{2}\begin{pmatrix}-1\\1\\0\end{pmatrix}=\begin{pmatrix}-\frac{1}{2}\\-\frac{1}{2}\\1\end{pmatrix}$$

$$\boldsymbol{r}_1=\frac{\boldsymbol{\eta}_1}{\|\boldsymbol{\eta}_1\|}=\begin{pmatrix}-\frac{1}{\sqrt{2}}\\\frac{1}{\sqrt{2}}\\0\end{pmatrix},\ \boldsymbol{r}_2=\frac{\boldsymbol{\eta}_2}{\|\boldsymbol{\eta}_2\|}=\begin{pmatrix}-\frac{\sqrt{6}}{6}\\-\frac{\sqrt{6}}{6}\\\frac{\sqrt{6}}{3}\end{pmatrix}$$

对于 $\lambda_3=8$，求解齐次线性方程组 $(\boldsymbol{A}-8\boldsymbol{E})\boldsymbol{x}=\boldsymbol{0}$，由

$$\boldsymbol{A}-8\boldsymbol{E}=\begin{pmatrix}-4&2&2\\2&-4&2\\2&2&-4\end{pmatrix}\to\begin{pmatrix}1&0&-1\\0&1&-1\\0&0&0\end{pmatrix}$$

求得它的一基础解系为 $\boldsymbol{\eta}_3=\begin{pmatrix}1\\1\\1\end{pmatrix}$，将 $\boldsymbol{\eta}_3$ 单位化，得 $\boldsymbol{r}_3=\frac{\boldsymbol{\eta}_3}{\|\boldsymbol{\eta}_3\|}=\begin{pmatrix}\frac{1}{\sqrt{3}}\\\frac{1}{\sqrt{3}}\\\frac{1}{\sqrt{3}}\end{pmatrix}$.

(4) 以 $\boldsymbol{r}_1$，$\boldsymbol{r}_2$，$\boldsymbol{r}_3$ 为列，作一个矩阵：

$$\boldsymbol{P}=(\boldsymbol{r}_1,\boldsymbol{r}_2,\boldsymbol{r}_3)=\begin{pmatrix}-\frac{1}{\sqrt{2}}&-\frac{\sqrt{6}}{6}&\frac{1}{\sqrt{3}}\\\frac{1}{\sqrt{2}}&-\frac{\sqrt{6}}{6}&\frac{1}{\sqrt{3}}\\0&\frac{\sqrt{6}}{3}&\frac{1}{\sqrt{3}}\end{pmatrix}$$

从而有

$$P^{-1}AP=P^{\mathrm{T}}AP=\begin{pmatrix}-1&0&0\\0&-1&0\\0&0&5\end{pmatrix}$$

4.4 二 次 型

二次型在几何中经常出现，在数学的其他分支及物理力学中也遇到. 通常是采用线性变换把二次型化简为二次齐次多项式，使它只含有平方项. 在许多实际问题中常会遇到这类问题，在这一小节，我们把这类问题一般化，用学过的矩阵知识讨论二次型标准化的问题.

4.4.1 二次型及其标准形

定义 4.4.1 含 n 个变量 $x_1, x_2, \cdots, x_n$ 的二次齐次函数

$$f(x_1, x_2, \cdots, x_n)=a_{11}x_1^2+2a_{12}x_1x_2+\cdots+2a_{1n}x_1x_n+a_{22}x_2^2+\cdots+2a_{2n}x_2x_n+\cdots+a_{nn}x_n^2 \tag{4.4.1}$$

称为 n 元二次型，简称二次型，记为 f.

为了研究方便，将式(4.4.1)写成矩阵形式.

取 $a_{ji}=a_{ij}$，则 $2a_{ij}x_ix_j=a_{ij}x_ix_j+a_{ji}x_ix_j\ (i<j)$，于是式(4.4.1)可写成

$$\begin{aligned}f&=a_{11}x_1^2+a_{12}x_1x_2+\cdots+a_{1n}x_1x_2+a_{21}x_2x_n+a_{22}x_2^2\\&\quad+\cdots+a_{2n}x_2x_n+\cdots+a_{n1}x_nx_1+a_{n2}x_nx_2+\cdots+a_{nn}x_n^2\\&=\sum_{i=1}^{n}x_i\sum_{j=1}^{n}a_{ij}x_j=\sum_{i=1}^{n}\sum_{j=1}^{n}a_{ij}x_ix_j\end{aligned}$$

记

$$\boldsymbol{A}=\begin{pmatrix}a_{11}&a_{12}&\cdots&a_{1n}\\a_{21}&a_{22}&\cdots&a_{2n}\\\vdots&\vdots&&\vdots\\a_{n1}&a_{n2}&\cdots&a_{nn}\end{pmatrix},\quad \boldsymbol{x}=\begin{pmatrix}x_1\\x_2\\\vdots\\x_n\end{pmatrix}$$

因为 $a_{ji}=a_{ij}$，所以矩阵 **A** 为对称矩阵，则二次型可记作

$$f=\boldsymbol{x}^{\mathrm{T}}\boldsymbol{A}\boldsymbol{x}$$

实际上，任意一个二次型，能唯一确定一个对称矩阵；反之，任给一个对称矩阵，也唯一确定一个二次型，二者存在一一对应关系.

例 4.4.1 将二次型 $f=3x^2+2xy+3y^2$ 用矩阵形式表示.

解 由于 **A** 是对称矩阵，即 $a_{ji}=a_{ij}$，根据对应关系

$$a_{11}=3,\ a_{12}=a_{21}=1,\ a_{22}=3$$

故对应二次型的矩阵形式为

$$f(x, y)=(x, y)\begin{pmatrix}3&1\\1&3\end{pmatrix}\begin{pmatrix}x\\y\end{pmatrix}$$

对于二次型，我们将发挥矩阵在研究二次方程的重要作用，即确定线性变换

$$\begin{cases} x_1 = c_{11}y_1 + c_{12}y_2 + \cdots + c_{1n}y_n \\ x_2 = c_{21}y_1 + c_{22}y_2 + \cdots + c_{2n}y_n \\ \cdots\cdots \\ x_n = c_{n1}y_1 + c_{n2}y_2 + \cdots + c_{nn}y_n \end{cases} \tag{4.4.2}$$

使二次型(4.4.1)只含有平方项，即把式(4.4.2)代入式(4.4.1)，能使

$$f = k_1y_1^2 + k_2y_2^2 + \cdots + k_ny_n^2$$

这种只含有平方项的二次型，称为二次型的标准形. 若 k_1，k_2，…，k_n 的值为±1，则称为规范形. 只含平方根项的二次型对应的系数矩阵为对角矩阵.

记矩阵 $\boldsymbol{C}=(c_{ij})_{n\times n}$，向量 $\boldsymbol{x}=(x_1, x_2, \cdots, x_n)^{\mathrm{T}}$ 及 $\boldsymbol{y}=(y_1, y_2, \cdots, y_n)^{\mathrm{T}}$，则线性变换(4.4.2)可记作 $\boldsymbol{x}=\boldsymbol{Cy}$，设 $\boldsymbol{C}$ 可逆并将 $\boldsymbol{x}=\boldsymbol{Cy}$ 代入二次型，有

$$f = \boldsymbol{x}^{\mathrm{T}}\boldsymbol{Ax} = (\boldsymbol{Cy})^{\mathrm{T}}\boldsymbol{A}(\boldsymbol{Cy}) = \boldsymbol{y}^{\mathrm{T}}(\boldsymbol{C}^{\mathrm{T}}\boldsymbol{AC})\boldsymbol{y} = \boldsymbol{y}^{\mathrm{T}}\boldsymbol{By}$$

其中，$\boldsymbol{B}=\boldsymbol{C}^{\mathrm{T}}\boldsymbol{AC}$，通过引进可逆变换 $\boldsymbol{x}=\boldsymbol{Cy}$ 后，二次型的系数矩阵由 $\boldsymbol{A}$ 变为 $\boldsymbol{B}$. $\boldsymbol{B}$ 是对角矩阵，对应的二次型化为标准形. 由此可知，化二次型 $f=\boldsymbol{x}^{\mathrm{T}}\boldsymbol{Ax}$ 为标准形的关键就是寻找可逆矩阵 $\boldsymbol{C}$，使得 $\boldsymbol{C}^{\mathrm{T}}\boldsymbol{AC}$ 为对角矩阵.

定理 4.4.1 任给 n 元实二次型 $f=\boldsymbol{x}^{\mathrm{T}}\boldsymbol{Ax}$，总存在正交变换 $\boldsymbol{x}=\boldsymbol{Py}$，使 f 化为标准形

$$f = \lambda_1y_1^2 + \lambda_2y_2^2 + \cdots + \lambda_ny_n^2$$

其中，λ_1，λ_2，…，λ_n 是 f 的矩阵 $\boldsymbol{A}=(a_{ij})$ 的特征值.

定理 4.4.2 任给可逆矩阵 $\boldsymbol{P}$，令 $\boldsymbol{B}=\boldsymbol{P}^{\mathrm{T}}\boldsymbol{AP}$，若 $\boldsymbol{A}$ 为对称矩阵，则 $\boldsymbol{B}$ 亦为对称矩阵，且 $R(\boldsymbol{B})=R(\boldsymbol{A})$.

注 根据 $\boldsymbol{A}$ 为对称矩阵，定理 4.4.2 的证明容易完成，读者自行证明.

我们通过例子掌握化二次型为标准形的常用方法.

例 4.4.2 求一个正交变换 $\boldsymbol{x}=\boldsymbol{Py}$，把二次型

$$f = x_1^2 + 4x_1x_2 + 4x_1x_3 + x_2^2 + 4x_2x_3 + x_3^2$$

化为标准形.

解 f 的对称矩阵为

$$\boldsymbol{A} = \begin{pmatrix} 1 & 2 & 2 \\ 2 & 1 & 2 \\ 2 & 2 & 1 \end{pmatrix}$$

$\boldsymbol{A}$ 的特征方程为

$$|\boldsymbol{A}-\lambda\boldsymbol{E}| = \begin{vmatrix} 1-\lambda & 2 & 2 \\ 2 & 1-\lambda & 2 \\ 2 & 2 & 1-\lambda \end{vmatrix} = (\lambda+1)^2(\lambda-5) = 0$$

$\boldsymbol{A}$ 的特征值为 $\lambda_1=5$，$\lambda_2=\lambda_3=-1$，计算 $\lambda_1=5$ 对应的特征向量为 $\boldsymbol{a}_1$，$\lambda_2=\lambda_3=-1$ 对应的特征向量为 $\boldsymbol{a}_2$，$\boldsymbol{a}_3$，即

$$\boldsymbol{a}_1 = \begin{pmatrix} 1 \\ 1 \\ 1 \end{pmatrix},\ \boldsymbol{a}_2 = \begin{pmatrix} -1 \\ 1 \\ 0 \end{pmatrix},\ \boldsymbol{a}_3 = \begin{pmatrix} -1 \\ 0 \\ 1 \end{pmatrix}$$

将 $\boldsymbol{a}_2$，$\boldsymbol{a}_3$ 正交化.

令 $\boldsymbol{\beta}_2=\boldsymbol{a}_2=\begin{pmatrix}-1\\1\\0\end{pmatrix}$，则

$$\boldsymbol{\beta}_3=\boldsymbol{a}_3-\frac{[\boldsymbol{a}_3,\boldsymbol{\beta}_2]}{[\boldsymbol{\beta}_2,\boldsymbol{\beta}_2]}\boldsymbol{\beta}_2=\begin{pmatrix}-1\\0\\1\end{pmatrix}-\frac{1}{2}\begin{pmatrix}-1\\1\\0\end{pmatrix}=\frac{1}{2}\begin{pmatrix}-1\\-1\\2\end{pmatrix}$$

再对 $\boldsymbol{a}_1$，$\boldsymbol{\beta}_2$，$\boldsymbol{\beta}_3$ 进行单位化，可得

$$\boldsymbol{\eta}_1=\frac{\boldsymbol{a}_1}{\|\boldsymbol{a}_1\|}=\frac{1}{\sqrt{3}}\begin{pmatrix}1\\1\\1\end{pmatrix}，\boldsymbol{\eta}_2=\frac{\boldsymbol{\beta}_2}{\|\boldsymbol{\beta}_2\|}=\frac{1}{\sqrt{2}}\begin{pmatrix}-1\\1\\0\end{pmatrix}，\boldsymbol{\eta}_3=\frac{\boldsymbol{\beta}_3}{\|\boldsymbol{\beta}_3\|}=\frac{1}{\sqrt{6}}\begin{pmatrix}-1\\-1\\2\end{pmatrix}$$

这样，计算获得的正交矩阵为

$$\boldsymbol{P}=(\boldsymbol{\eta}_1,\boldsymbol{\eta}_2,\boldsymbol{\eta}_3)=\begin{pmatrix}\frac{1}{\sqrt{3}} & -\frac{1}{\sqrt{2}} & -\frac{1}{\sqrt{6}}\\ \frac{1}{\sqrt{3}} & \frac{1}{\sqrt{2}} & -\frac{1}{\sqrt{6}}\\ \frac{1}{\sqrt{3}} & 0 & \frac{2}{\sqrt{6}}\end{pmatrix}$$

f 的标准形为

$$f=5y_1^2-y_2^2-y_3^2$$

例 4.4.3 用配方法把二次型 $f=2x_1x_2+2x_1x_3-6x_2x_3$ 化为标准形.

解 在 f 中不含平方项，由于含有 x_1x_2 乘积项，令

$$x_1=y_1+y_2$$
$$x_2=y_1-y_2$$
$$x_3=y_3$$

代入可得

$$f=2y_1^2-2y_2^2-4y_1y_3+8y_2y_3$$

配方，得

$$f=2(y_1-y_3)^2-2(y_2-2y_3)^2+6y_3^2$$

令

$$\begin{cases}z_1=y_1-y_3\\z_2=y_2-2y_3\\z_3=y_3\end{cases}$$

即

$$\begin{pmatrix}z_1\\z_2\\z_3\end{pmatrix}=\begin{pmatrix}1&0&-1\\0&1&-2\\0&0&1\end{pmatrix}\begin{pmatrix}y_1\\y_2\\y_3\end{pmatrix}$$

$$\begin{pmatrix}y_1\\y_2\\y_3\end{pmatrix}=\begin{pmatrix}1&0&-1\\0&1&-2\\0&0&1\end{pmatrix}^{-1}\begin{pmatrix}z_1\\z_2\\z_3\end{pmatrix}=\begin{pmatrix}1&0&1\\0&1&2\\0&0&1\end{pmatrix}\begin{pmatrix}z_1\\z_2\\z_3\end{pmatrix}$$

将变换代入 f，可得标准形为

$$f=2z_1^2-2z_2^2+6z_3^2$$

设所求正交矩阵为 $\boldsymbol{P}$，则有 $\boldsymbol{P}^{\mathrm{T}}\boldsymbol{AP}=\boldsymbol{\Lambda}$，此时两边取行列式，并注意到 $|\boldsymbol{P}|=\pm1$，得

$$|\boldsymbol{P}^{\mathrm{T}}||\boldsymbol{A}||\boldsymbol{P}|=|\boldsymbol{P}|^2|\boldsymbol{A}|=|\boldsymbol{A}|=|\boldsymbol{\Lambda}|$$

由 $a>0$，得 $a=2$.

$\boldsymbol{A}$ 的特征值为 $\lambda_1=1$，$\lambda_2=2$，$\lambda_3=5$.

$\lambda_1=1$，$\lambda_2=2$，$\lambda_3=5$，对应 $(\boldsymbol{A}-\boldsymbol{E})\boldsymbol{x}=\boldsymbol{0}$，得特征向量分别为

$$\boldsymbol{a}_1=\begin{pmatrix}0\\1\\-1\end{pmatrix},\ \boldsymbol{a}_2=\begin{pmatrix}1\\0\\0\end{pmatrix},\ \boldsymbol{a}_3=\begin{pmatrix}0\\1\\1\end{pmatrix}$$

由于 $\boldsymbol{a}_1$，$\boldsymbol{a}_2$，$\boldsymbol{a}_3$ 对应于不同特征值的特征向量是相互正交的，所以 $\boldsymbol{a}_1$，$\boldsymbol{a}_2$，$\boldsymbol{a}_3$ 是正交向量组，单位化得

$$\boldsymbol{\eta}_1=\begin{pmatrix}0\\\frac{1}{\sqrt{2}}\\-\frac{1}{\sqrt{2}}\end{pmatrix},\ \boldsymbol{\eta}_2=\begin{pmatrix}1\\0\\0\end{pmatrix},\ \boldsymbol{\eta}_3=\begin{pmatrix}0\\\frac{1}{\sqrt{2}}\\\frac{1}{\sqrt{2}}\end{pmatrix}$$

$$\boldsymbol{P}=\begin{pmatrix}0&1&0\\\frac{1}{\sqrt{2}}&0&\frac{1}{\sqrt{2}}\\-\frac{1}{\sqrt{2}}&0&\frac{1}{\sqrt{2}}\end{pmatrix}$$

4.4.2 正定二次型

定义 4.4.2 设有实二次型 $f(x)=\boldsymbol{x}^{\mathrm{T}}\boldsymbol{Ax}$，若对于任意的实向量 $\boldsymbol{x}\neq\boldsymbol{0}$，都有 $f(\boldsymbol{x})>0$，则称实二次型 $f(\boldsymbol{x})=\boldsymbol{x}^{\mathrm{T}}\boldsymbol{Ax}$ 为正定二次型，并称对称矩阵 $\boldsymbol{A}$ 是正定的；若对任何实向量 $\boldsymbol{x}\neq\boldsymbol{0}$，都有 $f(\boldsymbol{x})<0$，则称 f 为负定二次型，并称对称矩阵 $\boldsymbol{A}$ 是负定的.

定理 4.4.3 实二次型 $f(\boldsymbol{x})=\boldsymbol{x}^{\mathrm{T}}\boldsymbol{Ax}$ 为正定的充分必要条件是：它的标准形的 n 个系数全为正.

证明 设二次型 f 在可逆线性变换 $\boldsymbol{x}=\boldsymbol{Py}$ 下的标准形为

$$f(\boldsymbol{x})=f(\boldsymbol{Py})=\sum_{i=1}^{n}k_iy_i^2$$

充分性. 若存在某 $k_i\leqslant0$，取 $\boldsymbol{y}=\boldsymbol{e}_i=(0,\cdots,0,1,0,\cdots,0)^{\mathrm{T}}$. 由于 $\boldsymbol{P}$ 可逆，$\boldsymbol{x}=\boldsymbol{Py}\neq\boldsymbol{0}$，这时 $f(\boldsymbol{x})=k_i\leqslant0$，与 f 正定条件矛盾. 因此，$k_i>0$，$i=1,2,\cdots,n$.

必要性. 假设 $k_i>0$，$i=1,2,\cdots,n$，则对于任意 $\boldsymbol{x}\neq\boldsymbol{0}$，有 $\boldsymbol{y}=\boldsymbol{P}^{-1}\boldsymbol{x}\neq\boldsymbol{0}$，进而

$$f(\boldsymbol{x})=k_1y_1^2+k_2y_2^2+\cdots+k_ny_n^2>0$$

所以，f 正定.

推论 4.4.1 对称矩阵 $\boldsymbol{A}$ 为正定的充分必要条件是：$\boldsymbol{A}$ 的特征值全为正.

定理 4.4.4 对称矩阵 $\boldsymbol{A}$ 为正定的充分必要条件是：$\boldsymbol{A}$ 的各阶顺序主子式都为正，即

$$\Delta_s=\begin{vmatrix} a_{11} & a_{12} & \cdots & a_{1s} \\ a_{21} & a_{22} & \cdots & a_{2s} \\ \vdots & \vdots & & \vdots \\ a_{s1} & a_{s2} & \cdots & a_{ss} \end{vmatrix}>0 \quad (s=1, 2, \cdots, n)$$

例 4.4.4 判断二次型 $f=6x_1^2+5x_2^2+7x_3^2-4x_1x_2+4x_1x_3$ 是否正定.

解 计算 f 的系数矩阵的特征值：

$$\boldsymbol{A}=\begin{pmatrix} 6 & -2 & 2 \\ -2 & 5 & 0 \\ 2 & 0 & 7 \end{pmatrix}$$

特征多项式为

$$|\boldsymbol{A}-\lambda\boldsymbol{E}|=\begin{vmatrix} 6-\lambda & -2 & 2 \\ -2 & 5-\lambda & 0 \\ 2 & 0 & 7-\lambda \end{vmatrix}=(\lambda-3)(\lambda-6)(\lambda-9)$$

得 $\lambda_1=3$，$\lambda_2=6$，$\lambda_3=9$ 均为正值，故 f 是正定二次型.

例 4.4.5 判别二次型 $f=5x^2+6y^2+4z^2+4xy+4xz$ 的正定性.

f 的矩阵为

$$\boldsymbol{A}=\begin{pmatrix} 5 & 2 & 2 \\ 2 & 6 & 0 \\ 2 & 0 & 4 \end{pmatrix}$$

$$a_{11}=5>0, \quad \begin{vmatrix} a_{11} & a_{12} \\ a_{21} & a_{22} \end{vmatrix}=\begin{vmatrix} 5 & 2 \\ 2 & 6 \end{vmatrix}=26>0, \quad |\boldsymbol{A}|=80>0$$

由定理 4.4.4 知，f 正定.

习 题 4

1. 求下列矩阵的特征值及其对应的特征空间.

(1) $\begin{pmatrix} 6 & -4 \\ 3 & -1 \end{pmatrix}$；(2) $\begin{pmatrix} 1 & 2 & 1 \\ 0 & 3 & 1 \\ 0 & 5 & -1 \end{pmatrix}$；(3) $\begin{pmatrix} 3 & 0 & 0 & 0 \\ 4 & 1 & 0 & 0 \\ 0 & 0 & 2 & 1 \\ 0 & 0 & 0 & 2 \end{pmatrix}$.

2. 证明三角形矩阵的特征值为矩阵的对角元素.

3. 设 $\boldsymbol{A}_{2\times 2}$ 方阵，若矩阵的迹 $\mathrm{tr}(\boldsymbol{A})=8$，且 $\det(\boldsymbol{A})=12$，$\boldsymbol{A}$ 的特征值是多少(等于 $\boldsymbol{A}_{2\times 2}$ 的特征值的总和，即矩阵 $\boldsymbol{A}$ 的主对角线元素的总和)？

4. 已知 $\boldsymbol{A}=\begin{pmatrix} 2 & -3 \\ 2 & -5 \end{pmatrix}$，问 $\boldsymbol{A}$ 是否与对角阵相似？若相似，求对角矩阵 $\boldsymbol{\Lambda}$ 及可逆矩阵 $\boldsymbol{P}$，使得 $\boldsymbol{P}^{-1}\boldsymbol{A}\boldsymbol{P}=\boldsymbol{\Lambda}$.

5. 设矩阵 $\boldsymbol{A}=\begin{pmatrix}3&1&0\\7&3&0\\0&0&1\end{pmatrix}$，$\boldsymbol{B}=\begin{pmatrix}2&0&0\\0&3&5\\0&1&2\end{pmatrix}$，问矩阵 $\boldsymbol{A}$ 和 $\boldsymbol{B}$ 是否相似.

6. 设矩阵 $\boldsymbol{A}=\begin{pmatrix}-2&0&0\\2&0&2\\3&1&1\end{pmatrix}$，问 $\boldsymbol{A}$ 是否与对角阵相似？若相似，求对角阵 $\boldsymbol{\Lambda}$ 及可逆阵 $\boldsymbol{P}$，使 $\boldsymbol{P}^{-1}\boldsymbol{AP}=\boldsymbol{\Lambda}$.

7. 对下列实对称矩阵 $\boldsymbol{A}$，求正交矩阵 $\boldsymbol{P}$ 和对角阵 $\boldsymbol{\Lambda}$，使 $\boldsymbol{P}^{-1}\boldsymbol{AP}=\boldsymbol{\Lambda}$.

(1) $\boldsymbol{A}=\begin{pmatrix}1&-3&1\\-3&1&-1\\1&-1&5\end{pmatrix}$；(2) $\boldsymbol{A}=\begin{pmatrix}0&1&1&-1\\1&0&-1&1\\1&-1&0&1\\-1&1&1&0\end{pmatrix}$.

8. 用正交变换化二次型：

$$f=2x_1^2+4x_1x_2-4x_1x_3+5x_2^2-8x_2x_3+5x_3^2$$

为标准形，并求出所用的正交变换.

9. 已知二次型 $f=2x_1^2+3x_2^2+3x_3^2+2ax_2x_3\ (a>0)$，通过正交变换可化为标准形 $f=y_1^2+2y_2^2+5y_3^2$，求参数 a 及所用的正交变换.

10. 设 $f=x_1^2+4x_2^2+4x_3^2+2\lambda x_1x_2-2x_1x_3+4x_2x_3$，问 λ 取何值时，f 为正定二次型.

习题 4 参考答案

第5章 线性空间和线性变换

第3章中介绍了向量、向量空间的概念. 本章中，我们要把这些概念推广. 不考虑领域，将加法和标量乘法遵循统一代数法则的数学系统称为向量空间或线性空间.

5.1 线性空间与子空间

5.1.1 线性空间的定义与性质

定义 5.1.1 设 V 是一个定义了加法和标量乘法运算的集合. 对 V 中每一对元素 $\boldsymbol{\alpha}$，$\boldsymbol{\beta}$，总有唯一的一个元素 $\boldsymbol{\gamma}\in V$ 与之对应，称为 $\boldsymbol{\alpha}$ 与 $\boldsymbol{\beta}$ 的和，记作 $\boldsymbol{\gamma}=\boldsymbol{\alpha}+\boldsymbol{\beta}$，且对 V 中任一元素 $\boldsymbol{\alpha}$ 和任一标量 $\lambda\in\mathbf{R}$，总有唯一的一个元素 $\boldsymbol{\delta}\in V$ 与之对应，称为 λ 与 $\boldsymbol{\alpha}$ 的积，记作 $\boldsymbol{\delta}=\lambda\boldsymbol{\alpha}$. 若集合 V 连同其上的加法和标量乘法(简称数乘)运算满足以下八条运算规律(设 $\boldsymbol{\alpha}$、$\boldsymbol{\beta}$、$\boldsymbol{\gamma}\in V$，λ、$\mu\in\mathbf{R}$)：

(1) $\boldsymbol{\alpha}+\boldsymbol{\beta}=\boldsymbol{\beta}+\boldsymbol{\alpha}$；

(2) $(\boldsymbol{\alpha}+\boldsymbol{\beta})+\boldsymbol{\gamma}=\boldsymbol{\alpha}+(\boldsymbol{\beta}+\boldsymbol{\gamma})$；

(3) V 中存在一个零元素 $\mathbf{0}$，对任一 $\boldsymbol{\alpha}\in V$，有 $\boldsymbol{\alpha}+\mathbf{0}=\boldsymbol{\alpha}$；

(4) 对任一 $\boldsymbol{\alpha}\in V$，都有 $\boldsymbol{\alpha}$ 的负元素 $-\boldsymbol{\alpha}\in V$，满足 $\boldsymbol{\alpha}+(-\boldsymbol{\alpha})=\mathbf{0}$；

(5) $\lambda(u\boldsymbol{\alpha})=(\lambda u)\boldsymbol{\alpha}$；

(6) $(\lambda+u)\boldsymbol{\alpha}=\lambda\boldsymbol{\alpha}+u\boldsymbol{\alpha}$；

(7) $\lambda(\boldsymbol{\alpha}+\boldsymbol{\beta})=\lambda\boldsymbol{\alpha}+\lambda\boldsymbol{\beta}$；

(8) $1\boldsymbol{\alpha}=\boldsymbol{\alpha}$，

则称 V 为向量空间(或线性空间).

简言之，凡满足上述八条运算规律的加法及数乘运算，就称为线性运算；凡定义了线性运算的集合，就称为向量空间(或线性空间). 定义中一个重要的部分是加法和标量乘法运算的封闭性.

例 5.1.1 令 $V=\{(a, 1)\,|\,a$ 是实数$\}$. 在 V 上按照通常的方法定义加法和标量乘法，对 V 中的元素(3, 1)和(5, 1)，它们的和(3, 1)+(5, 1)=(8, 2). 显然，(8, 2)不是 V 中的元素，加法运算不是定义在 V 上的，因此加法的封闭性不成立. 类似地，标量乘法也不封闭. 因此，V 不是线性空间.

例 5.1.2 令 $P[x]_n$ 表示项数小于 n 的所有多项式的集合. 定义 $p+q$ 和 λp 对所有的

实数 x，有

$$(p+q)(x)=p(x)+q(x),\ (\lambda p)(x)=\lambda p(x)$$

零向量是零多项式

$$z(x)=0x^{n-1}+0x^{n-2}+\cdots+0x+0$$

容易验证，向量空间的八条运算规律都成立. 因此，$P[x]_n$ 是线性空间.

定理 5.1.1　设 V 为线性空间，且 $\forall \boldsymbol{a}\in V$，则

(1) 零元素是唯一的；

(2) $\boldsymbol{\alpha}+\boldsymbol{\beta}=\mathbf{0}$ 蕴涵 $\boldsymbol{\beta}=-\boldsymbol{\alpha}$(任一元素的负元素是唯一的)，$\boldsymbol{\alpha}$ 的负元素记作 $-\boldsymbol{\alpha}$；

(3) $0\boldsymbol{\alpha}=\mathbf{0}$，$(-1)\boldsymbol{\alpha}=-\boldsymbol{\alpha}$；$\lambda\mathbf{0}=\mathbf{0}$.

5.1.2　子空间

定义 5.1.2　设 V 是一个线性空间，S 是 V 的一个非空子集. 如果 S 对于 V 中所定义的加法和数乘两种运算也构成一个线性空间，则称 S 为 V 的子空间.

定理 5.1.2　线性空间 V 的非空子集 S 构成子空间的充分必要条件是：S 对于 V 中的线性运算封闭.

例 5.1.3　设 $S=\{(x_1, x_2, x_3)^{\mathrm{T}} \mid x_1=x_2\}$，证明 S 为 $\mathbf{R}^3$ 的一个子空间.

证　若 $\boldsymbol{x}=(x_1, x_1, x_3)^{\mathrm{T}}$ 为 S 中的任意向量，则

$$\lambda\boldsymbol{x}=(\lambda x_1, \lambda x_2, \lambda x_3)^{\mathrm{T}}\in S$$

又因为$(x_1, x_2, x_3)^{\mathrm{T}}$ 和$(y_1, y_2, y_3)^{\mathrm{T}}$ 为 S 中的任意元素，则

$$(x_1, x_2, x_3)^{\mathrm{T}}+(y_1, y_2, y_3)^{\mathrm{T}}=(x_1+y_1, x_2+y_2, x_3+y_3)^{\mathrm{T}}\in S$$

由于 S 非空且满足两个闭包条件，故 S 为 $\mathbf{R}^3$ 的子空间.

例 5.1.4　设 $S=\{(x, 1)^{\mathrm{T}} \mid x \text{ 为一实数}\}$. 证明 S 不是子空间.

证　由于 $\lambda\cdot\begin{pmatrix}x\\1\end{pmatrix}=\begin{pmatrix}\lambda x\\\lambda\end{pmatrix}\notin S$，若 $\lambda\neq 1$，数乘运算不封闭，因此 S 不是子空间.

5.2　基与基变换

第 3 章中，我们用线性运算来讨论 n 维数组向量之间的线性组合，介绍了线性相关与线性无关等概念以及相关性质. 实际上，这些概念与性质对于一般的线性空间中的元素仍然适用.

5.2.1　基与维数

定义 5.2.1　当且仅当线性空间 V 中的向量 $\boldsymbol{\alpha}_1, \boldsymbol{\alpha}_2, \cdots, \boldsymbol{\alpha}_n$ 满足：

(1) $\boldsymbol{\alpha}_1, \boldsymbol{\alpha}_2, \cdots, \boldsymbol{\alpha}_n$ 线性无关；

(2) V 中任一元素 $\boldsymbol{\alpha}$ 总可由 $\boldsymbol{\alpha}_1, \boldsymbol{\alpha}_2, \cdots, \boldsymbol{\alpha}_n$ 线性表示，

则 $\boldsymbol{\alpha}_1, \boldsymbol{\alpha}_2, \cdots, \boldsymbol{\alpha}_n$ 称为线性空间 V 的一个基，n 称为线性空间 V 的维数.

维数为 n 的线性空间称为 n 维线性空间，记作 V_n. 若 $\boldsymbol{\alpha}_1, \boldsymbol{\alpha}_2, \cdots, \boldsymbol{\alpha}_n$ 为 V_n 的一个基，则对任何 $\boldsymbol{\alpha}\in V_n$，都有唯一的一组有序数 $x_1, x_2, \cdots, x_n$，使

$$\boldsymbol{\alpha}=x_1\boldsymbol{\alpha}_1+x_2\boldsymbol{\alpha}_2+\cdots+x_n\boldsymbol{\alpha}_n$$

且 V_n 可表示为

$$V_n=\{\boldsymbol{\alpha}=x_1\boldsymbol{\alpha}_1+x_2\boldsymbol{\alpha}_2+\cdots+x_n\boldsymbol{\alpha}_n \mid x_1, x_2, \cdots, x_n\in\mathbf{R}\}$$

反之，若任给一组有序数 x_1，x_2，…，x_n，则总有唯一的元素

$$\boldsymbol{\alpha}=x_1\boldsymbol{\alpha}_1+x_2\boldsymbol{\alpha}_2+\cdots+x_n\boldsymbol{\alpha}_n\in V_n$$

这样，V_n 中的元素 $\boldsymbol{\alpha}$ 与有序数组 $(x_1, x_2, \cdots, x_n)^{\mathrm{T}}$ 之间存在着一一对应的关系，因此元素 $\boldsymbol{\alpha}$ 可以用一组有序数来表示.

定义 5.2.2 设 $\boldsymbol{\alpha}_1$，$\boldsymbol{\alpha}_2$，…，$\boldsymbol{\alpha}_n$ 是线性空间 V_n 的一个基. 对于任一元素 $\boldsymbol{\alpha}\in V_n$，总有且仅有一组有序数 x_1，x_2，…，x_n，使

$$\boldsymbol{\alpha}=x_1\boldsymbol{\alpha}_1+x_2\boldsymbol{\alpha}_2+\cdots+x_n\boldsymbol{\alpha}_n$$

其中，有序数 x_1，x_2，…，x_n 称为元素 $\boldsymbol{\alpha}$ 在基 $\boldsymbol{\alpha}_1$，$\boldsymbol{\alpha}_2$，…，$\boldsymbol{\alpha}_n$ 下的坐标，记作

$$\boldsymbol{\alpha}=(x_1, x_2, \cdots, x_n)^{\mathrm{T}}$$

例 5.2.1 $\mathbf{R}^3$ 的基除标准基 $\boldsymbol{e}_1$，$\boldsymbol{e}_2$，$\boldsymbol{e}_3$ 外可以有多种取法，如 $\{\boldsymbol{\alpha}_1, \boldsymbol{\alpha}_2, \boldsymbol{\alpha}_3\}$，其中

$$\boldsymbol{\alpha}_1=(1, 1, 1)^{\mathrm{T}},\ \boldsymbol{\alpha}_2=(1, 1, 0)^{\mathrm{T}},\ \boldsymbol{\alpha}_3=(1, 0, 1)^{\mathrm{T}}$$

例 5.2.2 在 $\mathbf{R}^{2\times2}$ 中，考虑集合 $\{\boldsymbol{E}_{11}, \boldsymbol{E}_{12}, \boldsymbol{E}_{21}, \boldsymbol{E}_{22}\}$，其中

$$\boldsymbol{E}_{11}=\begin{pmatrix}1 & 0\\0 & 0\end{pmatrix},\ \boldsymbol{E}_{12}=\begin{pmatrix}0 & 1\\0 & 0\end{pmatrix},\ \boldsymbol{E}_{21}=\begin{pmatrix}0 & 0\\1 & 0\end{pmatrix},\ \boldsymbol{E}_{22}=\begin{pmatrix}0 & 0\\0 & 1\end{pmatrix}$$

若

$$\lambda_1\boldsymbol{E}_{11}+\lambda_2\boldsymbol{E}_{12}+\lambda_3\boldsymbol{E}_{21}+\lambda_4\boldsymbol{E}_{22}=\boldsymbol{0}$$

则

$$\begin{pmatrix}\lambda_1 & \lambda_2\\\lambda_3 & \lambda_4\end{pmatrix}=\begin{pmatrix}0 & 0\\0 & 0\end{pmatrix}$$

所以 $\lambda_1=\lambda_2=\lambda_3=\lambda_4=0$. 因此，$\boldsymbol{E}_{11}$，$\boldsymbol{E}_{12}$，$\boldsymbol{E}_{21}$，$\boldsymbol{E}_{22}$ 为线性无关的. 若 $\boldsymbol{A}$ 属于 $\mathbf{R}^{2\times2}$，则

$$\boldsymbol{A}=a_{11}\boldsymbol{E}_{11}+a_{12}\boldsymbol{E}_{12}+a_{21}\boldsymbol{E}_{21}+a_{22}\boldsymbol{E}_{22}$$

因此，$\boldsymbol{E}_{11}$，$\boldsymbol{E}_{12}$，$\boldsymbol{E}_{21}$，$\boldsymbol{E}_{22}$ 张成 $\mathbf{R}^{2\times2}$，并构成 $\mathbf{R}^{2\times2}$ 的一组基，维数为 4.

例 5.2.3 在线性空间 $P[x]_3$ 中，取定基 1，x，x^2，x^3，则任一不超过 3 次的多项式

$$P=a_3x^3+a_2x^2+a_1x+a_0$$

P 在基 1，x，x^2，x^3 下的坐标为 $(a_0, a_1, a_2, a_3)^{\mathrm{T}}$.

实际上，线性空间 V_n 中的基不唯一，在例 5.2.3 中另取一个基 1，$1+x$，$2x^2$，x^3，则

$$P=(a_0-a_1)+a_1(1+x)+\frac{1}{2}a_2 2x^2+a_3x^3$$

因此，P 在这个基下的坐标为 $\left(a_0-a_1, a_1, \frac{1}{2}a_2, a_3\right)^{\mathrm{T}}$.

坐标把线性空间 V_n 中任意一向量 $\boldsymbol{\alpha}$ 与一组有序的数组 $(x_1, x_2, \cdots, x_n)^{\mathrm{T}}$ 联系起来了，这样可以把 V_n 中抽象的线性运算与 $\mathbf{R}^n$ 中数组向量的线性运算联系起来.

设 $\boldsymbol{\alpha}$，$\boldsymbol{\beta}\in V_n$，有 $\boldsymbol{\alpha}=x_1\boldsymbol{\alpha}_1+\cdots+x_n\boldsymbol{\alpha}_n$，$\boldsymbol{\beta}=y_1\boldsymbol{\alpha}_1+\cdots+y_n\boldsymbol{\alpha}_n$，于是

$$\boldsymbol{\alpha}+\boldsymbol{\beta}=(x_1+y_1)\boldsymbol{\alpha}_1+\cdots+(x_n+y_n)\boldsymbol{\alpha}_n$$

$$\lambda\boldsymbol{\alpha}=(\lambda x_1)\boldsymbol{\alpha}_1+\cdots+(\lambda x_n)\boldsymbol{\alpha}_n$$

即 $\boldsymbol{\alpha}+\boldsymbol{\beta}$ 的坐标是 $(x_1+y_1, \cdots, x_n+y_n)^{\mathrm{T}}=(x_1, x_2, \cdots, x_n)^{\mathrm{T}}+(y_1, y_2, \cdots, y_n)^{\mathrm{T}}$，$\lambda\boldsymbol{\alpha}$

的坐标是$(\lambda x_1, \cdots, \lambda x_n)^{\mathrm{T}}=\lambda(x_1, \cdots, x_n)^{\mathrm{T}}$.

总之，若在 n 维线性空间 V_n 中取定一个基 $\boldsymbol{\alpha}_1, \boldsymbol{\alpha}_2, \cdots, \boldsymbol{\alpha}_n$，则 V_n 中的向量 $\boldsymbol{\alpha}$ 与 $\mathbf{R}^n$ 中 n 维数组向量空间的向量 $(x_1, x_2, \cdots, x_n)^{\mathrm{T}}$ 之间有一一对应的关系. 我们称 V_n 与 $\mathbf{R}^n$ 同构.

5.2.2 基变换与坐标变换

由例 5.2.3 可知，同一元素在不同的基下有不同的坐标，下面我们建立不同的基与不同的坐标之间的关系.

假设 $\boldsymbol{u}_1, \boldsymbol{u}_2$ 是 $\mathbf{R}^2$ 中除标准基 $\boldsymbol{e}_1, \boldsymbol{e}_2$ 外的一组基，其中

$$\boldsymbol{u}_1=\begin{pmatrix}3\\2\end{pmatrix}, \quad \boldsymbol{u}_2=\begin{pmatrix}1\\1\end{pmatrix}$$

考虑两个问题：

(1) 给定一个向量 $\boldsymbol{x}=(x_1, x_2)^{\mathrm{T}}\in\mathbf{R}^2$，求它在 $\boldsymbol{u}_1, \boldsymbol{u}_2$ 下的坐标.

(2) 给定一个向量 $c_1\boldsymbol{u}_1+c_2\boldsymbol{u}_2$，求它在 $\boldsymbol{e}_1$ 和 $\boldsymbol{e}_2$ 下的坐标.

首先讨论问题(2)，为将基$(\boldsymbol{u}_1, \boldsymbol{u}_2)$转换为$(\boldsymbol{e}_1, \boldsymbol{e}_2)$，先将 $\boldsymbol{u}_1, \boldsymbol{u}_2$ 表示为 $\boldsymbol{e}_1, \boldsymbol{e}_2$，即

$$\boldsymbol{u}_1=3\boldsymbol{e}_1+2\boldsymbol{e}_2$$
$$\boldsymbol{u}_2=\boldsymbol{e}_1+\boldsymbol{e}_2$$

由此得到

$$c_1\boldsymbol{u}_1+c_2\boldsymbol{u}_2=(3c_1+c_2)\boldsymbol{e}_1+(2c_1+c_2)\boldsymbol{e}_2$$

因此，$c_1\boldsymbol{u}_1+c_2\boldsymbol{u}_2$ 在$(\boldsymbol{e}_1, \boldsymbol{e}_2)$下的坐标向量为

$$\boldsymbol{x}=\begin{pmatrix}3c_1+c_2\\2c_1+c_2\end{pmatrix}=\begin{pmatrix}3&1\\2&1\end{pmatrix}\begin{pmatrix}c_1\\c_2\end{pmatrix}$$

则给定任何相应于$(\boldsymbol{u}_1, \boldsymbol{u}_2)$的坐标向量 $\boldsymbol{c}$，求相应于$(\boldsymbol{e}_1, \boldsymbol{e}_2)$的坐标向量 $\boldsymbol{x}$，只需用 $\boldsymbol{U}=(\boldsymbol{u}_1, \boldsymbol{u}_2)=\begin{pmatrix}3&1\\2&1\end{pmatrix}$乘 $\boldsymbol{c}$，即

$$\boldsymbol{x}=\boldsymbol{U}\boldsymbol{c}$$

其中，$\boldsymbol{U}$ 称从有序基$(\boldsymbol{u}_1, \boldsymbol{u}_2)$到基$(\boldsymbol{e}_1, \boldsymbol{e}_2)$的过渡矩阵.

设 $\boldsymbol{\alpha}_1, \boldsymbol{\alpha}_2, \cdots, \boldsymbol{\alpha}_n$ 及 $\boldsymbol{\beta}_1, \boldsymbol{\beta}_2, \cdots, \boldsymbol{\beta}_n$ 是线性空间 V_n 中的两个基，

$$\begin{cases}\boldsymbol{\beta}_1=u_{11}\boldsymbol{\alpha}_1+u_{21}\boldsymbol{\alpha}_2+\cdots+u_{n1}\boldsymbol{\alpha}_n\\ \boldsymbol{\beta}_2=u_{12}\boldsymbol{\alpha}_1+u_{22}\boldsymbol{\alpha}_2+\cdots+u_{n2}\boldsymbol{\alpha}_n\\ \cdots\cdots\\ \boldsymbol{\beta}_n=u_{1n}\boldsymbol{\alpha}_1+u_{2n}\boldsymbol{\alpha}_2+\cdots+u_{nn}\boldsymbol{\alpha}_n\end{cases} \tag{5.2.1}$$

把 $\boldsymbol{\alpha}_1, \boldsymbol{\alpha}_2, \cdots, \boldsymbol{\alpha}_n$ 这 n 个有序元素记作$(\boldsymbol{\alpha}_1, \boldsymbol{\alpha}_2, \cdots, \boldsymbol{\alpha}_n)$，则式(5.2.1)可表示为

$$\begin{pmatrix}\boldsymbol{\beta}_1\\\boldsymbol{\beta}_2\\\vdots\\\boldsymbol{\beta}_n\end{pmatrix}=\begin{pmatrix}u_{11}&u_{21}&\cdots&u_{n1}\\u_{12}&u_{22}&\cdots&u_{n2}\\\vdots&\vdots&&\vdots\\u_{1n}&u_{2n}&\cdots&u_{nn}\end{pmatrix}\begin{pmatrix}\boldsymbol{\alpha}_1\\\boldsymbol{\alpha}_2\\\vdots\\\boldsymbol{\alpha}_n\end{pmatrix}=\boldsymbol{P}^{\mathrm{T}}\begin{pmatrix}\boldsymbol{\alpha}_1\\\boldsymbol{\alpha}_2\\\vdots\\\boldsymbol{\alpha}_n\end{pmatrix}$$

或

$$(\boldsymbol{\beta}_1, \boldsymbol{\beta}_2, \cdots, \boldsymbol{\beta}_n) = (\boldsymbol{\alpha}_1, \boldsymbol{\alpha}_2, \cdots, \boldsymbol{\alpha}_n)\boldsymbol{P} \tag{5.2.2}$$

式(5.2.1)或式(5.2.2)称为基变换公式，矩阵 $\boldsymbol{P}$ 称为由基 $\boldsymbol{\alpha}_1, \boldsymbol{\alpha}_2, \cdots, \boldsymbol{\alpha}_n$ 到基 $\boldsymbol{\beta}_1, \boldsymbol{\beta}_2, \cdots, \boldsymbol{\beta}_n$ 的过渡矩阵. 由于 $\boldsymbol{\beta}_1, \boldsymbol{\beta}_2, \cdots, \boldsymbol{\beta}_n$ 线性无关，故 $\boldsymbol{P}$ 可逆.

定理 5.2.1 设 V_n 中的元素 $\boldsymbol{\alpha}$ 在基 $\boldsymbol{\alpha}_1, \boldsymbol{\alpha}_2, \cdots, \boldsymbol{\alpha}_n$ 下的坐标为 $(x_1, x_2, \cdots, x_n)^{\mathrm{T}}$，在基 $\boldsymbol{\beta}_1, \boldsymbol{\beta}_2, \cdots, \boldsymbol{\beta}_n$ 下的坐标为 $(x_1', x_2', \cdots, x_n')^{\mathrm{T}}$. 若两个基满足关系式(5.2.2)，则坐标变换公式为

$$\begin{pmatrix} x_1 \\ x_2 \\ \vdots \\ x_n \end{pmatrix} = \boldsymbol{P} \begin{pmatrix} x_1' \\ x_2' \\ \vdots \\ x_n' \end{pmatrix} \quad \text{或} \quad \begin{pmatrix} x_1' \\ x_2' \\ \vdots \\ x_n' \end{pmatrix} = \boldsymbol{P}^{-1} \begin{pmatrix} x_1 \\ x_2 \\ \vdots \\ x_n \end{pmatrix}$$

例 5.2.4 设 $\mathbf{R}^3$ 的两个基 $\boldsymbol{\alpha}_1 = (1, 0, -1)^{\mathrm{T}}$，$\boldsymbol{\alpha}_2 = (2, 1, 1)^{\mathrm{T}}$，$\boldsymbol{\alpha}_3 = (1, 1, 1)^{\mathrm{T}}$ 和 $\boldsymbol{\beta}_1 = (0, 1, 1)^{\mathrm{T}}$，$\boldsymbol{\beta}_2 = (-1, 1, 0)^{\mathrm{T}}$，$\boldsymbol{\beta}_3 = (1, 2, 1)^{\mathrm{T}}$，求坐标变换公式.

解 取 $\mathbf{R}^3$ 的基 $\boldsymbol{e}_1, \boldsymbol{e}_2, \boldsymbol{e}_3$，则

$$(\boldsymbol{\alpha}_1, \boldsymbol{\alpha}_2, \boldsymbol{\alpha}_3) = (\boldsymbol{e}_1, \boldsymbol{e}_2, \boldsymbol{e}_3)\boldsymbol{A}$$

$$(\boldsymbol{\beta}_1, \boldsymbol{\beta}_2, \boldsymbol{\beta}_3) = (\boldsymbol{e}_1, \boldsymbol{e}_2, \boldsymbol{e}_3)\boldsymbol{B}$$

其中，$\boldsymbol{A} = \begin{pmatrix} 1 & 2 & 1 \\ 0 & 1 & 1 \\ -1 & 1 & 1 \end{pmatrix}$，$\boldsymbol{B} = \begin{pmatrix} 0 & -1 & 1 \\ 1 & 1 & 2 \\ 1 & 0 & 1 \end{pmatrix}$，于是

$$(\boldsymbol{\beta}_1, \boldsymbol{\beta}_2, \boldsymbol{\beta}_3) = (\boldsymbol{\alpha}_1, \boldsymbol{\alpha}_2, \boldsymbol{\alpha}_3)\boldsymbol{A}^{-1}\boldsymbol{B}$$

故坐标变换公式为

$$\begin{pmatrix} x_1' \\ x_2' \\ x_3' \end{pmatrix} = \boldsymbol{B}^{-1}\boldsymbol{A} \begin{pmatrix} x_1 \\ x_2 \\ x_3 \end{pmatrix}$$

用矩阵的初等变换求 $\boldsymbol{B}^{-1}\boldsymbol{A}$：把矩阵 $(\boldsymbol{B}, \boldsymbol{A})$ 中的 $\boldsymbol{B}$ 变成 $\boldsymbol{E}$，则 $\boldsymbol{A}$ 即变成 $\boldsymbol{B}^{-1}\boldsymbol{A}$. 计算如下：

$$(\boldsymbol{B}, \boldsymbol{A}) = \begin{pmatrix} 0 & -1 & 1 & 1 & 2 & 1 \\ 1 & 1 & 2 & 0 & 1 & 1 \\ 1 & 0 & 1 & -1 & 1 & 1 \end{pmatrix}$$

$$\xrightarrow{r_1 \leftrightarrow r_2} \begin{pmatrix} 1 & 1 & 2 & 0 & 1 & 1 \\ 0 & -1 & 1 & 1 & 2 & 1 \\ 1 & 0 & 1 & -1 & 1 & 1 \end{pmatrix}$$

$$\xrightarrow{r_3 - r_1} \begin{pmatrix} 1 & 1 & 2 & 0 & 1 & 1 \\ 0 & -1 & 1 & 1 & 2 & 1 \\ 0 & -1 & -1 & -1 & 0 & 0 \end{pmatrix} \xrightarrow{r_3 - r_2} \begin{pmatrix} 1 & 1 & 2 & 0 & 1 & 1 \\ 0 & -1 & 1 & 1 & 2 & 1 \\ 0 & 0 & -2 & -2 & -2 & -1 \end{pmatrix}$$

$$\xrightarrow{r_3 \times \left(-\frac{1}{2}\right)} \begin{pmatrix} 1 & 1 & 2 & 0 & 1 & 1 \\ 0 & -1 & 1 & 1 & 2 & 1 \\ 0 & 0 & 1 & 1 & 1 & \frac{1}{2} \end{pmatrix} \xrightarrow{r_1 + r_2} \begin{pmatrix} 1 & 0 & 3 & 1 & 3 & 2 \\ 0 & -1 & 1 & 1 & 2 & 1 \\ 0 & 0 & 1 & 1 & 1 & \frac{1}{2} \end{pmatrix}$$

$$\xrightarrow{r_1-3r_3}\begin{pmatrix}1 & 0 & 0 & -2 & 0 & \frac{1}{2}\\ 0 & -1 & 1 & 1 & 2 & 1\\ 0 & 0 & 1 & 1 & 1 & \frac{1}{2}\end{pmatrix}\xrightarrow{r_2-r_3}\begin{pmatrix}1 & 0 & 0 & -2 & 0 & \frac{1}{2}\\ 0 & -1 & 0 & 0 & 1 & \frac{1}{2}\\ 0 & 0 & 1 & 1 & 1 & \frac{1}{2}\end{pmatrix}$$

$$\xrightarrow{(-1)r_2}\begin{pmatrix}1 & 0 & 0 & -2 & 0 & \frac{1}{2}\\ 0 & 1 & 0 & 0 & -1 & -\frac{1}{2}\\ 0 & 0 & 1 & 1 & 1 & \frac{1}{2}\end{pmatrix}$$

于是坐标变换公式为

$$\begin{pmatrix}x_1'\\ x_2'\\ x_3'\end{pmatrix}=\begin{pmatrix}-2 & 0 & \frac{1}{2}\\ 0 & -1 & -\frac{1}{2}\\ 1 & 1 & \frac{1}{2}\end{pmatrix}\begin{pmatrix}x_1\\ x_2\\ x_3\end{pmatrix}$$

5.3 线性变换

从一个线性空间到另一个线性空间的线性映射在数学中扮演着重要角色. 本节将介绍这类映射的相关理论.

5.3.1 线性变换的定义

定义 5.3.1 设 T 是一个将线性空间 A 映射到线性空间 B 的映射，若对所有 $\boldsymbol{\alpha}_1$，$\boldsymbol{\alpha}_2\in \boldsymbol{A}$ 及所有的标量 R_1，$R_2\in\mathbf{R}$，有

$$T(k_1\boldsymbol{\alpha}_1+k_2\boldsymbol{\alpha}_2)=k_1T(\boldsymbol{\alpha}_1)+k_2T(\boldsymbol{\alpha}_2)$$

则称 T 为线性变换.

如果线性空间 A 和 B 是相同的，则称线性变换 T：$V_n\to V_n$ 为 V_n 上的线性变换.

下面只讨论线性空间 V_n 中的线性变换.

例 5.3.1 令 T 为一个映射，定义：

$$T(\boldsymbol{x})=3\boldsymbol{x}$$

其中，$\boldsymbol{x}\in\mathbf{R}^2$. 由于

$$T(k\boldsymbol{x})=3k\boldsymbol{x}=k(3\boldsymbol{x})=kT(\boldsymbol{x})$$

及

$$T(\boldsymbol{x}+\boldsymbol{y})=3(\boldsymbol{x}+\boldsymbol{y})=(3\boldsymbol{x})+(3\boldsymbol{y})=T(\boldsymbol{x})+T(\boldsymbol{y})$$

所以 T 为线性变换.

例 5.3.2 设 T 为一映射，且对每一 $\mathbf{R}^2$ 中的 $\boldsymbol{x}=(x_1, x_2)^{\mathrm{T}}$，$T(\boldsymbol{x})=(x_1, -x_2)^{\mathrm{T}}$. 由于

$$T(k_1\boldsymbol{x}+k_2\boldsymbol{y})=\begin{pmatrix} k_1x_1+k_2y_1 \\ -(k_1x_2+k_2y_2) \end{pmatrix}$$
$$=k_1\begin{pmatrix} x_1 \\ -x_2 \end{pmatrix}+k_2\begin{pmatrix} y_1 \\ -y_2 \end{pmatrix}$$
$$=k_1T(\boldsymbol{x})+k_2T(\boldsymbol{y})$$

因此，T 是线性变换.

例 5.3.3 定义映射

$$T(\boldsymbol{x})=(x_1^2+x_2^2)^{\frac{1}{2}}$$

由于

$$T(k\boldsymbol{x})=(k^2x_1^2+k^2x_2^2)^{\frac{1}{2}}=|k|T(\boldsymbol{x})$$

则有

$$kT(\boldsymbol{x})\neq T(k\boldsymbol{x})$$

其中，$k<0$ 且 $\boldsymbol{x}\neq\boldsymbol{0}$. 因此，$T$ 不是线性变换.

例 5.3.4 定义 $\mathbf{R}^2\rightarrow\mathbf{R}^3$ 的映射

$$T(\boldsymbol{x})=(x_2, x_1, x_1+x_2)^{\mathrm{T}}$$

因为

$$T(k\boldsymbol{x})=(kx_2, kx_1, kx_1+kx_2)^{\mathrm{T}}=kT(\boldsymbol{x})$$

及

$$T(\boldsymbol{x}+\boldsymbol{y})=(x_2+y_2, x_1+y_1, x_1+y_1+x_2+y_2)^{\mathrm{T}}$$
$$=(x_2, x_1, x_1+x_2)^{\mathrm{T}}+(y_2, y_1, y_1+y_2)^{\mathrm{T}}$$
$$=T(\boldsymbol{x})+T(\boldsymbol{y})$$

注意到，若定义矩阵

$$\boldsymbol{A}=\begin{pmatrix} 0 & 1 \\ 1 & 0 \\ 1 & 1 \end{pmatrix}$$

则 $\forall\,\boldsymbol{x}\in\mathbf{R}^2$，有

$$T(\boldsymbol{x})=\begin{pmatrix} x_2 \\ x_1 \\ x_1+x_2 \end{pmatrix}=\boldsymbol{A}\boldsymbol{x}$$

一般地，若 $\boldsymbol{A}$ 为任一 $m\times n$ 矩阵，定义从 $\mathbf{R}^n$ 到 $\mathbf{R}^m$ 的线性变换 $T_{\boldsymbol{A}}$，对 $\forall\,\boldsymbol{x}\in\mathbf{R}^n$，有

$$T_{\boldsymbol{A}}(\boldsymbol{x})=\boldsymbol{A}\boldsymbol{x}$$
$$T_{\boldsymbol{A}}(k_1\boldsymbol{x}+k_2\boldsymbol{y})=\boldsymbol{A}(k_1\boldsymbol{x}+k_2\boldsymbol{y})$$
$$=k_1\boldsymbol{A}\boldsymbol{x}+k_2\boldsymbol{A}\boldsymbol{y}$$
$$=k_1T_{\boldsymbol{A}}(\boldsymbol{x})+k_2T_{\boldsymbol{A}}(\boldsymbol{y})$$

由此，任一 $m\times n$ 矩阵 $\boldsymbol{A}$ 定义了一个从 $\mathbf{R}^n$ 到 $\mathbf{R}^m$ 的线性变换.

若 T 为从一线性空间 V 到线性空间 W 的线性变换，则

(1) $T(\mathbf{0}_V)=\mathbf{0}_W$(其中 $\mathbf{0}_V$ 和 $\mathbf{0}_W$ 分别为 V 和 W 中的零向量)；

(2) 若 $\boldsymbol{\alpha}_1$，$\boldsymbol{\alpha}_2$，…，$\boldsymbol{\alpha}_n$ 为 V 中的元素，且 k_1，k_2，…，k_n 为标量，则

$$T(k_1\boldsymbol{\alpha}_1+k_2\boldsymbol{\alpha}_2+\cdots+k_n\boldsymbol{\alpha}_n)=k_1T(\boldsymbol{\alpha}_1)+k_2T(\boldsymbol{\alpha}_2)+\cdots+k_nT(\boldsymbol{\alpha}_n)$$

(3) 对所有的 $\boldsymbol{\alpha}\in V$，有 $T(-V)=-T(V)$；

(4) 线性变换 T 的像集 $T(V_n)$是一个线性空间(V_n 的子空间)，称为线性变换 T 的像空间；

(5) 使 $T\boldsymbol{\alpha}=\mathbf{0}$ 的 $\boldsymbol{\alpha}$ 的全体

$$S_T=\{\boldsymbol{\alpha}\,|\,\boldsymbol{\alpha}\in V_n,\ T\boldsymbol{\alpha}=\mathbf{0}\}$$

也是 V_n 的子空间，S_T 称为线性变换 T 的核.

5.3.2 线性变换的矩阵表示

例 5.3.5 证明了任一 $m\times n$ 矩阵 $\boldsymbol{A}$ 都定义了一个从 $\mathbf{R}^n$ 到 $\mathbf{R}^m$ 的线性变换 $T_{\boldsymbol{A}}$，其中

$$T_{\boldsymbol{A}}(\boldsymbol{x})=\boldsymbol{A}\boldsymbol{x}$$

对每一个 $\boldsymbol{x}\in\mathbf{R}^n$ 都成立. 下面将讨论从 $\mathbf{R}^n$ 到 $\mathbf{R}^m$ 的线性变换 T，存在一个 $m\times n$ 矩阵 $\boldsymbol{A}$，使

$$T(\boldsymbol{x})=\boldsymbol{A}\boldsymbol{x}$$

并将任意有限维空间上的线性变换表示为一个矩阵.

定理 5.3.1 若 T 是从 $\mathbf{R}^n$ 到 $\mathbf{R}^m$ 的线性变换，则存在一个 $m\times n$ 矩阵 $\boldsymbol{A}$，使得对每一 $\boldsymbol{x}\in\mathbf{R}^n$，有

$$T(\boldsymbol{x})=\boldsymbol{A}\boldsymbol{x}$$

且 $\boldsymbol{A}$ 的第 j 个列向量为

$$\boldsymbol{\alpha}_j=T(\boldsymbol{e}_j),\ j=1,\ 2,\ \cdots,\ n$$

证 对 $j=1$，2，…，n，定义 $\boldsymbol{\alpha}_j=T(\boldsymbol{e}_j)$，并令 $\boldsymbol{A}=(\boldsymbol{\alpha}_{ij})=(\boldsymbol{\alpha}_1,\ \boldsymbol{\alpha}_2,\ \cdots,\ \boldsymbol{\alpha}_n)$. 若

$$\boldsymbol{x}=x_1\boldsymbol{e}_1+x_2\boldsymbol{e}_2+\cdots+x_n\boldsymbol{e}_n$$

为 $\mathbf{R}^n$ 中的任意元素，则

$$\begin{aligned}T(\boldsymbol{x})&=x_1T(\boldsymbol{e}_1)+x_2T(\boldsymbol{e}_2)+\cdots+x_nT(\boldsymbol{e}_n)\\&=x_1\boldsymbol{\alpha}_1+x_2\boldsymbol{\alpha}_2+\cdots+x_n\boldsymbol{\alpha}_n\\&=(\boldsymbol{\alpha}_1,\ \boldsymbol{\alpha}_2,\ \cdots,\ \boldsymbol{\alpha}_n)\begin{pmatrix}x_1\\x_2\\\vdots\\x_n\end{pmatrix}=\boldsymbol{A}\boldsymbol{x}\end{aligned}$$

例 5.3.6 对 $\forall\,\boldsymbol{x}\in\mathbf{R}^3$，定义从 $\mathbf{R}^3$ 到 $\mathbf{R}^2$ 的线性变换 T：

$$T(\boldsymbol{x})=(x_1+x_2,\ x_2+x_3)^{\mathrm{T}}$$

求矩阵 $\boldsymbol{A}$，使 $\forall\,\boldsymbol{x}\in\mathbf{R}^3$，$T(\boldsymbol{x})=\boldsymbol{A}\boldsymbol{x}$.

解

$$T(\boldsymbol{e}_1)=T(1,0,0)^{\mathrm{T}}=\begin{pmatrix}1\\0\end{pmatrix}$$

$$T(\boldsymbol{e}_2)=T(0,1,0)^{\mathrm{T}}=\begin{pmatrix}1\\1\end{pmatrix}$$

$$T(\boldsymbol{e}_3)=T(0,0,1)^{\mathrm{T}}=\begin{pmatrix}0\\1\end{pmatrix}$$

令 $\boldsymbol{A}=\begin{pmatrix}1&1&0\\0&1&1\end{pmatrix}$，计算得

$$\boldsymbol{A}\boldsymbol{x}=\begin{pmatrix}1&1&0\\0&1&1\end{pmatrix}\begin{pmatrix}x_1\\x_2\\x_3\end{pmatrix}=\begin{pmatrix}x_1+x_2\\x_2+x_3\end{pmatrix}$$

定义 5.3.2 设 T 是线性空间 V_n 中的线性变换，在 V_n 中取定一个基 $\boldsymbol{\alpha}_1,\boldsymbol{\alpha}_2,\cdots,\boldsymbol{\alpha}_n$，如果这个基在 T 下的像为

$$\begin{cases}T(\boldsymbol{\alpha}_1)=a_{11}\boldsymbol{\alpha}_1+a_{21}\boldsymbol{\alpha}_2+\cdots+a_{n1}\boldsymbol{\alpha}_n\\T(\boldsymbol{\alpha}_2)=a_{12}\boldsymbol{\alpha}_1+a_{22}\boldsymbol{\alpha}_2+\cdots+a_{n2}\boldsymbol{\alpha}_n\\\qquad\cdots\cdots\\T(\boldsymbol{\alpha}_n)=a_{1n}\boldsymbol{\alpha}_1+a_{2n}\boldsymbol{\alpha}_2+\cdots+a_{nn}\boldsymbol{\alpha}_n\end{cases}$$

记 $T(\boldsymbol{\alpha}_1,\boldsymbol{\alpha}_2,\cdots,\boldsymbol{\alpha}_n)=(T(\boldsymbol{\alpha}_1),T(\boldsymbol{\alpha}_2),\cdots,T(\boldsymbol{\alpha}_n))$，上式可表示为

$$T(\boldsymbol{\alpha}_1,\boldsymbol{\alpha}_2,\cdots,\boldsymbol{\alpha}_n)=(\boldsymbol{\alpha}_1,\boldsymbol{\alpha}_2,\cdots,\boldsymbol{\alpha}_n)\boldsymbol{A}$$

其中

$$\boldsymbol{A}=\begin{pmatrix}\alpha_{11}&\alpha_{12}&\cdots&\alpha_{1n}\\a_{21}&a_{22}&\cdots&a_{2n}\\\vdots&\vdots&&\vdots\\a_{n1}&a_{n2}&\cdots&a_{nn}\end{pmatrix}$$

则 $\boldsymbol{A}$ 称为线性变换 T 在基 $\boldsymbol{\alpha}_1,\boldsymbol{\alpha}_2,\cdots,\boldsymbol{\alpha}_n$ 下的矩阵.

V_n 中任意元素记为 $\boldsymbol{\alpha}=\sum\limits_{i=1}^{n}x_i\boldsymbol{\alpha}_i$，有

$$\begin{aligned}T\left(\sum_{i=1}^{n}x_i\boldsymbol{\alpha}_i\right)&=\sum_{i=1}^{n}x_iT(\boldsymbol{\alpha}_i)\\&=(T(\boldsymbol{\alpha}_1),T(\boldsymbol{\alpha}_2),\cdots,T(\boldsymbol{\alpha}_n))\begin{pmatrix}x_1\\x_2\\\vdots\\x_n\end{pmatrix}\\&=(\boldsymbol{\alpha}_1,\boldsymbol{\alpha}_2,\cdots,\boldsymbol{\alpha}_n)\boldsymbol{A}\begin{pmatrix}x_1\\x_2\\\vdots\\x_n\end{pmatrix}\end{aligned}$$

即

$$T\left[(\boldsymbol{\alpha}_1, \boldsymbol{\alpha}_2, \cdots, \boldsymbol{\alpha}_n)\begin{pmatrix}x_1\\x_2\\\vdots\\x_n\end{pmatrix}\right]=(\boldsymbol{\alpha}_1, \boldsymbol{\alpha}_2, \cdots, \boldsymbol{\alpha}_n)\mathbf{A}\begin{pmatrix}x_1\\x_2\\\vdots\\x_n\end{pmatrix} \tag{5.3.1}$$

由式(5.3.1)可见，$\boldsymbol{\alpha}$ 与 $T(\boldsymbol{\alpha})$ 在基 $\boldsymbol{\alpha}_1, \boldsymbol{\alpha}_2, \cdots, \boldsymbol{\alpha}_n$ 下的坐标分别为

$$\boldsymbol{\alpha}=\begin{pmatrix}x_1\\x_2\\\vdots\\x_n\end{pmatrix}, \quad T(\boldsymbol{\alpha})=\mathbf{A}\begin{pmatrix}x_1\\x_2\\\vdots\\x_n\end{pmatrix}$$

即按坐标表示，有

$$T(\boldsymbol{\alpha})=\mathbf{A}\boldsymbol{\alpha}$$

例 5.3.7　令 T 为 $\mathbf{R}^2$ 到其自身的线性变换，定义为

$$T(k_1\boldsymbol{\alpha}_1+k_2\boldsymbol{\alpha}_2)=(k_1+k_2)\boldsymbol{\alpha}_1+2k_2\boldsymbol{\alpha}_2$$

其中 $\boldsymbol{\alpha}_1=\begin{pmatrix}1\\1\end{pmatrix}$，$\boldsymbol{\alpha}_2=\begin{pmatrix}-1\\1\end{pmatrix}$ 为 $\mathbf{R}^2$ 中的有序基，求 T 相应于 $(\boldsymbol{\alpha}_1, \boldsymbol{\alpha}_2)$ 的表示矩阵 $\mathbf{A}$.

解　由于

$$T(\boldsymbol{\alpha}_1)=1\boldsymbol{\alpha}_1+0\boldsymbol{\alpha}_2$$
$$T(\boldsymbol{\alpha}_2)=1\boldsymbol{\alpha}_1+2\boldsymbol{\alpha}_2$$

因此，$\mathbf{A}=\begin{pmatrix}1 & 1\\0 & 2\end{pmatrix}$.

习　题　5

1. 证明 $\mathbf{0}$ 元素在线性空间中是唯一的.

2. 设 V 为向量空间，并令 $\boldsymbol{x}\in V$，证明：

(1) 对任一标量 λ，$\lambda\mathbf{0}=\mathbf{0}$；

(2) 若 $\lambda\boldsymbol{x}=\mathbf{0}$，则 $\lambda=0$ 或 $\boldsymbol{x}=\mathbf{0}$.

3. 设 V 为所有有序实数对的集合，并定义加法为

$$(x_1, x_2)+(y_1, y_2)=(x_1+y_1, x_2+y_2)$$

标量乘法为

$$\lambda(x_1, x_2)=(\lambda x_1, x_2)$$

证明 V 是否构成线性空间.

4. 若

$$\boldsymbol{\alpha}_1=\begin{pmatrix}1\\1\\1\end{pmatrix}, \boldsymbol{\alpha}_2=\begin{pmatrix}2\\3\\2\end{pmatrix}, \boldsymbol{\alpha}_3=\begin{pmatrix}1\\5\\4\end{pmatrix}$$

$$\boldsymbol{\beta}_1=\begin{pmatrix}1\\1\\0\end{pmatrix}, \boldsymbol{\beta}_2=\begin{pmatrix}1\\2\\0\end{pmatrix}, \boldsymbol{\beta}_3=\begin{pmatrix}1\\2\\1\end{pmatrix}$$

则 $\boldsymbol{E}=(\boldsymbol{\alpha}_1, \boldsymbol{\alpha}_2, \boldsymbol{\alpha}_3)$ 和 $\boldsymbol{F}=(\boldsymbol{\beta}_1, \boldsymbol{\beta}_2, \boldsymbol{\beta}_3)$ 是 $\mathbf{R}^3$ 的有序基. 令

$$\boldsymbol{x}=3\boldsymbol{\alpha}_1+2\boldsymbol{\alpha}_2-\boldsymbol{\alpha}_3, \quad \boldsymbol{y}=\boldsymbol{\alpha}_1-3\boldsymbol{\alpha}_2+2\boldsymbol{\alpha}_3$$

求从 $\boldsymbol{E}$ 到 $\boldsymbol{F}$ 的过渡矩阵，并用它求 $\boldsymbol{x}$ 和 $\boldsymbol{y}$ 相应于有序基 $\boldsymbol{F}$ 的坐标.

5. 令

$$\boldsymbol{v}_1=\begin{pmatrix}1\\2\end{pmatrix}, \boldsymbol{v}_2=\begin{pmatrix}2\\3\end{pmatrix}, \boldsymbol{S}=\begin{pmatrix}3 & 5\\1 & -2\end{pmatrix}$$

求 $\boldsymbol{w}_1$ 和 $\boldsymbol{w}_2$，使得 $\boldsymbol{S}$ 为从 $(\boldsymbol{w}_1, \boldsymbol{w}_2)$ 到 $(\boldsymbol{v}_1, \boldsymbol{v}_2)$ 的过渡矩阵.

6. 在 $\mathbf{R}^3$ 中求向量 $\boldsymbol{a}=(3, 7, 1)^{\mathrm{T}}$ 在基 $\boldsymbol{\alpha}_1=(1, 3, 5)^{\mathrm{T}}$，$\boldsymbol{\alpha}_2=(6, 3, 2)^{\mathrm{T}}$，$\boldsymbol{\alpha}_3=(3, 1, 0)^{\mathrm{T}}$ 下的坐标.

7. $\mathbf{R}^3$ 中，线性变换 T 定义为 $T(x, y, z)^{\mathrm{T}}=(x, y, 0)^{\mathrm{T}}$.

(1) 取基 $\boldsymbol{\varepsilon}_1=(1, 0, 0)^{\mathrm{T}}$，$\boldsymbol{\varepsilon}_2=(0, 1, 0)^{\mathrm{T}}$，$\boldsymbol{\varepsilon}_3=(0, 0, 1)^{\mathrm{T}}$，求 T 在此基下的矩阵；

(2) 取基 $\boldsymbol{\alpha}_1=\boldsymbol{\varepsilon}_1$，$\boldsymbol{\alpha}_2=\boldsymbol{\varepsilon}_2$，$\boldsymbol{\alpha}_3=(1, 1, 1)^{\mathrm{T}}$，求 T 在此基下的矩阵.

8. 在 $P[x]_3$ 中，取基 $\boldsymbol{p}_1=x^3$，$\boldsymbol{p}_2=x^2$，$\boldsymbol{p}_3=x$，$\boldsymbol{p}_4=1$，求微分运算 D 的矩阵.

习题 5 参考答案

中篇

复 变 函 数

第6章　复数与复变函数

在高等数学课程中，研究的对象是实变函数，也就是自变量与因变量都是实数的函数，而本章研究的对象是自变量与因变量都是复数的函数，即复变函数. 因此本章在简要复习复数的概念、运算和表示的基础上，先将函数的概念推广到复数域，然后介绍复变函数的极限、连续性、可导性与解析性，最后给出常见的初等解析函数及其性质，为学习后面的内容奠定基础.

6.1　复　　数

6.1.1　复数的概念

复数在实际中有广泛的应用，如电路分析中复电流和复电压都是用复数表示的. 复数的概念起源于求解方程的根. 在初等代数中，方程 $x^2=-1$ 是没有实数根的. 由于实际问题需要，为求解此类方程的根，引入虚数单位 i，规定 $\mathrm{i}^2=-1$，也就是说，i 是方程 $x^2=-1$ 的一个根.

设 x，y 为任意实数，称 $z=x+\mathrm{i}y$ 为复数，其中 x，y 分别称为复数 z 的实部与虚部，记为 $x=\mathrm{Re}(z)$，$y=\mathrm{Im}(z)$. 当 $x=0$，$y\neq 0$ 时，$z=\mathrm{i}y$ 称为纯虚数；当 $y=0$ 时，$z=x$ 为实数.

与 z 实部相同，虚部绝对值相等符号相反的复数，称为 z 的共轭复数，记为 $\bar{z}=x-\mathrm{i}y$. 例如，复数 $z=3+2\mathrm{i}$ 的共轭复数为 $\bar{z}=3-2\mathrm{i}$，且有 $\mathrm{Re}(z)=\mathrm{Re}(\bar{z})=3$，$\mathrm{Im}(\bar{z})=-\mathrm{Im}(z)=-2$.

6.1.2　复数的几何表示

复数 $z=x+\mathrm{i}y$ 与一对有序实数组 (x, y) 一一对应，从而与平面直角坐标系上的点一一对应. 称 x 轴为实轴，y 轴为虚轴，两轴所在平面称为复平面或者 z 平面，可以用复平面上的点来表示复数.

在复平面上，点 z 还与从原点指向点 z 的平面向量一一对应，因此复数 z 也可以用从原点指向点 z 的向量来表示(见图 6.1.1). 向量的长度称为复数 z 的模或绝对值，记作 $|z|$. 当 $z\neq 0$ 时，以正实轴为始边，向量为终边的角的弧度数 θ 称为 z 的辐角，记作 $\mathrm{Arg}\,z$.

显然，复数 z 的模与辐角满足

$$|z|=r=\sqrt{x^2+y^2} \tag{6.1.1}$$

$$\tan(\operatorname{Arg} z)=\frac{y}{x} \tag{6.1.2}$$

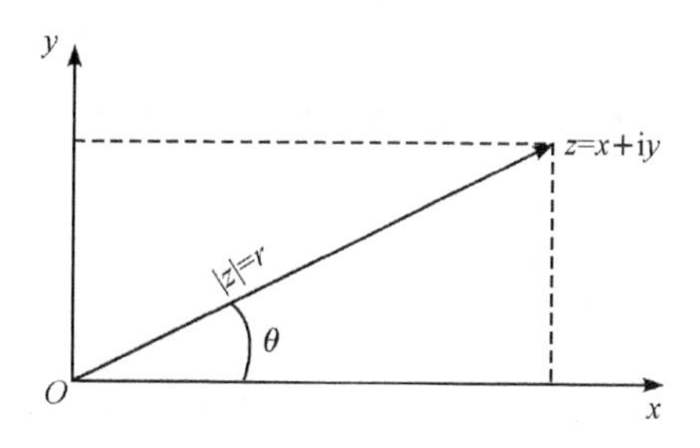

图 6.1.1 复数的向量表示

任意非零复数都有无穷多个辐角，将其中满足 $-\pi<\theta_0\leqslant\pi$ 的角 θ_0 称为 $\operatorname{Arg} z$ 的主值，记作 $\theta_0=\arg z$，那么 $\operatorname{Arg} z=\theta_0+2k\pi$（$k$ 为任意整数）.

当 $z=0$，即 $|z|=0$ 时，辐角不确定；当 $z\neq 0$ 时，其辐角主值可通过解三角方程 $\tan(\arg z)=\dfrac{y}{x}$，$-\pi<\arg z\leqslant\pi$ 来确定：

$$\arg z=\begin{cases}\arctan\dfrac{y}{x}, & x>0,\ y\in\mathbf{R}\\ \pm\dfrac{\pi}{2}, & x=0,\ y\neq 0\\ \arctan\dfrac{y}{x}\pm\pi, & x<0,\ y\neq 0\\ \pi, & x<0,\ y=0\end{cases} \tag{6.1.3}$$

其中，$z\neq 0$，$-\dfrac{\pi}{2}<\arg\dfrac{y}{x}\leqslant\dfrac{\pi}{2}$.

利用直角坐标系与极坐标系的关系：$x=r\cos\theta$，$y=r\sin\theta$，z 的代数式可化为

$$z=r(\cos\theta+\mathrm{i}\sin\theta)$$

称为复数的三角式.

再由欧拉(Euler)公式 $\mathrm{e}^{\mathrm{i}\theta}=\cos\theta+\mathrm{i}\sin\theta$，又可得

$$z=r\mathrm{e}^{\mathrm{i}\theta}$$

称为复数的指数式.

复数的各种表示式，根据需要可以相互转换.

例 6.1.1 求复数 $z=-1-\mathrm{i}\sqrt{3}$ 的模和辐角，并写出它的三角式和指数式.

解 这里 $x=-1$，$y=-\sqrt{3}$，代入式(6.1.1)得模

$$|z|=r=\sqrt{1+3}=2$$

于是由式(6.1.3)，可得辐角主值与辐角分别为

$$\arg z=\arctan\frac{-\sqrt{3}}{-1}-\pi=-\frac{2}{3}\pi,\ \operatorname{Arg} z=-\frac{2}{3}\pi+2k\pi,\ k\text{ 为整数}$$

因此 z 的三角式和指数式分别为

$$z=2\left[\cos\left(-\frac{2}{3}\pi\right)+\mathrm{i}\sin\left(-\frac{2}{3}\pi\right)\right]$$

$$z=2\mathrm{e}^{-\frac{2}{3}\pi\mathrm{i}}$$

6.2 复数的运算

6.2.1 复数的代数运算

设 $z_1=x_1+\mathrm{i}y_1$，$z_2=x_2+\mathrm{i}y_2$，定义 z_1 和 z_2 的四则运算如下：

(1) 和差 $z_1\pm z_2=(x_1\pm x_2)+\mathrm{i}(y_1\pm y_2)$；

(2) 乘积 $z_1\cdot z_2=(x_1x_2-y_1y_2)+\mathrm{i}(x_1y_2+x_2y_1)$；

(3) 商 $\dfrac{z_1}{z_2}=\dfrac{x_1x_2+y_1y_2}{x_2^2+y_2^2}+\mathrm{i}\,\dfrac{x_2y_1-x_1y_2}{x_2^2+y_2^2}\quad(z_2\neq 0)$.

上述运算满足交换律、结合律和分配律：

$$z_1+z_2=z_2+z_1,\quad z_1\cdot z_2=z_2\cdot z_1;$$

$$z_1+(z_2+z_3)=(z_1+z_2)+z_3,\quad z_1(z_2z_3)=(z_1z_2)z_3;$$

$$z_1(z_2+z_3)=z_1z_2+z_1z_3.$$

例 6.2.1 设 $z=\dfrac{\mathrm{i}}{1-\mathrm{i}}$，求 z 的三角式和指数式.

解 z 的代数式表示为

$$z=\frac{\mathrm{i}}{1-\mathrm{i}}=\frac{\mathrm{i}(1+\mathrm{i})}{(1-\mathrm{i})(1+\mathrm{i})}=-\frac{1}{2}+\frac{1}{2}\mathrm{i}$$

易知 $|z|=\dfrac{\sqrt{2}}{2}$，且点 z 位于第二象限，由式(6.1.3)知

$$\arg z=\arctan\left(\frac{\frac{1}{2}}{-\frac{1}{2}}\right)+\pi=\frac{3\pi}{4}$$

从而 z 的三角式为

$$z=\frac{\sqrt{2}}{2}\left(\cos\frac{3}{4}\pi+\mathrm{i}\sin\frac{3}{4}\pi\right)$$

z 的指数式为

$$z=\frac{\sqrt{2}}{2}\mathrm{e}^{\frac{3}{4}\pi\mathrm{i}}$$

6.2.2 共轭复数的运算

由复数的四则运算，很容易得到 $z=x+\mathrm{i}y$ 与其共轭复数 $\bar{z}=x-\mathrm{i}y$ 的以下运算性质：

(1) $\overline{z_1\pm z_2}=\bar{z}_1\pm\bar{z}_2$，$\overline{z_1z_2}=\bar{z}_1\bar{z}_2$，$\overline{\left(\dfrac{z_1}{z_2}\right)}=\dfrac{\bar{z}_1}{\bar{z}_2}$；

(2) $\bar{\bar{z}}=z$；

(3) $z\bar{z}=[\mathrm{Re}(z)]^2+[\mathrm{Im}(z)]^2$；

(4) $z+\bar{z}=2\mathrm{Re}(z)$，$z-\bar{z}=2\mathrm{i}\mathrm{Im}(z)$.

例 6.2.2　设 $z=\dfrac{\mathrm{i}}{3+\mathrm{i}}-\dfrac{1}{\mathrm{i}}$，求 $\mathrm{Re}(z)$，$\mathrm{Im}(z)$及 $z\bar{z}$.

解　$z=\dfrac{\mathrm{i}}{3+\mathrm{i}}-\dfrac{1}{\mathrm{i}}=\dfrac{\mathrm{i}(3-\mathrm{i})}{(3+\mathrm{i})(3-\mathrm{i})}-\dfrac{-\mathrm{i}}{\mathrm{i}(-\mathrm{i})}=\dfrac{3\mathrm{i}+1}{10}+\mathrm{i}=\dfrac{1}{10}+\dfrac{13}{10}\mathrm{i}$

因此

$$\mathrm{Re}(z)=\frac{1}{10},\ \mathrm{Im}(z)=\frac{13}{10},\ z\bar{z}=\left(\frac{1}{10}\right)^2+\left(\frac{13}{10}\right)^2=\frac{17}{10}$$

6.2.3　复数的乘幂与方根

复数的乘、除、乘方和开方运算，采用三角式或指数式往往比代数式更方便. 设非零复数

$$z_1=r_1(\cos\theta_1+\mathrm{i}\sin\theta_1)=r_1\mathrm{e}^{\mathrm{i}\theta_1}$$

$$z_2=r_2(\cos\theta_2+\mathrm{i}\sin\theta_2)=r_2\mathrm{e}^{\mathrm{i}\theta_2}$$

则乘积为

$$z_1z_2=r_1r_2[(\cos(\theta_1+\theta_2)+\mathrm{i}\sin(\theta_1+\theta_2)]=r_1r_2\mathrm{e}^{\mathrm{i}(\theta_1+\theta_2)} \tag{6.2.1}$$

商为

$$\frac{z_1}{z_2}=\frac{r_1}{r_2}[(\cos(\theta_1-\theta_2)+\mathrm{i}\sin(\theta_1-\theta_2)]=\frac{r_1}{r_2}\mathrm{e}^{\mathrm{i}(\theta_1-\theta_2)},\quad z\neq 0 \tag{6.2.2}$$

因此

$$|z_1z_2|=|z_1||z_2|,\quad \left|\frac{z_1}{z_2}\right|=\frac{|z_1|}{|z_2|},\quad z_2\neq 0, \tag{6.2.3}$$

$$\mathrm{Arg}\,(z_1z_2)=\mathrm{Arg}\,z_1+\mathrm{Arg}\,z_2$$

$$\mathrm{Arg}\left(\frac{z_1}{z_2}\right)=\mathrm{Arg}\,z_1-\mathrm{Arg}\,z_2 \tag{6.2.4}$$

根据复数与向量的对应关系，公式(6.2.1)说明：乘积 z_1z_2 的向量是由表示 z_1 旋转一个角度 $\mathrm{Arg}\,z_2$ 并伸长(缩短)到$|z_2|$倍得到的. 特别地，当$|z_2|=1$ 时，乘法就变成了只是旋转，例如：$\mathrm{i}z$ 相当于将 z 所对应的向量沿逆时针方向旋转$\dfrac{\pi}{2}$；$-z$ 相当于将 z 所对应的向量沿逆时针方向旋转 π. 而当 $\arg z_2=0$ 时，乘法就变成了仅仅是伸长(缩短).

公式(6.2.3)说明：两个复数乘积的模等于它们模的乘积；两个复数商的模等于它们模的商.

公式(6.2.4)说明：两个复数乘积的辐角等于它们辐角的和；两个复数商的辐角等于它们辐角的差.

作为乘积的特例，考虑非零复数 z 的正整数次幂 z^n. 设 $z=r\mathrm{e}^{\mathrm{i}\theta}=r(\cos\theta+\mathrm{i}\sin\theta)$，则

$$z^n=r^n\mathrm{e}^{\mathrm{i}n\theta}=r^n(\cos n\theta+\mathrm{i}\sin n\theta) \tag{6.2.5}$$

当 $r=1$ 时，得到棣莫弗(De Moivre)公式：

$$(\cos\theta+\mathrm{i}\sin\theta)^n=\cos n\theta+\mathrm{i}\sin n\theta \tag{6.2.6}$$

利用式(6.2.5)与式(6.2.6)可以求方程 $w^n=z$ 的根 w，$w=\sqrt[n]{z}$ 称为 z 的 n 次方根. 方法如下：

令 $z=r(\cos\theta+\mathrm{i}\sin\theta)$，$w=\rho(\cos\varphi+\mathrm{i}\sin\varphi)$，由式(6.2.5)有

$$\rho^n(\cos n\varphi+\mathrm{i}\sin n\varphi)=r(\cos\theta+\mathrm{i}\sin\theta)$$

于是 $\rho^n=r$，$\cos n\varphi=\cos\theta$，$\sin n\varphi=\sin\theta$，解得

$$\rho=\sqrt[n]{r},\ \varphi=\frac{\theta+2k\pi}{n},\ k\text{ 为任意整数}$$

因此

$$w=r^{\frac{1}{n}}\left(\cos\frac{\theta+2k\pi}{n}+\mathrm{i}\sin\frac{\theta+2k\pi}{n}\right),\ k\text{ 为任意整数} \tag{6.2.7}$$

当 $k=0, 1, 2, \cdots, n-1$ 时，得到 n 个相异的根：

$$w_0=r^{\frac{1}{n}}\left(\cos\frac{\theta}{n}+\mathrm{i}\sin\frac{\theta}{n}\right)$$

$$w_1=r^{\frac{1}{n}}\left(\cos\frac{\theta+2\pi}{n}+\mathrm{i}\sin\frac{\theta+2\pi}{n}\right)$$

$$\vdots$$

$$w_{n-1}=r^{\frac{1}{n}}\left(\cos\frac{\theta+2(n-1)\pi}{n}+\mathrm{i}\sin\frac{\theta+2(n-1)\pi}{n}\right)$$

例 6.2.3 求 $\sqrt[4]{2+2\mathrm{i}}$.

解 因为 $2+2\mathrm{i}=\sqrt{8}\left(\cos\frac{\pi}{4}+\mathrm{i}\sin\frac{\pi}{4}\right)$，所以

$$\sqrt[4]{2+2\mathrm{i}}=\sqrt[8]{8}\left(\cos\frac{\frac{\pi}{4}+2k\pi}{4}+\mathrm{i}\sin\frac{\frac{\pi}{4}+2k\pi}{4}\right)$$

即

$$k=0\text{ 时，}w_0=\sqrt[8]{8}\left(\cos\frac{\pi}{16}+\mathrm{i}\sin\frac{\pi}{16}\right)$$

$$k=1\text{ 时，}w_1=\sqrt[8]{8}\left(\cos\frac{9\pi}{16}+\mathrm{i}\sin\frac{9\pi}{16}\right)$$

$$k=2\text{ 时，}w_2=\sqrt[8]{8}\left(\cos\frac{17\pi}{16}+\mathrm{i}\sin\frac{17\pi}{16}\right)$$

$$k=3\text{ 时，}w_3=\sqrt[8]{8}\left(\cos\frac{25\pi}{16}+\mathrm{i}\sin\frac{25\pi}{16}\right)$$

6.3 复变函数

6.3.1 区域

复平面上集合 $\{z\,|\,|z-z_0|<\delta\}$ 称为 z_0 的 δ 邻域，集合 $\{z\,|\,0<|z-z_0|<\delta\}$ 称为 z_0 的

去心 δ 邻域.

设 G 为一平面点集，z_0 为 G 中任一点. 如果存在 z_0 的一个邻域，该邻域完整包含于 G，那么称 z_0 为 G 的内点. 如果 G 的每一个点都是内点，则称 G 为一个开集.

如果平面点集 D 中任何两点都可以用完全属于 D 的折线连接起来，称 D 是连通的.

连通的开集称为区域.

设 D 是一平面区域. 如果点 P 的任意邻域都既有属于 D 的点，又有不属于 D 的点，这样的点 P 称为 D 的边界点. D 的边界点的集合称为 D 的边界. 区域 D 与其边界的集合构成闭区域，简称闭域，记为 $\overline{D}$.

设曲线 C 为区域 D 内一条连续曲线，如果 C 没有重合的点，称 C 是一条简单曲线或若尔当(Jordan)曲线. 如果简单曲线 C 的起点与终点重合，称 C 为简单闭曲线(见图 6.3.1).

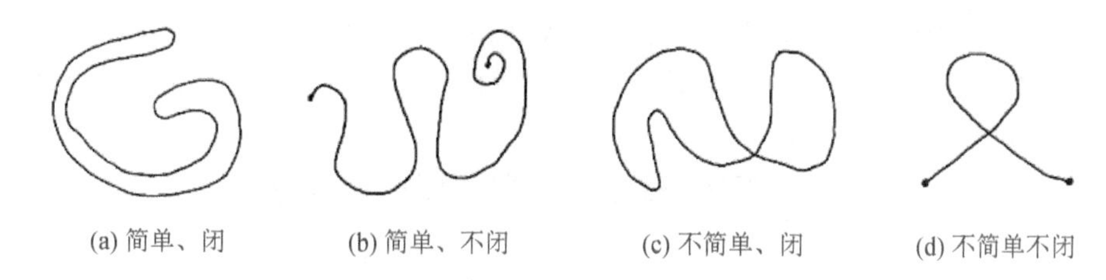

图 6.3.1　连续曲线的四种情形

如果区域 D 中任一简单闭曲线的内部总属于 D，则称 D 是单连通域，否则，称其为多连通(或复连通)的.

显然，单连通域具有这样的特征：任何一条域内的简单闭曲线总可以通过连续的变形缩为区域内一点，多连通域不具备这样的特征.

6.3.2　复变函数

1. 复变函数的概念

定义 6.3.1　设 G 为复平面上一个点集. 如果存在法则 f，G 中每一个复数 $z=x+\mathrm{i}y$ 按照法则 f 都与一个或几个复数 $w=u+\mathrm{i}v$ 对应，那么称复变数 w 是复变数 z 的函数，简称复变函数，记作 $w=f(z)$.

集合 G 称为 $f(z)$的定义域，G 中所有 z 对应的一切 w 值构成的集合 G^* 称为函数的值域.

如果 z 对应一个 w，称 $f(z)$是单值的；如果 z 对应两个或两个以上 w，称 $f(z)$是多值的，如 $w=\sqrt[3]{z}$. 如无特殊说明，以后的讨论中，$f(z)$均为单值函数.

对复变函数 $w=f(z)=u+\mathrm{i}v$，由于 $z=x+\mathrm{i}y$ 是由一对有序实数(x, y)决定的，从而 u，v 也是由(x, y)决定的，即 $u=u(x, y)$，$v=v(x, y)$，也就是说

$$w=f(z)=u(x, y)+\mathrm{i}v(x, y)$$

这说明复变函数 $f(z)$是与一对有序实变二元函数$(u(x, y), v(x, y))$对应的. 如 $w=z^2$. 令 $z=x+\mathrm{i}y$，$w=u+\mathrm{i}v$，那么 $u+\mathrm{i}v=(x+\mathrm{i}y)^2=x^2-y^2+2xy\mathrm{i}$，因而 $u=x^2-y^2$，$v=2xy$.

2. 映射

实变函数的函数关系可以通过几何图形直观表示，对于复变函数，由于它反映了两对变量的对应关系，因而无法用同一个平面内的几何图形表示出来，必须把它看成两个复平面上的点集之间的对应关系.

如果记自变量 z 和因变量 w 所在的复平面分别为 z 平面和 w 平面，那么函数 $w=f(z)$在几何上就可以看作把 z 平面上的一个点集 G(定义域)变到 w 平面上的一个点集 G^*(值域)的一个映射，简称为由函数 $w=f(z)$所构成的映射. 若 G 中的点 z 被 $w=f(z)$映射成 G^* 中的点 w，则称 G^* 和 w 分别为 G 和 z 的像，而称 G 和 z 分别为 G^* 和 w 的原像.

特别地，当上述映射所给的 G 中的点 z 到 G^* 中点 w 之间的对应是一一对应时，称该映射为定义在 G 上的一一映射(或双射)，这时函数 $w=f(z)$为单值函数，且对于 G^* 中的每一点 w，在 G 中有唯一的点 z 与之对应，使 $w=f(z)$，从而定义了集合 G^* 上的一个函数 $z=\varphi(w)$，称它为函数 $w=f(z)$的反函数(也是单值函数)，或者映射 $w=f(z)$的逆映射.

6.4 复变函数的极限与连续性

6.4.1 复变函数的极限

定义 6.4.1 设函数 $w=f(z)$在 z_0 的去心邻域 $0<|z-z_0|<\rho$ 内有定义. 如果存在确定的数 A，满足对任意给定的 $\varepsilon>0$，存在 δ，$0<\delta\leqslant\rho$，使得当 $0<|z-z_0|<\delta$ 时，有

$$|f(z)-A|<\varepsilon$$

则称 A 为 $f(z)$在 $z\to z_0$ 时的极限，记作 $\lim\limits_{z\to z_0}f(z)=A$，或者记为当 $z\to z_0$ 时，$f(z)\to A$(见图 6.4.1).

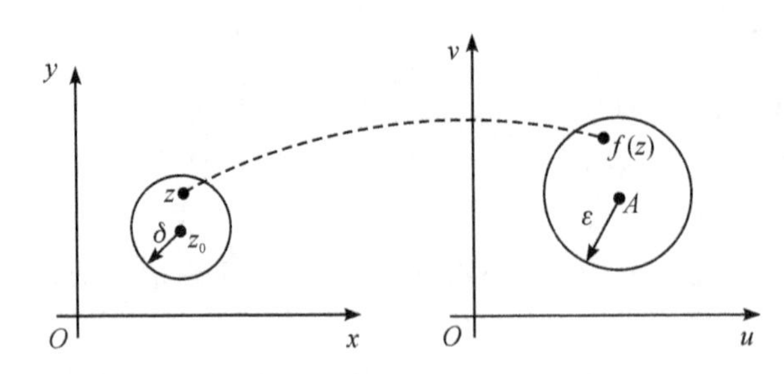

图 6.4.1 复变函数的极限

其几何意义是当变点 z 一旦进入 z_0 的充分小的 δ 去心邻域时，它的像点 $f(z)$就落入 A 的预先给定的 ε 邻域中. 这与一元实函数的极限的几何意义十分相似，只是这里用圆域代替了那时的邻域.

由于复变函数 $f(z)=u(x, y)+\mathrm{i}v(x, y)$，$z\to z_0$ 对应$(x, y)\to(x_0, y_0)$，从而

$$\begin{aligned}\lim_{z\to z_0}f(z)&=\lim_{(x, y)\to(x_0, y_0)}[u(x, y)+\mathrm{i}v(x, y)]\\&=\lim_{\substack{x\to x_0\\y\to y_0}}u(x, y)+\mathrm{i}\lim_{\substack{x\to x_0\\y\to y_0}}v(x, y)\end{aligned}\tag{6.4.1}$$

这样复变函数 $w=f(z)$ 的极限问题就转化为两个二元实变函数 $u=u(x,y)$，$v=v(x,y)$ 的极限问题.

设 $\lim\limits_{z\to z_0}f(z)=A$，$\lim\limits_{z\to z_0}g(z)=B$，不难证明，复变函数具有如下运算法则：

(1) $\lim\limits_{z\to z_0}[f(z)\pm g(z)]=A\pm B$；

(2) $\lim\limits_{z\to z_0}f(z)g(z)=AB$；

(3) 若 $B\neq 0$，$\lim\limits_{z\to z_0}\dfrac{f(z)}{g(z)}=\dfrac{A}{B}$.

6.4.2　复变函数的连续性

定义 6.4.2　若 $\lim\limits_{z\to z_0}f(z)=f(z_0)$，则称 $f(z)$ 在 z_0 是连续的. 如果 $f(z)$ 在区域 D 内处处连续，称 $f(z)$ 在 D 内连续.

由式(6.4.1)，$f(z)=u(x,y)+\mathrm{i}v(x,y)$ 在 $z_0=x_0+\mathrm{i}y_0$ 处连续的充要条件是二元函数 $u=u(x,y)$，$v=v(x,y)$ 在点 (x_0,y_0) 连续. 例如函数 $f(z)=\dfrac{1}{x-y}+2xy\mathrm{i}$ 在平面上除直线 $x=y$ 外，处处连续.

需要注意的是，$f(z)$ 在曲线 C 上 z_0 处连续的意义是指 $\lim\limits_{z\to z_0}f(z)=f(z_0)$，$z\in C$.

在闭曲线或包括端点在内的曲线段上连续的函数 $f(z)$，在曲线上是有界的.

6.5　解析函数

6.5.1　复变函数的导数与微分

1. 导数的定义

定义 6.5.1　设函数 $w=f(z)$ 在 z_0 处某邻域内有定义，如果极限 $\lim\limits_{z\to z_0}\dfrac{f(z)-f(z_0)}{z-z_0}$ 存在，则称函数 $w=f(z)$ 在 z_0 处可导，极限值称为 $w=f(z)$ 在 z_0 的导数，记为

$$f'(z_0)=\left.\frac{\mathrm{d}w}{\mathrm{d}z}\right|_{z=z_0}=\lim_{z\to z_0}\frac{f(z)-f(z_0)}{z-z_0}$$

如果 $f(z)$ 在 D 区域内处处可导，则称 $f(z)$ 在 D 内可导.

记 $\Delta w=f(z)-f(z_0)$，$\Delta z=z-z_0$，那么得到等价定义

$$f'(z_0)=\lim_{\Delta z\to 0}\frac{\Delta w}{\Delta z}=\lim_{\Delta z\to 0}\frac{f(z_0+\Delta z)-f(z_0)}{\Delta z}$$

这个定义形式上与一元实变函数的导数定义一样，但事实上定义要求 $z\to z_0$ 的方式是任意的，这一限制要比一元实变函数导数的限制严格得多，从而使复变函数具有很多独特的性质.

例 6.5.1　求 $f(z)=z^n$ 的导数.

解 因为

$$\lim_{\Delta z\to 0}\frac{(z+\Delta z)^n-z^n}{\Delta z}=\lim_{\Delta z\to 0}\left[nz^{n-1}+\frac{n(n-1)}{2}z^{n-2}\Delta z+\cdots+(\Delta z)^{n-1}\right]=nz^{n-1}$$

所以 $f'(z)=nz^{n-1}$.

例 6.5.2 证明 $f(z)=x+2y\mathrm{i}$ 在复平面内处处连续，但处处不可导.

证 设 $f(z)=u+\mathrm{i}v$，则 $u=x$，$v=2y$. 因为 u，v 在复平面内处处连续，所以 $f(z)=x+2y\mathrm{i}$ 在复平面内处处连续. 又

$$\lim_{\Delta z\to 0}\frac{f(z+\Delta z)-f(z)}{\Delta z}=\lim_{(\Delta x,\,\Delta y)\to(0,\,0)}\frac{[(x+\Delta x)+2(y+\Delta y)\mathrm{i}]-(x+2y\mathrm{i})}{\Delta x+\mathrm{i}\Delta y}$$

$$=\lim_{(\Delta x,\,\Delta y)\to(0,\,0)}\frac{\Delta x+2\Delta y\mathrm{i}}{\Delta x+\mathrm{i}\Delta y}$$

当 Δz 沿 $\Delta y=k\Delta x$ 趋于 0 时，上式极限为 $\frac{1+2k\mathrm{i}}{1+k\mathrm{i}}$，与 k 有关，所以 $\lim\limits_{\Delta z\to 0}\frac{f(z+\Delta z)-f(z)}{\Delta z}$ 对任意复数 z 都不存在，故 $f(z)=x+2y\mathrm{i}$ 在复平面内处处不可导.

2. 求导法则

因为复变函数的导数定义与极限运算法则和一元实变函数形式上是相同的，所以一元实变函数的求导法则也可以推广到复变函数中. 具体如下：

(1) $(C)'=0$，C 为常数；

(2) $(z^n)'=nz^{n-1}$，n 为正整数；

(3) $[f(z)\pm g(z)]'=f'(z)\pm g'(z)$；

(4) $[f(z)g(z)]'=f'(z)g(z)+f(z)g'(z)$；

(5) 当 $g(z)\neq 0$ 时，$\left[\frac{f(z)}{g(z)}\right]'=\frac{f'(z)g(z)-f(z)g'(z)}{g^2(z)}$；

(6) $[f(g(z))]'=f'(g(z))g'(z)$；

(7) $f'(z)=\frac{1}{\varphi'(w)}$，其中 $z=\varphi(w)$ 与 $w=f(z)$ 是互为反函数的单值函数，并且 $\varphi'(w)\neq 0$.

例 6.5.3 设 $f(z)=\frac{z}{1-z}$，求 $f'(z)$，$f'(\mathrm{i})$.

解

$$f'(z)=\frac{z'(1-z)-z(1-z)'}{(1-z)^2}=\frac{1-z+z}{(1-z)^2}=\frac{1}{(1-z)^2}$$

$$f'(\mathrm{i})=\frac{1}{(1-\mathrm{i})^2}=\frac{\mathrm{i}}{2}$$

3. 微分

和导数一样，复变函数的微分在形式上与一元函数的微分也是一样的.

由导数定义知，函数 $w=f(z)$ 在 z_0 可导等价于

$$\Delta w=f(z_0+\Delta z)-f(z_0)=f'(z_0)\Delta z+\rho(\Delta z)\Delta z$$

式中，$f'(z_0)\Delta z$ 是函数改变量 Δw 的线性主部，而 $|\rho(\Delta z)\Delta z|$ 是 $|\Delta z|$ 的高阶无穷小.

设 $w=f(z)$ 在 z_0 可导，那么 $f'(z_0)\Delta z$ 称为 $f(z)$ 在点 z_0 的微分，记作 $\mathrm{d}w$. 如果 $f(z)$ 在区域 D 内处处可微，称 $f(z)$ 在 D 内可微.

6.5.2　解析函数的概念

定义 6.5.2　如果函数 $f(z)$在 z_0 及 z_0 的邻域内处处可导，则称 $f(z)$在 z_0 解析. 如果 $f(z)$在区域 D 内每一点解析，则称 $f(z)$在区域 D 内解析，或称 $f(z)$是区域 D 内的解析函数(全纯函数或者正则函数).

若函数 $f(z)$在点 z_0 不解析，则称 z_0 为 $f(z)$的奇点.

由定义可知，函数在一点处解析比在该点处可导的要求要高得多，同时，函数在区域内解析与在该区域内可导是等价的. 根据求导法则，不难证明解析函数具有如下性质：

(1) 区域 D 内的两个解析函数的和、差、积、商(除去分母为零的点)在 D 内解析；

(2) 设函数 $h=g(z)$在 z 平面的区域 D 内解析，函数 $w=f(h)$在 h 平面的区域 G 内解析. 如果对 D 中的每一点 z，函数 $g(z)$的对应值 h 都属于 G，那么复合函数 $w=f(g(z))$是 D 内的解析函数.

由此可见，多项式在复平面内处处解析，有理分式$\dfrac{P(z)}{Q(z)}$在不含分母零点的区域内解析，分母的零点即为它的奇点.

例 6.5.4　求 $f(z)=\dfrac{z+\mathrm{i}}{\mathrm{i}z^2(z^2+1)}$的奇点.

解　令 $\mathrm{i}z^2(z^2+1)=0$，解得 $z=0$，$\pm\mathrm{i}$，从而 $f(z)=\dfrac{z+\mathrm{i}}{\mathrm{i}z^2(z^2+1)}$的奇点为 0，$\pm\mathrm{i}$.

例 6.5.5　讨论函数 $f(z)=\dfrac{1}{z}$的解析性.

解　利用导数定义，当 $z\neq 0$ 时，有

$$f'(z)=\lim_{\Delta z\to 0}\frac{\dfrac{1}{z+\Delta z}-\dfrac{1}{z}}{\Delta z}=\lim_{\Delta z\to 0}\frac{-1}{z(z+\Delta z)}=-\frac{1}{z^2}$$

即 $f(z)$在复平面上除去点 $z=0$ 的区域内处处可导，因而解析. 但在点 $z=0$ 处，$f(z)$无定义，当然不可导，所以 $z=0$ 是 $f(z)=\dfrac{1}{z}$的奇点.

6.5.3　函数解析的充要条件

由于解析函数是复变函数研究的主要对象，所以如何判断一个函数是否解析是十分重要的，但是如果只根据定义判断函数的解析性往往是困难的. 因此，需要寻找判定函数解析的简便方法.

设函数 $w=f(z)=u(x, y)+\mathrm{i}v(x, y)$在其定义域 D 内解析，从而它在 D 内任意一点 $z=x+\mathrm{i}y$ 可导，则

$$\Delta w=f(z_0+\Delta z)-f(z_0)=f'(z_0)\Delta z+\rho(\Delta z)\Delta z$$

其中$\lim\limits_{\Delta z\to 0}\rho(\Delta z)=0$. 令

$$f'(z)=a+\mathrm{i}b,\ \Delta z=\Delta x+\mathrm{i}\Delta y,\ \Delta w=\Delta u+\mathrm{i}\Delta v,\ \rho(\Delta z)=\rho_1+\mathrm{i}\rho_2$$

则

$$\Delta u + i\Delta v = (a + ib)(\Delta x + i\Delta y) + (\rho_1 + i\rho_2)(\Delta x + i\Delta y)$$
$$= a\Delta x - b\Delta y + \rho_1\Delta x - \rho_2\Delta y + i(b\Delta x + a\Delta y + \rho_2\Delta x + \rho_1\Delta y)$$

由两个复数相等的条件知

$$\begin{cases}\Delta u = a\Delta x - b\Delta y + \rho_1\Delta x - \rho_2\Delta y \\ \Delta v = b\Delta x + a\Delta y + \rho_2\Delta x + \rho_1\Delta y\end{cases} \tag{6.5.1}$$

又当 $\Delta z \to 0$ 时，$\rho(\Delta z) \to 0$，等价于 $\Delta x \to 0$，$\Delta y \to 0$ 时，$\rho_1 \to 0$，$\rho_2 \to 0$，即 $\rho_1\Delta x - \rho_2\Delta y$ 和 $\rho_2\Delta x + \rho_1\Delta y$ 是比 $|\Delta z|$ 更高阶的无穷小.

由二元函数微分的定义知，等式组(6.5.1)等价于函数 $u(x, y)$ 和 $v(x, y)$ 在点 (x, y) 可微，且在该点处有

$$u_x = v_y = a, \; u_y = -v_x = -b$$

这便是函数 $f(z) = u(x, y) + iv(x, y)$ 在区域 D 内解析的必要条件.

方程

$$\frac{\partial u}{\partial x} = \frac{\partial v}{\partial y}, \; \frac{\partial u}{\partial y} = -\frac{\partial v}{\partial x} \tag{6.5.2}$$

称为柯西-黎曼(Cauchy-Riemann)方程(简称 C-R 方程).

事实上，这个条件也是充分的，于是有

定理 6.5.1 函数 $f(z) = u(x, y) + iv(x, y)$ 在定义域中的点 $z = x + iy$ 可导的充要条件是，$u(x, y)$ 与 $v(x, y)$ 在点 (x, y) 可微，并且在该点满足 C-R 方程

$$u_x = v_y, \; u_y = -v_x$$

证 必要性上面已经证明，下面证明充分性.

由 $u(x, y)$ 与 $v(x, y)$ 在点 (x, y) 可微，可知

$$\Delta u = \frac{\partial u}{\partial x}\Delta x + \frac{\partial u}{\partial y}\Delta y + \varepsilon_1\Delta x + \varepsilon_2\Delta y$$

$$\Delta v = \frac{\partial v}{\partial x}\Delta x + \frac{\partial v}{\partial y}\Delta y + \varepsilon_3\Delta x + \varepsilon_4\Delta y$$

这里 $\lim\limits_{\substack{\Delta x \to 0 \\ \Delta y \to 0}} \varepsilon_k = 0 \; (k = 1, 2, 3, 4)$，因此

$$f(z + \Delta z) - f(z) = \Delta u + i\Delta v$$
$$= \left(\frac{\partial u}{\partial x} + i\frac{\partial v}{\partial x}\right)\Delta x + \left(\frac{\partial u}{\partial y} + i\frac{\partial v}{\partial y}\right)\Delta y + (\varepsilon_1 + i\varepsilon_3)\Delta x + (\varepsilon_2 + i\varepsilon_4)\Delta y$$

根据 C-R 方程

$$\frac{\partial u}{\partial y} = -\frac{\partial v}{\partial x} = i^2\frac{\partial v}{\partial x}, \; \frac{\partial v}{\partial y} = \frac{\partial u}{\partial x}$$

所以

$$f(z + \Delta z) - f(z) = \left(\frac{\partial u}{\partial x} + i\frac{\partial v}{\partial x}\right)(\Delta x + i\Delta y) + (\varepsilon_1 + i\varepsilon_3)\Delta x + (\varepsilon_2 + i\varepsilon_4)\Delta y$$

或

$$\frac{f(z + \Delta z) - f(z)}{\Delta z} = \frac{\partial u}{\partial x} + i\frac{\partial v}{\partial x} + (\varepsilon_1 + i\varepsilon_3)\frac{\Delta x}{\Delta z} + (\varepsilon_2 + i\varepsilon_4)\frac{\Delta y}{\Delta z}$$

因为 $\left|\frac{\Delta x}{\Delta z}\right| \leqslant 1$，$\left|\frac{\Delta y}{\Delta z}\right| \leqslant 1$，故当 $|\Delta z| \to 0$ 时，上式右端的最后两项都趋于零.

于是

$$f'(z)=\lim_{\Delta z\to 0}\frac{f(z+\Delta z)-f(z)}{\Delta z}=\frac{\partial u}{\partial x}+\mathrm{i}\frac{\partial v}{\partial x}$$

即 $f(z)$在 D 内任一点可导，因而它在 D 内解析.

此时，$f(z)$在 D 内任一点处的导数可表示为

$$f'(z)=\frac{\partial u}{\partial x}+\mathrm{i}\frac{\partial v}{\partial x}=\frac{\partial v}{\partial y}-\mathrm{i}\frac{\partial u}{\partial y} \tag{6.5.3}$$

由定理 6.5.1 及解析函数的定义，可得如下函数在区域 D 内解析的充要条件.

定理 6.5.2　函数 $f(z)=u(x,y)+\mathrm{i}v(x,y)$在区域 D 内解析的充要条件是：$u(x,y)$与 $v(x,y)$在区域 D 内可微，并且满足柯西-黎曼方程(6.5.2).

证略.

根据定理 6.5.1 和 6.5.2，我们可以通过对 $u(x,y)$与 $v(x,y)$的可微性与是否满足 C-R 方程来判断函数 $f(z)=u(x,y)+\mathrm{i}v(x,y)$的可导性与解析性，其中 $u(x,y)$与 $v(x,y)$的可微性可以由其充分条件一阶偏导数连续来判定.

例 6.5.6　讨论下列函数的可导性与解析性.

(1) $f(z)=\mathrm{e}^x(\cos y+\mathrm{i}\sin y)$；(2) $f(z)=|z|^2$.

解　(1) 因为 $u=\mathrm{e}^x\cos y$，$v=\mathrm{e}^x\sin y$，所以

$$\frac{\partial u}{\partial x}=\mathrm{e}^x\cos y,\ \frac{\partial u}{\partial y}=-\mathrm{e}^x\sin y,\ \frac{\partial v}{\partial x}=\mathrm{e}^x\sin y,\ \frac{\partial v}{\partial y}=\mathrm{e}^x\cos y$$

显然$\frac{\partial u}{\partial x}=\frac{\partial v}{\partial y}$，$\frac{\partial u}{\partial y}=-\frac{\partial v}{\partial x}$处处成立，并且上面四个一阶偏导数都处处连续，所以 $f(z)$在复平面内处处可导、处处解析，并且

$$f'(z)=\frac{\partial u}{\partial x}+\mathrm{i}\frac{\partial v}{\partial x}=\mathrm{e}^x(\cos y+\mathrm{i}\sin y)=f(z)$$

(2) 因为 $f(z)=|z|^2=x^2+y^2$，所以 $u=x^2+y^2$，$v=0$，于是

$$\frac{\partial u}{\partial x}=2x,\ \frac{\partial u}{\partial y}=2y,\ \frac{\partial v}{\partial x}=0,\ \frac{\partial v}{\partial y}=0$$

显然，上面四个一阶偏导数都处处连续，但 C-R 方程只在 $x=y=0$ 时成立，所以 $f(z)$只在 $z=0$ 处可导，于是在复平面内处处不解析. 这里 $z=0$ 是函数的奇点，但却是可导的点，$f'(0)=u_x(0,0)+\mathrm{i}v_x(0,0)=0$.

例 6.5.7　设 $f(z)=ay^3+bx^2y+\mathrm{i}(x^3+cxy^2)$为复平面内的解析函数，试确定 a，b，c 的值.

解　因为 $u=ay^3+bx^2y$，$v=x^3+cxy^2$，所以

$$\frac{\partial u}{\partial x}=2bxy,\ \frac{\partial u}{\partial y}=3ay^2+bx^2,\ \frac{\partial v}{\partial x}=3x^2+cy^2,\ \frac{\partial v}{\partial y}=2cxy$$

又因为 $f(z)$为复平面内的解析函数，所以 C-R 方程处处成立，于是

$$\begin{cases}2bxy\equiv 2cxy\\ 3ay^2+bx^2\equiv -3x^2-cy^2\end{cases}$$

由此解得

$$b=-3,\ c=b=-3,\ a=\frac{-c}{3}=1$$

例 6.5.8 设 $f(z)$在区域 D 内解析，证明若满足如下条件之一，则 $f(z)$在 D 内必为常数：

(1) $f'(z)=0$；

(2) $\mathrm{Re}[f(z)]$或 $\mathrm{Im}[f(z)]$为常数.

证 (1) 因为

$$f'(z)=\frac{\partial u}{\partial x}+\mathrm{i}\frac{\partial v}{\partial x}=\frac{\partial v}{\partial y}-\mathrm{i}\frac{\partial u}{\partial y}=0$$

所以$\frac{\partial u}{\partial x}=\frac{\partial v}{\partial x}=\frac{\partial v}{\partial y}=\frac{\partial u}{\partial y}=0$. 于是 u，v 均为常数，故 $f(z)$为常数.

(2) 因为 $\mathrm{Re}[f(z)]=u$ 为常数，所以

$$\frac{\partial u}{\partial x}=\frac{\partial u}{\partial y}=0$$

又因为 $f(z)$在区域 D 内解析，所以

$$\frac{\partial u}{\partial x}=\frac{\partial v}{\partial y},\ \frac{\partial u}{\partial y}=-\frac{\partial v}{\partial x}$$

于是$\frac{\partial v}{\partial x}=\frac{\partial v}{\partial y}=0$，则 v 也为常数，故 $f(z)$为常数.

同理，当 $\mathrm{Im}[f(z)]$为常数时，$f(z)$为常数.

例 6.5.9 如果 $f(z)=u(x, y)+\mathrm{i}v(x, y)$是 D 内的解析函数，并且 $f'(z)\neq 0$ 对任意的 $z\in D$ 都成立，则曲线簇 $u(x, y)=c_1$，$v(x, y)=c_2$ 必相互正交，其中 c_1，c_2 为实常数.

证 由 $f'(z)=u_x+\mathrm{i}v_x\neq 0$ 可知 u_x，v_x 至少有一个不为零，并且若 $u_x\neq 0$，则 $v_y=u_x\neq 0$；若 $v_x\neq 0$，则 $u_y=-v_x\neq 0$.

因为两个曲线簇 $u(x, y)=c_1$ 与 $v(x, y)=c_2$ 中任意两条曲线在交点处的切向量分别为$(u_y, -u_x)$和$(v_y, -v_x)$，根据 C-R 方程，它们的内积为

$$u_y v_y+u_x v_x=(-v_x)v_y+v_y v_x=0$$

并且它们都不是零向量，所以它们是正交的. 于是两曲线簇中的任意两条曲线相互正交，即曲线簇 $u(x, y)=c_1$ 与 $v(x, y)=c_2$ 相互正交.

6.6 初等函数

6.6.1 指数函数

函数 $f(z)=\mathrm{e}^x(\cos y+\mathrm{i}\sin y)$称为复变数 $z=x+\mathrm{i}y$ 的指数函数，记为 e^z 或 $\exp z$，即

$$\mathrm{e}^z=\exp z=\mathrm{e}^x(\cos y+\mathrm{i}\sin y) \tag{6.6.1}$$

特别地，当 $z=x$ 时，$\mathrm{e}^z=\mathrm{e}^x$ 即为实指数函数. 当 $z=\mathrm{i}y$ 时，$\mathrm{e}^{\mathrm{i}y}=\cos y+\mathrm{i}\sin y$ 即为欧拉公式.

根据指数函数的定义不难得到指数函数具有如下性质：

(1) $|\mathrm{e}^z|=\mathrm{e}^x$，$\arg(\mathrm{e}^z)=y+2k\pi$ $(k=0, \pm 1, \pm 2, \cdots)$.

例如：

$$e^{-3-4i}=e^{-3}(\cos 4-i\sin 4)$$

$$|e^{-3-4i}|=e^{-3}, \arg(e^{-3-4i})=-4+2k\pi, k=0, \pm 1, \pm 2, \cdots$$

(2) e^z 满足加法定理，即 $e^{z_1}\cdot e^{z_2}=e^{z_1+z_2}$.

(3) e^z 有周期性，周期为 $2k\pi i$ ($k=0, \pm 1, \pm 2, \cdots$). 因为

$$e^{z+2k\pi i}=e^z\cdot e^{2k\pi i}=e^z(\cos 2k\pi+i\sin 2k\pi)=e^z$$

(4) e^z 在复平面内处处解析，并且

$$(e^z)'=e^z$$

这个性质由定理 6.5.2 和式(6.5.3)很容易证得. 所以，复变函数 e^z 可视为实变函数 e^x 的推广. 需要注意的是，这里 e^z 不能简单理解为通常的乘幂，在此仅作为符号使用.

6.6.2 对数函数

指数函数的反函数称为对数函数，即把满足方程 $e^w=z(z\neq 0)$ 的函数 $w=f(z)$ 称为复变量 z 的对数函数，记作 $w=\mathrm{Ln}z$.

设 $w=u+iv=\mathrm{Ln}z$，则 $e^{u+iv}=z$，于是

$$|e^{u+iv}|=e^u=|z|, \arg(e^{u+iv})=\mathrm{Arg}z$$

从而 $u=\ln|z|$，$v=\mathrm{Arg}z$，所以

$$w=\mathrm{Ln}z=\ln|z|+i\mathrm{Arg}z$$

由于 $\mathrm{Arg}z$ 有无穷多个值，所以 $\mathrm{Ln}z$ 也有无穷多个值，即对数函数 $w=\mathrm{Ln}z$ 是多值函数. 相应于 $\mathrm{Arg}z$ 的主值 $\arg z$，将 $\ln|z|+i\arg z$ 称为 $\mathrm{Ln}z$ 的主值，记作 $\ln z$，即

$$\ln z=\ln|z|+i\arg z$$

显然 $\ln z$ 是单值函数，并且

$$\mathrm{Ln}z=\ln z+2k\pi i, k=0, \pm 1, \pm 2, \cdots$$

对每个确定的整数 k，上式对应一个单值函数，称为对数函数 $\mathrm{Ln}z$ 的一个分支. 不同分支之间相差 $2\pi i$ 的整数倍.

对数函数具有如下性质：

(1) 当 $z=x>0$ 时，$\ln z=\ln x$，即为实变的对数函数.

(2) $\mathrm{Ln}z$ 的各个分支在复平面上除去原点与负实轴的平面内处处解析，且

$$(\mathrm{Ln}z)'=(\ln z)'=\frac{1}{z}$$

(3) $\mathrm{Ln}(z_1z_2)=\mathrm{Ln}z_1+\mathrm{Ln}z_2$, $\mathrm{Ln}\dfrac{z_1}{z_2}=\mathrm{Ln}z_1-\mathrm{Ln}z_2$.

根据复数乘积与商的模和辐角公式，这个性质是很明显的. 这也与实变函数对数函数的性质相同. 但是等式

$$\mathrm{Ln}z^n=n\mathrm{Ln}z, \mathrm{Ln}z^{\frac{1}{n}}=\frac{1}{n}\mathrm{Ln}z$$

不再成立，这是由复变指数函数的多值性导致的.

例 6.6.1 计算 $\mathrm{Ln}2$, $\mathrm{Ln}(-1)$, $\mathrm{Ln}(\sqrt{3}+i)$的值.

解 $\mathrm{Ln}2=\ln|2|+i\mathrm{Arg}2=\ln 2+2k\pi i$, $k=0, \pm 1, \pm 2, \cdots$;

$$\ln(-1)=\ln|-1|+\mathrm{i}\arg(-1)=\mathrm{i}(\pi+2k\pi)=(2k+1)\pi\mathrm{i},\ k=0,\ \pm1,\ \pm2,\ \cdots$$

其主值分支为

$$\ln(-1)=\pi\mathrm{i}$$

$$\ln(\sqrt{3}+\mathrm{i})=\ln\left|\sqrt{3}+\mathrm{i}\right|+\mathrm{i}\arg(\sqrt{3}+\mathrm{i})=\ln2+\left(\frac{\pi}{6}+2k\pi\right)\mathrm{i},\ k=0,\ \pm1,\ \pm2,\ \cdots$$

例 6.6.2 解方程 $e^z+1-\mathrm{i}=0$.

解 方程可化为 $e^z=-1+\mathrm{i}$，于是 $e^x=|-1+\mathrm{i}|=\sqrt{2}$，

$$y=\arg(-1+\mathrm{i})=\frac{3}{4}\pi+2k\pi,\ k=0,\ \pm1,\ \pm2,\ \cdots$$

因此

$$z=x+\mathrm{i}y=\ln\sqrt{2}+\mathrm{i}\left(\frac{3}{4}\pi+2k\pi\right),\ k=0,\ \pm1,\ \pm2,\ \cdots$$

6.6.3 幂函数

设 z 为不等于零的复变数，a 为任意一个复数，定义幂函数 $w=z^a$ 为

$$w=z^a=e^{a\ln z}$$

显然，

$$w=z^a=e^{a\operatorname{Ln}z}=e^{a(\ln z+\mathrm{i}2k\pi)}=e^{a\ln z}e^{2k\pi a\mathrm{i}},\ k=0,\ \pm1,\ \pm2,\ \cdots$$

由 $\ln z$ 的多值性可知，$w=z^a$ 一般也是多值的，其多值性与含 k 的因子 $e^{2k\pi a\mathrm{i}}$ 有关.

（1）当 a 为整数时，$e^{2k\pi a\mathrm{i}}=1$，$w=z^a=e^{a\ln z}$ 是单值函数.

（2）当 a 为有理数$\frac{m}{n}$（m 和 n 为互素的整数，$n>0$）时，

$$z^a=e^{\frac{m}{n}[\ln|z|+\mathrm{i}(\arg z+2k\pi)]}=e^{\frac{m}{n}\ln|z|}\left[\cos\left(\frac{m}{n}(\arg z+2k\pi)\right)+\mathrm{i}\sin\left(\frac{m}{n}(\arg z+2k\pi)\right)\right]$$

也在当 $k=0, 1, 2, \cdots, n-1$ 时有 n 个不同的值，是具有 n 个分支的多值函数. 特别地，当 $a=\frac{1}{n}$（$n=1, 2, \cdots$）时，有

$$z^{\frac{1}{n}}=\sqrt[n]{|z|}\left[\cos\left(\frac{1}{n}(\arg z+2k\pi)\right)+\mathrm{i}\sin\left(\frac{1}{n}(\arg z+2k\pi)\right)\right],\ k=0,\ 1,\ 2,\ \cdots,\ n-1$$

（3）当 a 为无理数或虚数时，z^a 有无穷多个值，其中 $e^{a\ln z}$ 称为 z^a 的主值.

另外，由于 $\ln z$ 的各个分支在除去原点和负实轴的复平面内解析，因而 z^a 的各个分支也在该复平面内解析，且

$$(z^a)'=(e^{a\ln z})'=e^{a\ln z}\cdot a\cdot\frac{1}{z}=az^{a-1}$$

例 6.6.3 计算 i^{i}，$1^{\sqrt{2}}$ 及 $\mathrm{i}^{\frac{2}{3}}$ 的值.

解

$$\mathrm{i}^{\mathrm{i}}=e^{\mathrm{i}\operatorname{Ln}\mathrm{i}}=e^{\mathrm{i}\left[\ln|\mathrm{i}|+\mathrm{i}\left(\frac{\pi}{2}+2k\pi\right)\right]}=e^{-\left(\frac{\pi}{2}+2k\pi\right)},\ k=0,\ \pm1,\ \pm2,\ \cdots$$

$$1^{\sqrt{2}}=e^{\sqrt{2}\operatorname{Ln}1}=e^{\sqrt{2}(\ln1+2k\pi\mathrm{i})}=e^{2\sqrt{2}k\pi\mathrm{i}},\ k=0,\ \pm1,\ \pm2,\ \cdots$$

$$\mathrm{i}^{\frac{2}{3}}=e^{\frac{2}{3}\operatorname{Ln}\mathrm{i}}=e^{\frac{2}{3}\left[\ln|\mathrm{i}|+\mathrm{i}\left(\frac{\pi}{2}+2k\pi\right)\right]}=e^{\frac{2}{3}\left(\frac{\pi}{2}+2k\pi\right)\mathrm{i}}$$

当 k 取 0，1，2 时得到 $\mathrm{i}^{\frac{2}{3}}$ 的三个不同的值，分别为

$$w_0=e^{\frac{\pi}{3}i}=\frac{1}{2}+\frac{\sqrt{3}}{2}i,\ w_1=e^{\frac{5\pi}{3}i}=\frac{1}{2}-\frac{\sqrt{3}}{2}i,\ w_2=e^{3\pi i}=-1$$

它们也是 $z^3=-1$ 的三个立方根.

6.6.4　三角函数和双曲函数

三角函数和双曲函数的定义如下：

正弦函数

$$\sin z=\frac{e^{iz}-e^{-iz}}{2i}$$

余弦函数

$$\cos z=\frac{e^{iz}+e^{-iz}}{2}$$

双曲正弦函数

$$\mathrm{sh}z=\frac{e^{z}-e^{-z}}{2}$$

双曲余弦函数

$$\mathrm{ch}z=\frac{e^{z}+e^{-z}}{2}$$

当 $z=x\in\mathbf{R}$ 时，根据欧拉公式，有

$$e^{ix}=\cos x+i\sin x,\ e^{-ix}=\cos x-i\sin x$$

于是

$$\cos x=\frac{e^{ix}+e^{-ix}}{2},\ \sin x=\frac{e^{ix}-e^{-ix}}{2i}$$

上述正弦、余弦定义同时也说明欧拉公式对任意复数成立，即对任意复数 z 有 $e^{iz}=\cos z+i\sin z$.

三角函数和双曲函数有如下性质：

(1) $\sin z$ 和 $\cos z$ 是以 2π 为周期的函数，$\mathrm{sh}z$ 和 $\mathrm{ch}z$ 是以 $2\pi i$ 为周期的函数.

(2) $\sin z$ 和 $\mathrm{sh}z$ 为奇函数，$\cos z$ 和 $\mathrm{ch}z$ 为偶函数.

(3) 实三角函数和实双曲函数中的一些恒等式及三角函数的诱导公式仍成立，如

$$\sin(z_1\pm z_2)=\sin z_1\cos z_2\pm\cos z_1\sin z_2$$

$$\cos(z_1\pm z_2)=\cos z_1\cos z_2\mp\sin z_1\sin z_2$$

$$\sin^2 z+\cos^2 z=1$$

$$\sin 2z=2\sin z\cos z,\ \cos 2z=\cos^2 z-\sin^2 z$$

$$\sin\left(\frac{\pi}{2}-z\right)=\cos z$$

……

$$\mathrm{sh}(z_1\pm z_2)=\mathrm{sh}z_1\mathrm{ch}z_2+\mathrm{ch}z_1\mathrm{sh}z_2,\ \mathrm{ch}(z_1\pm z_2)=\mathrm{ch}z_1\mathrm{ch}z_2+\mathrm{sh}z_1\mathrm{sh}z_2$$

(4) 三角函数和双曲函数之间满足如下关系式：

$$\cos(iz)=\mathrm{ch}z,\ \sin(iz)=i\mathrm{sh}z,\ \mathrm{ch}(iz)=\cos z,\ \mathrm{sh}(iz)=i\sin z$$

(5) $|\sin z|$，$|\cos z|$是无界的.

(6) sin$z$，cos$z$，sh$z$ 和 ch$z$ 在复平面内处处解析，并且

$$(\sin z)'=\cos z,\ (\cos z)'=-\sin z,\ (\mathrm{sh}z)'=\mathrm{ch}z,\ (\mathrm{ch}z)'=\mathrm{sh}z$$

此外，与实三角函数和实双曲函数类似地定义其他复三角函数和复双曲函数如下：

$$\tan z=\frac{\sin z}{\cos z},\ \cot z=\frac{1}{\tan z}=\frac{\cos z}{\sin z},\ \sec z=\frac{1}{\cos z},\ \csc z=\frac{1}{\sin z}$$

$$\mathrm{th}z=\frac{\mathrm{sh}z}{\mathrm{ch}z},\ \mathrm{cth}z=\frac{1}{\mathrm{th}z}=\frac{\mathrm{ch}z}{\mathrm{sh}z}$$

例 6.6.4 求 $\cos(\pi+\mathrm{i})$.

解 $\cos(\pi+\mathrm{i})=-\cos\mathrm{i}=-\dfrac{\mathrm{e}^{\mathrm{i}\cdot\mathrm{i}}+\mathrm{e}^{-\mathrm{i}\cdot\mathrm{i}}}{2}=-\dfrac{\mathrm{e}^{-1}+\mathrm{e}}{2}$

例 6.6.5 解方程 $\sin z=0$.

解 因为 $\sin z=\dfrac{\mathrm{e}^{\mathrm{i}z}-\mathrm{e}^{-\mathrm{i}z}}{2\mathrm{i}}$，所以由 $\sin z=0$ 得 $\mathrm{e}^{\mathrm{i}z}-\mathrm{e}^{-\mathrm{i}z}=0$，即 $\mathrm{e}^{\mathrm{i}z}-\dfrac{1}{\mathrm{e}^{\mathrm{i}z}}=0$，于是 $\mathrm{e}^{2\mathrm{i}z}=0$，则

$$2\mathrm{i}z=\ln 1=2k\pi\mathrm{i},\ k=0,\ \pm1,\ \pm2,\ \cdots$$

故

$$z=k\pi,\ k=0,\ \pm1,\ \pm2,\ \cdots$$

6.6.5 反三角函数和反双曲函数

三角函数或双曲函数的反函数称为反三角函数和反双曲函数，根据它们各自定义可得

反正弦函数 $w=\arcsin z=-\mathrm{i}\ln(\mathrm{i}z+\sqrt{1-z^2})$

反余弦函数 $w=\arccos z=-\mathrm{i}\ln(z+\sqrt{z^2-1})$

反正切函数 $w=\arctan z=-\dfrac{\mathrm{i}}{2}\ln\dfrac{1+\mathrm{i}z}{1-\mathrm{i}z}$

反双曲正弦函数 $w=\mathrm{arsh}z=\ln(z+\sqrt{z^2+1})$

反双曲余弦函数 $w=\mathrm{arch}z=\ln(z+\sqrt{z^2-1})$

反双曲正切函数 $w=\mathrm{arth}z=\dfrac{1}{2}\ln\dfrac{1+z}{1-z}$

它们都是多值函数.

习 题 6

1. 求下列复数的模与辐角的主值.

(1) $\sqrt{3}+\mathrm{i}$； (2) $-1-\mathrm{i}$； (3) $2-\mathrm{i}$； (4) $-1+3\mathrm{i}$.

2. 把下列复数化为三角表示式和指数表示式：

(1) i； (2) -1； (3) $1+\sqrt{3}\mathrm{i}$； (4) $\dfrac{2\mathrm{i}}{-1+\mathrm{i}}$.

3. 解下列方程组 $\begin{cases}2z_1-z_2=\mathrm{i}\\(1+\mathrm{i})z_1+\mathrm{i}z_2=4-3\mathrm{i}\end{cases}$.

4. 求下列各式的值.

(1) $(\sqrt{3}-\mathrm{i})^5$；　(2) $(1+\mathrm{i})^6$；　(3) $\sqrt[6]{-1}$；　(4) $(1-\mathrm{i})^{\frac{1}{3}}$.

5. 若$(1+\mathrm{i})^n=(1-\mathrm{i})^n$，试求 n 的值.

6. 设 $f(z)=\dfrac{1}{2\mathrm{i}}\left(\dfrac{z}{\bar{z}}-\dfrac{\bar{z}}{z}\right)$，$z\neq 0$，试证当 $z\to 0$ 时 $f(z)$的极限不存在.

7. 设 $f(z)=\begin{cases}\dfrac{xy}{x^2+y^2}, & z\neq 0\\ 0, & z=0\end{cases}$，试证 $f(z)$在 $z=0$ 处不连续.

8. 利用导数定义求下列函数的导数.

(1) $f(z)=\dfrac{1}{z}$；　(2) $f(z)=z\mathrm{Re}z$.

9. 下列函数何处可导？何处解析？

(1) $f(z)=x^2-\mathrm{i}y$；　(2) $f(z)=2x^3+3y^3\mathrm{i}$；

(3) $f(z)=xy^2+\mathrm{i}x^2y$；　(4) $f(z)=\sin x\,\mathrm{ch}y+\mathrm{i}\cos x\,\mathrm{sh}y$.

10. 指出下列函数的解析区域和奇点，并求出导数.

(1) $\dfrac{1}{z^2-1}$；　(2) $\dfrac{az+b}{cz+d}$ (c，d 至少有一个不为零).

11. 如果 $f(z)=u+\mathrm{i}v$ 是一解析函数，试证：$\overline{\mathrm{i}\overline{f(z)}}$也是解析函数.

12. 解方程.

(1) $1+\mathrm{e}^z=0$；　(2) $\sin z+\cos z=0$.

13. 求下列各式的值.

(1) $\cos\mathrm{i}$；　(2) $\ln(-3+4\mathrm{i})$；　(3) $(1-\mathrm{i})^{1+\mathrm{i}}$；　(4) $3^{3-\mathrm{i}}$.

14. 证明$(z^a)'=az^{a-1}$，其中 a 为实数.

15. 证明：

(1) $\mathrm{ch}^2z-\mathrm{sh}^2z=1$；

(2) $\mathrm{ch}^2z+\mathrm{sh}^2z=\mathrm{ch}2z$；

(3) $\mathrm{sh}(z_1+z_2)=\mathrm{sh}z_1\mathrm{ch}z_2+\mathrm{ch}z_1\mathrm{sh}z_2$.

习题 6 参考答案

第7章 复变函数的积分

复变函数积分是定积分在复数域中的推广，是研究解析函数的一个重要工具，也是解决许多理论及实际问题的重要工具. 本章首先介绍复变函数积分的概念及性质，然后介绍其基本定理，最后介绍积分公式.

7.1 复变函数积分的概念和性质

7.1.1 复变函数积分的定义

设 C 为复平面上给定的一条光滑或分段光滑曲线，曲线 C 的两个端点为 A 与 B. 假如把从 A 到 B 的方向作为曲线 C 的正方向，那么从 B 到 A 的方向就是曲线 C 的负方向，记作 C^-. 本章中除特殊说明外，正方向总是指从起点到终点的方向. 简单闭曲线 C 的正方向是指当曲线 C 上的点沿该曲线前进时，C 所围成的区域始终在他的左边，相反的方向规定为 C 的负方向. 以后遇到积分路线为简单闭曲线的情形，如无特别声明，总是指曲线正方向.

定义 7.1.1 设函数 $w=f(z)$ 在区域 D 上有定义，C 为区域 D 内起点为 A、终点为 B 的一条光滑的有向曲线. 将曲线 C 任意分成 n 个小弧段，设分点为

$$A=z_0, z_1, \cdots, z_{k-1}, z_k, \cdots, z_{n-1}, z_n=B$$

在每个小弧段 $\widehat{z_{k-1}, z_k}$ 上任取一点 ζ_k(见图 7.1.1)，作和 $\sum\limits_{k=1}^{n} f(\zeta_k)\Delta z_k$，其中 $\Delta z_k = z_k - z_{k-1}$. 记 Δs_k 为 $\widehat{z_{k-1}, z_k}$ 的长度，令 $\lambda = \max\limits_{1\leqslant k\leqslant n} |\Delta s_k|$，若不论对 C 的分法和 ζ_k 的取法，

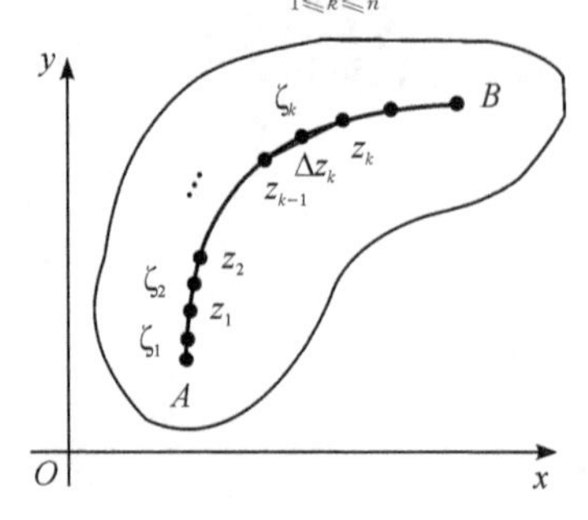

图 7.1.1 区域 C 上的取值

极限$\lim\limits_{\lambda \to 0}\sum\limits_{k=1}^{n} f(\zeta_k)\Delta z_k$存在，则称极限值为函数$w=f(z)$沿曲线$C$的积分，记为$\int_C f(z)\mathrm{d}z$，即$\int_C f(z)\mathrm{d}z = \lim\limits_{\lambda \to 0}\sum\limits_{k=1}^{n} f(\zeta_k)\Delta z_k$. 如果曲线$C$为闭曲线，那么积分记为$\oint_C f(z)\mathrm{d}z$.

显然当$f(z)=u(x)$，曲线C是x轴上的区间$[a, b]$时，这个积分定义就是一元实变函数定积分的定义.

和定积分相似，函数$f(z)$沿曲线C的积分$\int_C f(z)\mathrm{d}z$未必存在，那么函数$f(z)$以及曲线C需满足什么条件，积分$\int_C f(z)\mathrm{d}z$才必定存在呢？为此，有下列结论：

如果函数$f(z)$在积分路径C上连续，则积分$\int_C f(z)\mathrm{d}z$存在.

今后讨论的积分总是假定C是光滑或分段光滑的，并且函数$f(z)$在C上连续.

7.1.2 复变函数积分的性质及其计算方法

根据复变函数积分的定义，容易推出下列基本性质：

(1) $\int_C f(z)\mathrm{d}z = -\int_{C^-} f(z)\mathrm{d}z$；

(2) $\int_C kf(z)\mathrm{d}z = k\int_C f(z)\mathrm{d}z$；

(3) $\int_C [f(z) \pm g(z)]\mathrm{d}z = \int_C f(z)\mathrm{d}z \pm \int_C g(z)\mathrm{d}z$；

(4) $\int_C f(z)\mathrm{d}z = \int_{C_1} f(z)\mathrm{d}z + \int_{C_2} f(z)\mathrm{d}z + \cdots + \int_{C_n} f(z)\mathrm{d}z$，

其中，C由曲线C_1，C_2，…，C_n连接而成，即$C=C_1+C_2+\cdots+C_n$；

(5) 设曲线C长度为L，函数$f(z)$在C上满足$|f(z)| \leqslant M$，则

$$\left|\int_C f(z)\mathrm{d}z\right| \leqslant \int_C |f(z)||\mathrm{d}z| = \int_C |f(z)|\mathrm{d}s \leqslant ML$$

这里$\mathrm{d}s = |\mathrm{d}z| = \sqrt{(\mathrm{d}x)^2+(\mathrm{d}y)^2}$，表示弧微分.

由复变函数积分的定义及高等数学相关知识，可以得到复变函数积分的计算公式.

设有向曲线C的参数方程为$z=z(t)=x(t)+\mathrm{i}y(t)$，曲线$C$的起点对应$t=\alpha$，终点对应$t=\beta$($\alpha$未必小于$\beta$)，则

$$\int_C f(z)\mathrm{d}z = \int_\alpha^\beta f(z(t))z'(t)\mathrm{d}t \tag{7.1.1}$$

其中，$z'(t)=x'(t)+\mathrm{i}y'(t)$.

复变函数积分还可以通过两个二元实函数的积分来计算.

如果$f(z)=u(x, y)+\mathrm{i}v(x, y)$在$D$内处处连续，即$u(x, y)$与$v(x, y)$均为$D$内的连续函数，则利用复变函数积分的定义可得

$$\int_C f(z)\mathrm{d}z = \int_C u\mathrm{d}x - v\mathrm{d}y + \mathrm{i}\int_C v\mathrm{d}x + u\mathrm{d}y \tag{7.1.2}$$

例 7.1.1 计算$\oint_C \dfrac{\mathrm{d}z}{(z-z_0)^{n+1}}$，其中$C$为以$z_0$为中心、$r$为半径的正向圆周，$n$为整数.

解 因为 C 的方程可以写成 $z=z_0+re^{i\theta}$，$0\leqslant\theta\leqslant2\pi$，所以

$$\oint_C \frac{dz}{(z-z_0)^{n+1}}=\int_0^{2\pi}\frac{ire^{i\theta}}{r^{n+1}e^{i(n+1)\theta}}d\theta=\int_0^{2\pi}\frac{i}{r^n e^{in\theta}}d\theta=\frac{i}{r^n}\int_0^{2\pi}e^{-in\theta}d\theta$$

因此

$$\oint_C \frac{dz}{(z-z_0)^{n+1}}=\begin{cases}2\pi i, & n=0\\ 0, & n\neq 0\end{cases}$$

这个结果以后经常用到，它的特点是积分结果与圆周的圆心和半径无关.

例 7.1.2 计算 $\oint_C \frac{\bar{z}}{|z|}dz$ 的值，其中 C 为圆周正向：

(1) $|z|=1$；

(2) $|z|=2$.

解 (1) C 的方程为 $z=e^{i\theta}$，$0\leqslant\theta\leqslant2\pi$，因此

$$\oint_C \frac{\bar{z}}{|z|}dz=\int_0^{2\pi}\frac{e^{-i\theta}}{|e^{-i\theta}|}\cdot ie^{i\theta}d\theta=i\int_0^{2\pi}d\theta=2\pi i$$

(2) C 的方程为 $z=2e^{i\theta}$，$0\leqslant\theta\leqslant2\pi$，因此

$$\oint_C \frac{\bar{z}}{|z|}dz=\int_0^{2\pi}\frac{2e^{-i\theta}}{|2e^{-i\theta}|}\cdot 2ie^{i\theta}d\theta=2i\int_0^{2\pi}d\theta=4\pi i$$

例 7.1.3 计算 $\int_C \bar{z}dz$ 的值，其中 C 为

(1) 从原点到 $z_0=3+4i$ 的直线段；

(2) 从原点到 $z_1=3$，再从 $z_1=3$ 到 $z_0=3+4i$ 的折线.

解 (1) C 的方程为 $z=(3+4i)t$，$0\leqslant t\leqslant1$，因此

$$\int_C \bar{z}dz=\int_0^1(3-4i)t\cdot(3+4i)dt=\frac{25}{2}$$

(2) $C=C_1+C_2$，C_1 的方程为 $z=x$，$0\leqslant x\leqslant3$，C_2 的方程为 $z=3+iy$，$0\leqslant y\leqslant4$，因此

$$\int_C \bar{z}dz=\int_{C_1}\bar{z}dz+\int_{C_2}\bar{z}dz=\int_0^3 x\,dx+\int_0^4(3-iy)\cdot i\,dy=\frac{25}{2}+12i$$

例 7.1.4 计算 $\int_C \mathrm{Re}z\,dz$ 的值，其中 C 为如下从 O 到 A 的曲线路径(见图 7.1.2).

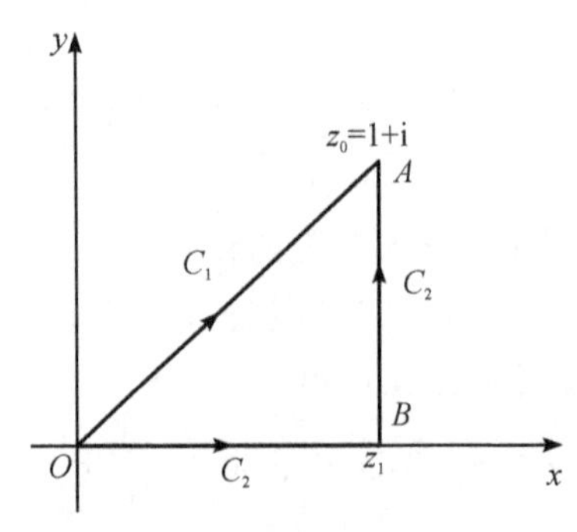

图 7.1.2 C 的路径

(1) 直线段 OA；

(2) 折线段 OBA.

解　(1) 直线段 OA 的参数方程为 $z=t+\mathrm{i}t$，$0\leqslant t\leqslant 1$，因此 $\mathrm{Re}z=\mathrm{Re}(t+\mathrm{i}t)=t$，$z'(t)=1+\mathrm{i}$. 故

$$\int_C \mathrm{Re}z\,\mathrm{d}z=\int_C \mathrm{Re}[z(t)]\cdot z'(t)\,\mathrm{d}t=\int_0^1 t(1+\mathrm{i})\,\mathrm{d}t=\frac{1+\mathrm{i}}{2}$$

(2) 直线段 OB 的表达式为 $z=t$，$0\leqslant t\leqslant 1$，直线段 BA 的表达式为 $z=1+\mathrm{i}t$，$0\leqslant t\leqslant 1$，因此

$$\int_C \mathrm{Re}z\,\mathrm{d}z=\int_{OB}\mathrm{Re}z(t)\,\mathrm{d}z+\int_{BA}\mathrm{Re}z(t)\,\mathrm{d}z=\int_0^1 t\cdot 1\mathrm{d}t+\int_0^1 1\cdot \mathrm{i}\mathrm{d}t=\frac{1}{2}+\mathrm{i}$$

由此可见，复变函数积分在起点与终点相同而路径不同时，积分往往不同. 当然，也有一些函数的积分只与起点和终点有关，而与路径无关，而这需要满足一定的条件，将在 7.2 节讨论这个问题.

7.2　柯西积分定理及其应用

7.2.1　柯西-古萨基本定理

定理 7.2.1(柯西-古萨(Cauchy-Goursat)基本定理)　如果函数 $f(z)$在单连通区域 D 内处处解析，则函数沿 D 内的任何一条简单闭曲线 C 的积分值为零，即

$$\int_C f(z)\,\mathrm{d}z=0$$

这个定理的证明比较复杂，这里略去.

柯西-古萨基本定理是解析函数积分的基本定理，是复变函数的理论基石，同时在复变函数积分的计算上也非常有用.

例 7.2.1　计算$\oint_{|z|=1}\sin z\,\mathrm{d}z$.

解　因为 $\sin z$ 在整个复平面上处处解析，$|z|=1$ 是复平面上的一条简单闭曲线，所以由柯西-古萨基本定理得$\oint_{|z|=1}\sin z\,\mathrm{d}z=0$.

例 7.2.2　计算$\oint_{|z|=1}\frac{1}{z+2\mathrm{i}}\mathrm{d}z$.

解　因为$\frac{1}{z+2\mathrm{i}}$在$|z|=\frac{3}{2}$所围成的区域 D 内处处解析($z=-2\mathrm{i}$ 在区域 D 的外面)，$|z|=1$ 是区域 D 内的一条简单闭曲线，所以由柯西-古萨基本定理得$\oint_{|z|=1}\frac{1}{z+2\mathrm{i}}\mathrm{d}z=0$.

柯西-古萨基本定理成立的条件之一是曲线 C 在区域 D 内，如果 C 是区域 D 的边界，函数 $f(z)$ 在 D 内解析，在闭区域 $\overline{D}=D+C$ 上连续，则柯西-古萨基本定理依然成立.

7.2.2　原函数与不定积分

根据柯西-古萨基本定理，下面定理的结论显然成立.

定理 7.2.2 如果函数 $f(z)$ 在单连通域 D 内处处解析，则积分 $\int_C f(z)\mathrm{d}z$ 与 D 内连接从起点到终点的路径 C 无关.

由定理7.2.2可知，解析函数在单连通域 D 内的积分只与起点 z_0 和终点 z_1 有关，固定 z_0，令 z_1 在 D 内变动，并令 $z=z_1$，则积分 $\int_{z_0}^{z} f(\zeta)\mathrm{d}\zeta$ 在 D 内确定了一个单值函数 $F(z)$，即

$$F(z)=\int_{z_0}^{z} f(\zeta)\mathrm{d}\zeta$$

对这个函数，有如下定理：

定理 7.2.3 如果函数 $f(z)$ 在单连通域 D 内处处解析，则函数 $F(z)$ 必为 D 内的解析函数，并且 $F'(z)=f(z)$.

证 对 $\forall z\in D$，只要 $|\Delta z|$ 充分小，那么 $z+\Delta z$ 就落在以 z 为中心的某个邻域 U 内，由积分与路径无关可得

$$F(z+\Delta z)-F(z)=\int_{z_0}^{z+\Delta z} f(\zeta)\mathrm{d}\zeta-\int_{z_0}^{z} f(\zeta)\mathrm{d}\zeta=\int_{z}^{z+\Delta z} f(\zeta)\mathrm{d}\zeta$$

于是

$$\left|\frac{F(z+\Delta z)-F(z)}{\Delta z}-f(z)\right|=\left|\frac{\int_{z}^{z+\Delta z} f(\zeta)\mathrm{d}\zeta}{\Delta z}-f(z)\right|=\left|\frac{\int_{z}^{z+\Delta z}[f(\zeta)-f(z)]\mathrm{d}\zeta}{\Delta z}\right|$$

$$\leqslant\frac{\int_{z}^{z+\Delta z}|f(\zeta)-f(z)||\mathrm{d}\zeta|}{|\Delta z|}$$

函数 $f(z)$ 在 D 内处处解析，所以在 D 内处处连续，因为对任意 $\varepsilon>0$，总存在 $\delta>0$，当 $|\zeta-z|<\delta$ 时，$|f(\zeta)-f(z)|<\varepsilon$，也就是说，当 $|\Delta z|$ 充分小，以至于 $|\Delta z|<\delta$ 时，由 $|f(\zeta)-f(z)|<\varepsilon$，那么

$$\left|\frac{F(z+\Delta z)-F(z)}{\Delta z}-f(z)\right|\leqslant\frac{\int_{z}^{z+\Delta z}|f(\zeta)-f(z)||\mathrm{d}\zeta|}{|\Delta z|}<\frac{\varepsilon|\Delta z|}{|\Delta z|}=\varepsilon$$

这说明 $\lim\limits_{\Delta z\to 0}\left[\frac{F(z+\Delta z)-F(z)}{\Delta z}-f(z)\right]=0$，即 $F'(z)=f(z)$.

与实变函数类似，若在 D 上有函数 $F(z)$，使得 $F'(z)=f(z)$，则称 $F(z)$ 为 $f(z)$ 的一个原函数.

定理7.2.3表明 $F(z)=\int_{z_0}^{z} f(\zeta)\mathrm{d}\zeta$ 是 $f(z)$ 的一个原函数. 容易证明 $f(z)$ 的任何两个原函数之间仅相差一个常数.

如果 $F(z)$ 是 $f(z)$ 的一个原函数，则定义 $F(z)+C$（C 为任意复常数）为 $f(z)$ 的不定积分，记作

$$\int f(z)\mathrm{d}z=F(z)+C$$

与高等数学中的牛顿-莱布尼茨公式类似，有如下定理：

定理 7.2.4 如果函数 $f(z)$ 在单连通域 D 内处处解析，$F(z)$ 是 $f(z)$ 的一个原函数，

z_1，z_2 为区域 D 内的两点，则

$$\int_{z_1}^{z_2} f(z)\mathrm{d}z = F(z)\Big|_{z_1}^{z_2} = F(z_2) - F(z_1)$$

例 7.2.3 计算 $\int_1^{\mathrm{i}} z^2 \mathrm{d}z$.

解 z^2 在整个复平面内解析，$\frac{z^3}{3}$ 为其一个原函数，从而

$$\int_1^{\mathrm{i}} z^2 \mathrm{d}z = \frac{z^3}{3}\Big|_1^{\mathrm{i}} = \frac{-\mathrm{i}-1}{3}$$

例 7.2.4 计算 $\int_{-\pi\mathrm{i}}^{3\pi\mathrm{i}} \mathrm{e}^{2z}\mathrm{d}z$.

解 $$\int_{-\pi\mathrm{i}}^{3\pi\mathrm{i}} \mathrm{e}^{2z}\mathrm{d}z = \frac{1}{2}\mathrm{e}^{2z}\Big|_{-\pi\mathrm{i}}^{3\pi\mathrm{i}} = \frac{1}{2}(\mathrm{e}^{6\pi\mathrm{i}} - \mathrm{e}^{-2\pi\mathrm{i}}) = \frac{1-1}{2} = 0.$$

例 7.2.5 计算 $\int_0^1 z\sin z\,\mathrm{d}z$.

解 $$\int_0^1 z\sin z\,\mathrm{d}z = -\int_0^1 z\,\mathrm{d}\cos z = -\left(z\cos z\Big|_0^1 - \int_0^1 \cos z\,\mathrm{d}z\right)$$

$$= -(z\cos z - \sin z)\Big|_0^1 = \sin 1 - \cos 1$$

例 7.2.6 计算 $\int_{-\pi\mathrm{i}}^{\pi\mathrm{i}} \sin^2 z\,\mathrm{d}z$.

解 $$\int_{-\pi\mathrm{i}}^{\pi\mathrm{i}} \sin^2 z\,\mathrm{d}z = \int_{-\pi\mathrm{i}}^{\pi\mathrm{i}} \frac{1-\cos 2z}{2}\mathrm{d}z = \frac{1}{2}\left(z - \frac{1}{2}\sin 2z\right)\Big|_{-\pi\mathrm{i}}^{\pi\mathrm{i}} = \pi\mathrm{i} - \frac{1}{2}\sin 2\pi\mathrm{i}$$

7.2.3 基本定理的推广——复合闭路定理

可以把柯西-古萨基本定理推广到多连通域的情形.

定理 7.2.5(复合闭路定理) 设简单闭曲线 C 所包围的区域内有 n 条互不相交也互不包含的简单闭曲线 C_1，C_2，…，C_n，若函数在以 C 和 C_1，C_2，…，C_n 为边界的多连通闭区域上解析，则

$$\oint_C f(z)\mathrm{d}z = \sum_{k=1}^{n}\oint_{C_k} f(z)\mathrm{d}z$$

其中，C 和 C_1，C_2，…，C_n 均取逆时针方向.

复合闭路定理可将解析函数沿复杂路径的积分转化为沿较简单路径的积分，从而使积分计算更加简便.

例 7.2.7 计算 $\oint_\Gamma \frac{\mathrm{d}z}{z-z_0}$ 的值，其中 Γ 为包含 z_0 在内的任何一条正向简单闭曲线.

解 如图 7.2.1 所示，在 Γ 内以 z_0 为圆心，作正向圆周曲线 C，由复合闭路定理可得

$$\oint_\Gamma \frac{\mathrm{d}z}{z-z_0} = \oint_C \frac{\mathrm{d}z}{z-z_0}$$

由例 7.1.1 的结论得到 $\oint_\Gamma \frac{\mathrm{d}z}{z-z_0} = 2\pi\mathrm{i}$.

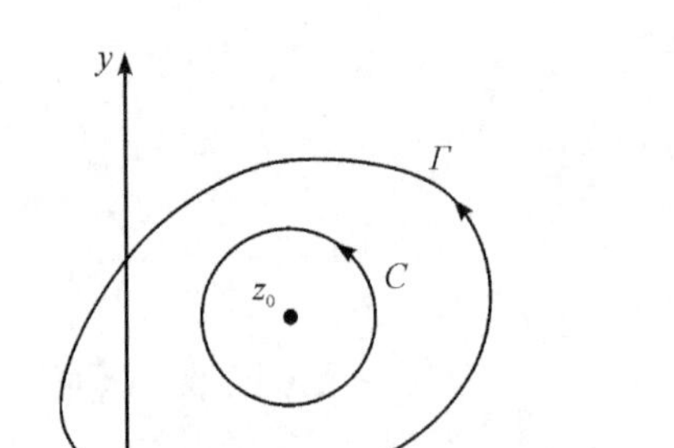

图 7.2.1 曲线 Γ 和 C

例 7.2.8 计算$\oint_\Gamma \frac{2z-1}{z^2-z}\mathrm{d}z$的值，其中$\Gamma$为包含圆周$|z|=1$在内的任何一条正向简单闭曲线.

解 如图 7.2.2 所示，分别以 0，1 为中心，在Γ内作正向圆周C_1，C_2，要求C_1，C_2互不相交且互不包含. 由复合闭路定理，有

$$\begin{aligned}\oint_\Gamma \frac{2z-1}{z^2-z}\mathrm{d}z &= \oint_{C_1} \frac{2z-1}{z^2-z}\mathrm{d}z + \oint_{C_2} \frac{2z-1}{z^2-z}\mathrm{d}z \\ &= \oint_{C_1} \frac{1}{z-1}\mathrm{d}z + \oint_{C_1} \frac{1}{z}\mathrm{d}z + \oint_{C_2} \frac{1}{z-1}\mathrm{d}z + \oint_{C_2} \frac{1}{z}\mathrm{d}z \\ &= 0 + 2\pi\mathrm{i} + 2\pi\mathrm{i} + 0 = 4\pi\mathrm{i}\end{aligned}$$

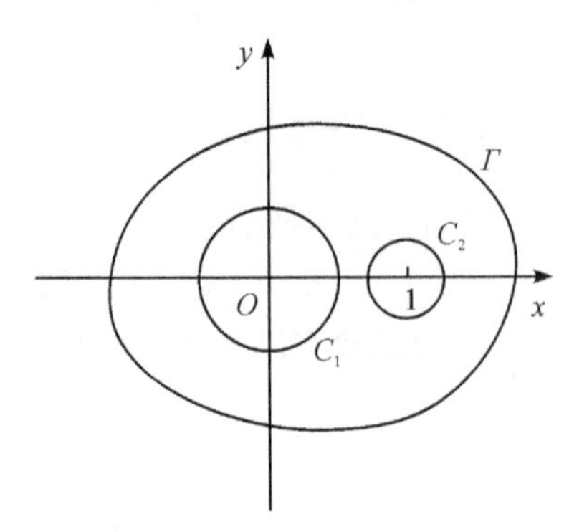

图 7.2.2 曲线 Γ 和 C_1，C_2

7.3 柯西积分公式和解析函数的高阶导数

7.3.1 柯西积分公式

定理 7.3.1(柯西积分公式) 如果函数$f(z)$在区域D内处处解析，C为D内的任何一条正向简单闭曲线，它的内部完全含于D，z_0为C内任意一点，则

$$f(z_0) = \frac{1}{2\pi\mathrm{i}}\oint_C \frac{f(z)}{z-z_0}\mathrm{d}z \tag{7.3.1}$$

证　由于 $f(z)$ 在 z_0 连续，所以 $\forall \varepsilon > 0$，$\exists \delta(\varepsilon) > 0$，当 $|z-z_0| < \delta$ 时，$|f(z)-f(z_0)| < \varepsilon$. 设以 z_0 为中心，R 为半径的圆周 K：$|z-z_0|=R$ 全部在 C 内，并且 $R<\delta$，则

$$\oint_C \frac{f(z)}{z-z_0}dz = \oint_K \frac{f(z)}{z-z_0}dz = \oint_K \frac{f(z_0)}{z-z_0}dz + \oint_K \frac{f(z)-f(z_0)}{z-z_0}dz$$
$$= 2\pi i f(z_0) + \oint_K \frac{f(z)-f(z_0)}{z-z_0}dz$$

由复变函数积分性质(5)有

$$\left|\oint_K \frac{f(z)-f(z_0)}{z-z_0}dz\right| \leqslant \oint_K \frac{|f(z)-f(z_0)|}{|z-z_0|}ds < \frac{\varepsilon}{R}\oint_K ds = 2\pi\varepsilon$$

由 ε 的任意性，$\oint_K \frac{f(z)-f(z_0)}{z-z_0}dz = 0$，因此式(7.3.1)成立.

例 7.3.1　计算 $\oint_C \frac{z}{(9-z^2)(z+i)}dz$，其中 C 为正向圆周 $|z|=2$.

解　函数 $f(z)=\frac{z}{9-z^2}$ 在 C 内解析，$z_0=-i$ 在 C 内，由柯西积分公式，得

$$\oint_C \frac{\frac{z}{9-z^2}}{z+i}dz = 2\pi i \frac{z}{9-z^2}\bigg|_{z=-i} = \frac{\pi}{5}$$

例 7.3.2　计算 $\oint_C \frac{\cos z}{z+i}dz$，其中 C 为正向圆周 $|z+i|=1$.

解　由柯西积分公式，得

$$\oint_C \frac{\cos z}{z+i}dz = 2\pi i\cos z\,|_{z=-i} = 2\pi i\cos(-i) = \pi i(e+e^{-1})$$

例 7.3.3　计算 $\oint_C \frac{z}{z^2-4}dz$，其中 C 为正向圆周 $|z+2|=1$.

解法 1　运用柯西积分公式，得

$$\oint_C \frac{z}{z^2-4}dz = \oint_C \frac{z}{(z-2)(z+2)}dz = \oint_C \frac{\frac{z}{z-2}}{z+2}dz = 2\pi i \cdot \frac{z}{z-2}\bigg|_{z=-2} = \pi i$$

解法 2　运用柯西-古萨基本定理，得

$$\oint_C \frac{z}{z^2-4}dz = \oint_C \frac{z}{(z-2)(z+2)}dz = \oint_C \frac{1}{2}\left(\frac{1}{z-2}+\frac{1}{z+2}\right)dz$$
$$= \oint_C \frac{1}{2}\times\frac{1}{z-2}dz + \oint_C \frac{1}{2}\times\frac{1}{z+2}dz = 0 + \frac{1}{2}\times 2\pi i = \pi i$$

7.3.2　解析函数的高阶导数

一个解析函数不仅有一阶导数，而且有高阶导数. 这一点与实函数完全不同，因为一个实函数的可导性不保证导函数的连续性，因而不能保证高阶导数的存在. 关于解析函数的高阶导数有下面的定理：

定理 7.3.2(高阶求导公式)　解析函数的导函数仍为解析函数，它的 n 阶导数为

$$f^{(n)}(z_0)=\frac{n!}{2\pi i}\oint_C \frac{f(z)}{(z-z_0)^{n+1}}dz,\ n=1,2,\cdots \tag{7.3.2}$$

其中，C 为 $f(z)$ 在函数解析区域 D 内围绕 z_0 的任何一条正向简单闭曲线，并且它的内部完全含于 D.

证明可以通过导数定义与数学归纳法来证明，这里从略.

解析函数的高阶导数公式的作用不在于通过积分求导数，而在于通过导数求积分.

例 7.3.4 计算 $\oint_C \frac{\cos\pi z}{(z-1)^5}dz$，其中 C 为正向圆周 $|z|=r>1$.

解 函数 $\frac{\cos\pi z}{(z-1)^5}$ 在 C 的 $z=1$ 处不解析，但 $f(z)=\cos\pi z$ 在 C 内处处解析. 由定理 7.3.2 得

$$\oint_C \frac{\cos\pi z}{(z-1)^5}dz=\frac{2\pi i}{(5-1)!}(\cos\pi z)^{(4)}\Big|_{z=1}=-\frac{\pi^5 i}{12}$$

例 7.3.5 $\oint_C \frac{1}{(z^2+1)^2}dz$，其中 C 为正向圆周 $|z-i|=1$.

解 函数 $\frac{1}{(z^2+1)^2}$ 的奇点为 $z=\pm i$，在 C 的 $z=i$ 处不解析，而函数 $f(z)=\frac{1}{(z+i)^2}$ 在 C 内解析，于是

$$\oint_C \frac{1}{(z^2+1)^2}dz=\oint_C \frac{\frac{1}{(z+i)^2}}{(z-i)^2}dz=\frac{2\pi i}{(2-1)!}\left[\frac{1}{(z+i)^2}\right]'\Big|_{z=i}=\frac{\pi}{2}$$

例 7.3.6 $\oint_C \frac{1}{z^3(z+1)(z-1)}dz$，其中 C 为正向圆周 $|z|=2$.

解 函数 $\frac{1}{z^3(z+1)(z-1)}$ 在 C 内有三个奇点 $z=1,0,-1$，分别以这三个点为中心作 C 内的三个小正向圆周 C_1，C_2，C_3，它们既不相交又互不包含，由复合闭路定理得

$$\begin{aligned}\oint_C \frac{1}{z^3(z+1)(z-1)}dz&=\oint_{C_1}\frac{\frac{1}{z^3(z+1)}}{z-1}dz+\oint_{C_2}\frac{\frac{1}{(z+1)(z-1)}}{z^3}dz+\oint_{C_3}\frac{\frac{1}{z^3(z-1)}}{z+1}dz\\&=2\pi i\left[\frac{1}{z^3(z+1)}\right]\Big|_{z=1}+\frac{2\pi i}{(3-1)!}\left[\frac{1}{(z+1)(z-1)}\right]''\Big|_{z=0}\\&\quad+2\pi i\left[\frac{1}{z^3(z-1)}\right]\Big|_{z=-1}\\&=\pi i-2\pi i+\pi i=0\end{aligned}$$

习 题 7

1. 沿下列路径计算积分 $\int_0^{3+i} z^2 dz$.

(1) 自原点到 $3+i$ 的直线段；

(2) 自原点沿实轴至 3，再由 3 沿垂直向上至 $3+\mathrm{i}$；

(3) 自原点沿虚轴至 i，再由 i 沿水平向右至 $3+\mathrm{i}$.

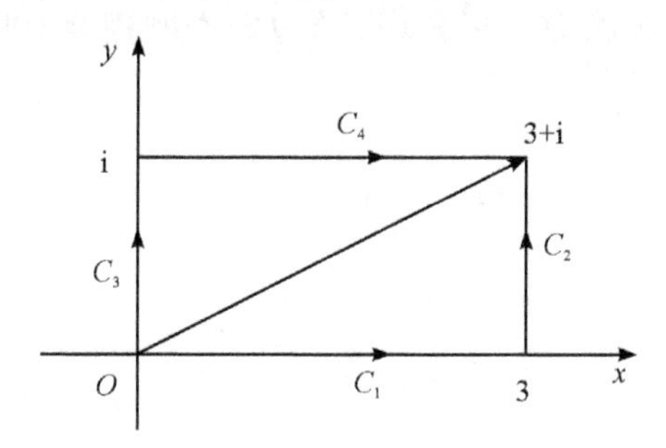

题 1 图

2. 计算积分 $\oint_C \frac{\bar{z}}{|z|}\mathrm{d}z$，其中 C 为(1) $|z|=2$；(2) $|z|=4$.

3. 试用观察法确定下列积分的值，并说明理由，其中 C 为 $|z|=1$.

(1) $\oint_C \frac{1}{z^2+4z+4}\mathrm{d}z$；　　(2) $\oint_C \frac{1}{\cos z}\mathrm{d}z$.

4. 沿指定曲线的正向计算下列积分.

(1) $\oint_C \frac{\mathrm{e}^z}{z-2}\mathrm{d}z$，$C$：$|z-2|=1$；　　(2) $\oint_C \frac{1}{z^2-a^2}\mathrm{d}z$，$C$：$|z-a|=a$；

(3) $\oint_C \frac{\mathrm{e}^{\mathrm{i}z}}{z^2+1}\mathrm{d}z$，$C$：$|z-2\mathrm{i}|=\frac{3}{2}$；　　(4) $\oint_C \frac{z}{z-3}\mathrm{d}z$，$C$：$|z|=2$；

(5) $\oint_C \frac{1}{(z^2+1)(z^2+4)}\mathrm{d}z$，$C$：$|z|=\frac{3}{2}$；

(6) $\oint_C \frac{\mathrm{e}^z}{z^5}\mathrm{d}z$，$C$：$|z|=1$.

5. 计算下列积分.

(1) $\int_0^{\pi\mathrm{i}} \sin z\,\mathrm{d}z$；　(2) $\int_1^{1+\mathrm{i}} z\mathrm{e}^z\,\mathrm{d}z$；　(3) $\int_0^{\mathrm{i}} (3\mathrm{e}^z+2z)\mathrm{d}z$.

6. 计算下列积分.

(1) $\oint_C \left(\frac{4}{z+1}+\frac{3}{z+2\mathrm{i}}\right)\mathrm{d}z$，$C$ 为正向圆周 $|z|=4$；

(2) $\oint_C \frac{2\mathrm{i}}{z^2+1}\mathrm{d}z$，$C$ 为正向圆周 $|z-1|=6$；

(3) $\oint_{C=C_1+C_2} \frac{\cos z}{z^3}\mathrm{d}z$，$C_1$ 为正向圆周 $|z|=2$，C_2 为负向圆周 $|z|=3$；

(4) $\oint_C \frac{\mathrm{e}^z}{(z-a)^3}\mathrm{d}z$，$a$ 为 $|a|\neq 1$ 的任何复数，C 为正向圆周 $|z|=1$.

7. 计算 $I=\oint_C \frac{z}{(2z+1)(z-2)}\mathrm{d}z$，其中 C 为：

(1) $|z|=1$；(2) $|z-2|=1$；(3) $|z-1|=\frac{1}{2}$；(4) $|z|=3$.

8. 证明：当 C 为任何不通过原点的简单闭曲线时，$\oint_C \frac{1}{z^2}\mathrm{d}z=0$.

9. 下列两个积分值是否相等？积分(2)的值能否利用复合闭路定理从(1)得到？为什么？

(1) $\oint_{|z|=2}\frac{\bar{z}}{z}\mathrm{d}z$；　　(2) $\oint_{|z|=4}\frac{\bar{z}}{z}\mathrm{d}z$.

10. 计算下列积分.

(1) $\oint_{|z|=1}\frac{\mathrm{e}^z}{z^{100}}\mathrm{d}z$；　　(2) $\oint_{|z|=2}\frac{\sin z}{\left(z-\frac{\pi}{2}\right)^2}\mathrm{d}z$.

习题 7 参考答案

第8章 级 数

级数是复变函数中的一个重要组成部分，一个函数的解析性与该函数能否展开成幂级数的问题是等价的. 因此，级数是研究解析函数的一个重要工具，它在理论和实际应用中都有很大的价值. 本章首先讨论复数项级数和复变函数项级数中的幂级数，然后讨论泰勒级数，最后介绍洛朗级数.

8.1 复数项级数与幂级数

8.1.1 复数项级数

定义 8.1.1 设$\{\alpha_n\}(n=1, 2, \cdots)$为一复数列，其中$\alpha_n=a_n+\mathrm{i}b_n$，且设$\alpha=a+\mathrm{i}b$为一确定的复数. 如果$\forall\varepsilon>0$，$\exists N(\varepsilon)>0$，使得当$n>N$时恒有$|\alpha_n-\alpha|<\varepsilon$成立，则$\alpha$称为复数列$\{\alpha_n\}$当$n\to\infty$时的极限，记作$\lim\limits_{n\to\infty}\alpha_n=\alpha$. 此时，称$\{\alpha_n\}$收敛于$\alpha$. 如果复数列$\{\alpha_n\}$不收敛，则称复数列$\{\alpha_n\}$发散.

定理 8.1.1 复数列$\{\alpha_n\}(n=1, 2, \cdots)$收敛于$\alpha$的充要条件是$\lim\limits_{n\to\infty}a_n=a$，$\lim\limits_{n\to\infty}b_n=b$.

证 必要性.

因为$\lim\limits_{n\to\infty}\alpha_n=\alpha$，那么对于任意给定的$\varepsilon>0$，总能找到一个正数$N$，当$n>N$时，有$|\alpha_n-\alpha|<\varepsilon$，即$|(a_n+\mathrm{i}b_n)-(a+\mathrm{i}b)|<\varepsilon$，从而有

$$|a_n-a|<|(a_n+\mathrm{i}b_n)-(a+\mathrm{i}b)|<\varepsilon$$

所以$\lim\limits_{n\to\infty}a_n=a$，同理$\lim\limits_{n\to\infty}b_n=b$.

充分性.

因为$\lim\limits_{n\to\infty}a_n=a$，$\lim\limits_{n\to\infty}b_n=b$，则当$n>N$时有$|a_n-a|<\dfrac{\varepsilon}{2}$，$|b_n-b|<\dfrac{\varepsilon}{2}$，从而

$$|\alpha_n-\alpha|=|(a_n+\mathrm{i}b_n)-(a+\mathrm{i}b)|\leqslant|a_n-a|+|b_n-b|<\varepsilon$$

所以$\lim\limits_{n\to\infty}\alpha_n=\alpha$.

由于$\{\alpha_n\}$收敛等价于两个实数列$\{a_n\}$与$\{b_n\}$都收敛，所以判别复数列$\{\alpha_n\}$的敛散性问题，可以转化为判别两个实数列$\{a_n\}$与$\{b_n\}$的敛散性问题. 关于两个实数列相应项之和、差、积、商所成数列的极限的结果，可推广到复数列.

定义 8.1.2 设复数列$\{\alpha_n\}=\{a_n+\mathrm{i}b_n\}(n=1, 2, \cdots)$，表达式

$$\sum_{n=1}^{\infty}\alpha_n=\alpha_1+\alpha_2+\cdots+\alpha_n+\cdots$$

称为复数项级数，令 $s_n=\alpha_1+\alpha_2+\cdots+\alpha_n$ 为级数的部分和. 若部分和数列 $\{s_n\}$ 收敛（设 $\lim\limits_{n\to\infty}s_n=s$），则称级数 $\sum\limits_{n=1}^{\infty}\alpha_n$ 收敛于 s，记作 $\sum\limits_{n=1}^{\infty}\alpha_n=s$；否则，称级数发散.

定理 8.1.2 级数 $\sum\limits_{n=1}^{\infty}\alpha_n$ 收敛的充要条件是级数 $\sum\limits_{n=1}^{\infty}a_n$ 和 $\sum\limits_{n=1}^{\infty}b_n$ 都收敛，且有

$$\sum_{n=1}^{\infty}\alpha_n=\sum_{n=1}^{\infty}a_n+\mathrm{i}\sum_{n=1}^{\infty}b_n$$

证 $s_n=\sum\limits_{k=1}^{n}\alpha_k=\sum\limits_{k=1}^{n}a_k+\mathrm{i}\sum\limits_{k=1}^{n}b_k=\sigma_n+\mathrm{i}\tau_n$，其中 $\sigma_n=\sum\limits_{k=1}^{n}a_k$ 和 $\tau_n=\sum\limits_{k=1}^{n}b_k$ 分别为 $\sum\limits_{n=1}^{\infty}a_n$ 和 $\sum\limits_{n=1}^{\infty}b_n$ 的部分和. 因此判别数列 $\{s_n\}$ 的极限的存在性等价于判别数列 $\{\sigma_n\}$ 和 $\{\tau_n\}$ 的极限的存在性，由定理 8.1.1 即可证得.

此定理说明判别复数项级数 $\sum\limits_{n=1}^{\infty}\alpha_n$ 的敛散性问题，可以转化为判别两个实数项级数 $\sum\limits_{n=1}^{\infty}a_n$ 与 $\sum\limits_{n=1}^{\infty}b_n$ 的敛散性问题.

结合实数项级数的性质可得级数 $\sum\limits_{n=1}^{\infty}\alpha_n$ 收敛的必要条件是 $\lim\limits_{n\to\infty}\alpha_n=0$.

定义 8.1.3 如果级数 $\sum\limits_{n=1}^{\infty}|\alpha_n|$ 收敛，则称复数项级数 $\sum\limits_{n=1}^{\infty}\alpha_n$ 绝对收敛. 如果 $\sum\limits_{n=1}^{\infty}\alpha_n$ 收敛而 $\sum\limits_{n=1}^{\infty}|\alpha_n|$ 发散，则称复数项级数 $\sum\limits_{n=1}^{\infty}\alpha_n$ 条件收敛.

推论 8.1.1 $\sum\limits_{n=1}^{\infty}\alpha_n$ 绝对收敛的充要条件是级数 $\sum\limits_{n=1}^{\infty}a_n$ 与 $\sum\limits_{n=1}^{\infty}b_n$ 也绝对收敛.

例 8.1.1 下列数列是否收敛？如果收敛，求出其极限.

(1) $\alpha_n=\left(1+\dfrac{1}{n}\right)\mathrm{e}^{\frac{\pi\mathrm{i}}{n}}$； (2) $\alpha_n=\dfrac{\cos(\mathrm{i}n)}{n}$.

解 (1) $\alpha_n=\left(1+\dfrac{1}{n}\right)\mathrm{e}^{\frac{\pi\mathrm{i}}{n}}=\left(1+\dfrac{1}{n}\right)\left(\cos\dfrac{\pi}{n}+\mathrm{i}\sin\dfrac{\pi}{n}\right)$，则

$$a_n=\left(1+\frac{1}{n}\right)\cos\frac{\pi}{n},\ b_n=\left(1+\frac{1}{n}\right)\sin\frac{\pi}{n}$$

而 $\lim\limits_{n\to\infty}a_n=1$，$\lim\limits_{n\to\infty}b_n=0$，所以数列 $\{\alpha_n\}$ 收敛，且 $\lim\limits_{n\to\infty}\alpha_n=1$.

(2) $\alpha_n=\dfrac{\cos(\mathrm{i}n)}{n}=\dfrac{\mathrm{e}^n+\mathrm{e}^{-n}}{2n}$，因此当 $n\to\infty$ 时，$\alpha_n\to\infty$，所以 $\{\alpha_n\}$ 发散.

例 8.1.2 下列级数是否收敛？若收敛，是否绝对收敛？

(1) $\sum\limits_{n=1}^{\infty}\left(\dfrac{1}{n}+\dfrac{\mathrm{i}}{2^n}\right)$； (2) $\sum\limits_{n=1}^{\infty}\dfrac{\mathrm{i}^n}{n!}$；

(3) $\sum\limits_{n=1}^{\infty}\dfrac{\mathrm{i}^n}{n}$； (4) $\sum\limits_{n=1}^{\infty}\left[\dfrac{(-1)^n}{n}+\dfrac{\mathrm{i}}{2^n}\right]$.

解　(1) 因为 $\sum_{n=1}^{\infty}\frac{1}{n}$ 发散，$\sum_{n=1}^{\infty}\frac{1}{2^n}$ 收敛，故原级数发散.

(2) 因为 $\sum_{n=1}^{\infty}\left|\frac{\mathrm{i}^n}{n!}\right|=\sum_{n=1}^{\infty}\frac{1}{n!}$，由正项级数的比值判别法可知 $\sum_{n=1}^{\infty}\frac{1}{n!}$ 收敛，故原级数收敛，且绝对收敛.

(3) 因为 $\sum_{n=1}^{\infty}\frac{\mathrm{i}^n}{n}=-\left(\frac{1}{2}-\frac{1}{4}+\frac{1}{6}-\frac{1}{8}+\cdots\right)+\mathrm{i}\left(1-\frac{1}{3}+\frac{1}{5}-\frac{1}{7}+\cdots\right)$ 的实部、虚部的两级数都收敛，故原级数收敛. 但因为 $\sum_{n=1}^{\infty}\left|\frac{\mathrm{i}^n}{n}\right|=\sum_{n=1}^{\infty}\frac{1}{n}$ 发散，故原级数条件收敛.

(4) 因为 $\sum_{n=1}^{\infty}\frac{(-1)^n}{n}$ 收敛，$\sum_{n=1}^{\infty}\frac{1}{2^n}$ 也收敛，故原级数收敛. 但 $\sum_{n=1}^{\infty}\left|\frac{(-1)^n}{n}\right|=\sum_{n=1}^{\infty}\frac{1}{n}$ 发散，故 $\sum_{n=1}^{\infty}\frac{(-1)^n}{n}$ 条件收敛，所以原级数条件收敛.

8.1.2　幂级数

定义 8.1.4　设 $\{f_n(z)\}$ $(n=1, 2, \cdots)$ 为一复函数列，其中各项在区域 D 内有定义. 表达式

$$\sum_{n=1}^{\infty}f_n(z)=f_1(z)+f_2(z)+\cdots+f_n(z)+\cdots$$

称为复变函数项级数. 记

$$s_n(z)=f_1(z)+f_2(z)+\cdots+f_n(z)$$

$s_n(z)$称为级数的部分和.

设 z_0 为区域内一点，如果$\lim\limits_{n\to\infty}s_n(z_0)=s(z_0)$存在，则称复变函数项级数 $\sum_{n=1}^{\infty}f_n(z)$ 在 z_0 点收敛，$s(z_0)$ 称为它的和. 如果级数在 D 内处处收敛，则它的和一定是 z 的一个函数 $s(z)$，称为级数的和函数，记作 $\sum_{n=1}^{\infty}f_n(z)=s(z)$.

定义 8.1.5　当 $f_n(z)=c_n(z-a)^n$ 或 $f_n(z)=c_nz^n$ 时，可以得到函数项级数的特殊情形：

$$\sum_{n=0}^{\infty}c_n(z-a)^n=c_0+c_1(z-a)+c_2(z-a)^2+\cdots+c_n(z-a)^n+\cdots \tag{8.1.1}$$

或

$$\sum_{n=0}^{\infty}c_nz^n=c_0+c_1z+c_2z^2+\cdots+c_nz^n+\cdots \tag{8.1.2}$$

以上形式的级数称为幂级数，其中 $c_n(n=1, 2, \cdots)$及 a 均为复常数.

如果令 $z-a=\zeta$，则式(8.1.1)就化为式(8.1.2)的形式. 为方便起见，今后常用式(8.1.2)来讨论幂级数的性质.

和实变函数项幂级数一样，复变函数项幂级数也有收敛定理，如下面的阿贝尔(Abel)定理.

定理 8.1.3(阿贝尔定理)　如果级数 $\sum_{n=0}^{\infty}c_nz^n$ 在 $z=z_0(z_0\neq 0)$ 处收敛，则对满足

$|z|<|z_0|$ 的 z，级数必绝对收敛. 如果级数在 $z=z_0$ 处发散，则对满足 $|z|>|z_0|$ 的 z，级数必发散.

证略.

阿贝尔定理的几何意义：如果幂级数 $\sum_{n=0}^{\infty} c_n z^n$ 在点 z_0（$z_0 \neq 0$）处收敛，那么该幂级数在以原点为圆心、以 $|z_0|$ 为半径的圆周内部的任一点 z 也一定收敛且为绝对收敛. 至于在圆周 $|z|=|z_0|$ 上及其外部的敛散性，除点 z_0 外，需另行判定. 如果幂级数 $\sum_{n=0}^{\infty} c_n z^n$ 在点 z_0 处发散，那么该幂级数在以原点为圆心、以 $|z_0|$ 为半径的圆周外部的任一点 z 也一定发散. 而在圆周 $|z|=|z_0|$ 上及其内部的敛散性，除点 z_0 外，也需另行判定.

关于幂级数收敛半径的求法，有如下定理：

定理 8.1.4 对幂级数 $\sum_{n=0}^{\infty} c_n z^n$，

(1) 若 $\lim\limits_{n\to\infty}\left|\dfrac{c_{n+1}}{c_n}\right|=\lambda \neq 0$，则收敛半径 $R=\dfrac{1}{\lambda}$；

(2) 若 $\lim\limits_{n\to\infty}\sqrt[n]{|c_n|}=\lambda \neq 0$，则收敛半径 $R=\dfrac{1}{\lambda}$.

例 8.1.3 求下列幂级数的收敛半径：

(1) $\sum_{n=1}^{\infty} z^n$；

(2) $\sum_{n=1}^{\infty} \dfrac{(-1)^n z^n}{n!}$；

(3) $\sum_{n=1}^{\infty} \dfrac{z^n}{n^3}$（并讨论在收敛圆周上的情形）；

(4) $\sum_{n=1}^{\infty} \dfrac{(z-1)^n}{n}$（并讨论当 $z=0$，2 时的情形）.

解 (1) 因为 $c_n=1$，$\lambda=\lim\limits_{n\to\infty}\left|\dfrac{c_{n+1}}{c_n}\right|=1$，所以 $R=1$.

(2) 因为 $\lim\limits_{n\to\infty}\left|\dfrac{c_{n+1}}{c_n}\right|=\lim\limits_{n\to\infty}\dfrac{n!}{(n+1)!}=0$，所以 $R=+\infty$.

(3) 因为 $\lambda=\lim\limits_{n\to\infty}\left|\dfrac{c_{n+1}}{c_n}\right|=\lim\limits_{n\to\infty}\left(\dfrac{n}{n+1}\right)^3=1$，所以 $R=1$，收敛圆 $|z|=1$，级数在圆 $|z|=1$ 内收敛，在圆外发散.

在圆周 $|z|=1$ 上，$\sum_{n=1}^{\infty}\left|\dfrac{z^n}{n^3}\right|=\sum_{n=1}^{\infty}\dfrac{1}{n^3}$ 为收敛级数，所以原级数在收敛圆上处处收敛.

(4) 因为 $\lambda=\lim\limits_{n\to\infty}\left|\dfrac{c_{n+1}}{c_n}\right|=\lim\limits_{n\to\infty}\dfrac{n}{n+1}=1$，所以 $R=1$，收敛圆 $|z-1|=1$.

当 $z=0$ 时，原级数为 $\sum_{n=1}^{\infty}\dfrac{(-1)^n}{n}$，为交错级数，由莱布尼茨准则知级数收敛.

当 $z=2$ 时，原级数为 $\sum_{n=1}^{\infty}\dfrac{1}{n}$，为调和级数，级数发散.

与实变幂级数一样，复变幂级数也可以进行有理运算. 设

$$f(z)=\sum_{n=0}^{\infty}a_nz^n,\ |z|<R_1;\ g(z)=\sum_{n=0}^{\infty}b_nz^n,\ |z|<R_2$$

则

$$f(z)\pm g(z)=\sum_{n=0}^{\infty}a_nz^n\pm\sum_{n=0}^{\infty}b_nz^n=\sum_{n=0}^{\infty}(a_n\pm b_n)z^n,\ |z|<\min(R_1,R_2)$$

$$\begin{aligned}f(z)\cdot g(z)&=(\sum_{n=0}^{\infty}a_nz^n)\cdot(\sum_{n=0}^{\infty}b_nz^n)\\&=\sum_{n=0}^{\infty}(a_nb_0+a_{n-1}b_1+\cdots+a_0b_n)z^n,\ |z|<\min(R_1,R_2)\end{aligned}$$

复变幂级数也和实变幂级数一样，在其收敛圆内有如下性质：

定理 8.1.5 设幂级数 $\sum_{n=0}^{\infty}c_n(z-a)^n$ 的收敛半径为 R，则

(1) 它的和函数 $f(z)=\sum_{n=0}^{\infty}c_n(z-a)^n$ 是收敛圆 $|z-a|=R$ 内的解析函数；

(2) $f(z)$ 在收敛圆内可逐项求导，即 $f'(z)=\sum_{n=0}^{\infty}nc_n(z-a)^{n-1}$；

(3) $f(z)$ 在收敛圆内可逐项积分，即

$$\int_C f(z)\mathrm{d}z=\sum_{n=0}^{\infty}c_n\int_C(z-a)^n\mathrm{d}z=\sum_{n=0}^{\infty}\frac{c_n}{n+1}(z-a)^{n+1},\ C\text{ 在圆 }|z-a|=R\text{ 内}$$

8.2 泰勒级数

8.2.1 解析函数的泰勒展开式

定理 8.2.1 设函数 $f(z)$ 在区域 D 内解析，z_0 为区域 D 内一点，d 为 z_0 到 D 的边界上各点的最短距离，则当 $|z-z_0|<d$ 时，$f(z)$ 可以展开成幂级数，并且这种展开式是唯一的，即

$$\begin{aligned}f(z)&=c_0+c_1(z-z_0)+c_2(z-z_0)^2+\cdots+c_n(z-z_0)^n+\cdots\\&=\sum_{n=0}^{\infty}c_n(z-z_0)^n\end{aligned}\tag{8.2.1}$$

其中，$c_n=\dfrac{f^{(n)}(z_0)}{n!}(n=0,1,2,\cdots)$.

式(8.2.1) 称为 $f(z)$ 在 z_0 的泰勒(Taylor) 展开式，$\sum_{n=0}^{\infty}c_n(z-z_0)^n$ 称为 $f(z)$ 在 z_0 的泰勒级数，$c_n(n=0,1,2,\cdots)$ 称为泰勒系数.

当 $z_0=0$ 时，$f(z)$ 在 z_0 的泰勒展开式为

$$f(z)=f(0)+\frac{f'(0)}{1!}z+\frac{f''(0)}{2!}z^2+\cdots+\frac{f^{(n)}(0)}{n!}z^n+\cdots=\sum_{n=0}^{\infty}\frac{f^{(n)}(0)}{n!}z^n\tag{8.2.2}$$

式(8.2.2)称为 $f(z)$ 的麦克劳林(Maclaurin)展开式，$\sum\limits_{n=0}^{\infty}\dfrac{f^{(n)}(0)}{n!}z^n$ 称为麦克劳林级数.

注：(1) 函数 $f(z)$ 在区域 $|z-z_0|<d$ 内解析，级数 $\sum\limits_{n=0}^{\infty}c_n(z-z_0)^n$ 在区域 $|z-z_0|<d$ 内收敛.

(2) 如果 $f(z)$ 在 z_0 处解析，那么使 $f(z)$ 在 z_0 处的泰勒展开式成立的圆域的半径 $d=R$ 就等于从 z_0 到 $f(z)$ 的距 z_0 最近的一个奇点 α 之间的距离，即 $R=|\alpha-z_0|$. 事实上，$f(z)$ 在收敛圆内是解析的，故 α 不可能在收敛圆内，又因为奇点 α 不可能在收敛圆外(否则收敛半径还可以扩大)，所以奇点 α 只能在收敛圆上.

(3) $f(z)$ 在 z_0 处的泰勒展开式是唯一的，因为假设 $f(z)$ 在 z_0 处有另一展开式

$$f(z)=b_0+b_1(z-z_0)+b_2(z-z_0)^2+\cdots+b_n(z-z_0)^n+\cdots$$

则当 $z=z_0$ 时有 $b_0=f(z_0)$，然后按幂级数在收敛圆内可以逐项求导的性质，将上式两边求导后，令 $z=z_0$，得 $b_1=f'(z_0)$，同理可得 $b_n=\dfrac{f^{(n)}(z_0)}{n!}(n=0, 1, 2, \cdots)$.

由此可见，函数在一点解析的充要条件是它在这点的邻域内可以展开为幂级数，即泰勒级数，且是唯一的. 利用泰勒展开式，我们可以直接通过计算系数 $c_n=\dfrac{f^{(n)}(z_0)}{n!}(n=0, 1, 2, \cdots)$，把函数 $f(z)$ 在 z_0 处展开成幂级数，这种方法称为直接法.

例 8.2.1 将 $f(z)=e^z$ 展开成麦克劳林级数.

解 因为 $f^{(n)}(z)=e^z$，所以 $f^{(n)}(0)=1$，$n=0, 1, 2, \cdots$，则 $c_n=\dfrac{f^{(n)}(0)}{n!}=\dfrac{1}{n!}$，又 e^z 在整个复平面上处处解析，利用麦克劳林展开式得

$$e^z=1+z+\frac{z^2}{2!}+\frac{z^3}{3!}+\cdots+\frac{z^n}{n!}+\cdots \tag{8.2.3}$$

其收敛半径 $R=+\infty$. 类似地，利用泰勒展开式，可以直接通过计算系数得到以下函数的麦克劳林展开式：

$$\sin z=z-\frac{z^3}{3!}+\frac{z^5}{5!}+\cdots+(-1)^n\frac{z^{2n+1}}{(2n+1)!}+\cdots, R=+\infty \tag{8.2.4}$$

$$\cos z=1-\frac{z^2}{2!}+\frac{z^4}{4!}+\cdots+(-1)^n\frac{z^{2n}}{(2n)!}+\cdots, R=+\infty \tag{8.2.5}$$

$$\frac{1}{1+z}=1-z+z^2-\cdots+(-1)^n z^n+\cdots, |z|<1 \tag{8.2.6}$$

$$\ln(1+z)=z-\frac{z^2}{2!}+\frac{z^3}{3!}-\cdots+(-1)^n\frac{z^{n+1}}{(n+1)!}+\cdots, |z|<1 \tag{8.2.7}$$

8.2.2 一些初等函数展开成幂级数

用直接法可以把较简单的解析函数在解析点的某一邻域内展开成泰勒级数，但是对于比较复杂的函数，可以借助已知函数的展开式，利用幂级数的性质，如变量代换、逐项求导、逐项积分等得出泰勒展开式，这种方法称为间接法.

例 8.2.2 把函数 $f(z)=\dfrac{1}{(1+z)^2}$展开成 z 的幂级数.

解 函数$\dfrac{1}{(1+z)^2}$在$|z|<1$内处处解析，由式(8.2.6)得

$$\frac{1}{1+z}=1-z+z^2-\cdots+(-1)^n z^n+\cdots,\quad |z|<1$$

把上式两边逐项求导，即可得所求展开式为

$$\frac{1}{(1+z)^2}=1-2z+3z^2-4z^3+\cdots+(-1)^{n-1}nz^{n-1}+\cdots,\quad |z|<1$$

例 8.2.3 把函数 $f(z)=\dfrac{1}{1+z^2}$展开成 z 的幂级数.

解 由于函数$\dfrac{1}{1+z^2}$在复平面内除去 $z=\mathrm{i}$ 及 $z=-\mathrm{i}$ 外处处解析，因此使$\dfrac{1}{1+z^2}$在 $z_0=0$ 处的泰勒展开式成立的圆域的半径 R 就等于从 $z_0=0$ 到离它最近的奇点的距离，$R=1$，故$\dfrac{1}{1+z^2}$在$|z|<1$内能展开成幂级数. 当$|z|<1$时，$|z^2|<1$，由式(8.2.6)可得

$$\frac{1}{1-z}=1+z+z^2+\cdots+z^n+\cdots,\quad |z|<1$$

因此

$$\frac{1}{1+z^2}=\frac{1}{1-(-z^2)}=1+(-z^2)+(-z^2)^2+\cdots+(-z^2)^n+\cdots,\quad |z|<1$$

例 8.2.4 把函数 $f(z)=\dfrac{1}{(1-z)^2}$展开成 $z-\mathrm{i}$ 的幂级数.

解 函数$\dfrac{1}{(1-z)^2}$只有一个奇点 $z=1$，那么使$\dfrac{1}{(1-z)^2}$在 $z_0=\mathrm{i}$ 的泰勒展开式成立的圆域的半径 $R=|1-\mathrm{i}|=\sqrt{2}$，所以函数在$|z-\mathrm{i}|<\sqrt{2}$内可以展开成 $z-\mathrm{i}$ 的幂级数. 由$\dfrac{1}{1-z}=1+z+z^2+\cdots+z^n+\cdots$，$|z|<1$ 及幂级数的性质可得

$$\begin{aligned}\frac{1}{(1-z)^2}&=\left(\frac{1}{1-z}\right)'=\left(\frac{1}{1-\mathrm{i}-(z-\mathrm{i})}\right)'\\&=\left\{\frac{1}{1-\mathrm{i}}\left[1+\frac{z-\mathrm{i}}{1-\mathrm{i}}+\left(\frac{z-\mathrm{i}}{1-\mathrm{i}}\right)^2+\cdots+\left(\frac{z-\mathrm{i}}{1-\mathrm{i}}\right)^n+\cdots\right]\right\}'\\&=\frac{1}{1-\mathrm{i}}\left[\frac{1}{1-\mathrm{i}}+\frac{2}{1-\mathrm{i}}\left(\frac{z-\mathrm{i}}{1-\mathrm{i}}\right)+\cdots+\frac{n}{1-\mathrm{i}}\left(\frac{z-\mathrm{i}}{1-\mathrm{i}}\right)^{n-1}+\cdots\right]\\&=\frac{1}{(1-\mathrm{i})^2}\left[1+2\left(\frac{z-\mathrm{i}}{1-\mathrm{i}}\right)+\cdots+n\left(\frac{z-\mathrm{i}}{1-\mathrm{i}}\right)^{n-1}+\cdots\right],\quad |z-\mathrm{i}|<\sqrt{2}\end{aligned}$$

例 8.2.5 把函数 $f(z)=\cos^2 z$ 展开成麦克劳林级数.

解 函数 $\cos^2 z$ 在复平面内处处解析，由式(8.2.5)有

$$\cos^2 z=\frac{1+\cos 2z}{2}=\frac{1}{2}+\frac{1}{2}\left[1-\frac{(2z)^2}{2!}+\frac{(2z)^4}{4!}-\cdots+(-1)^n\frac{(2z)^{2n}}{(2n)!}+\cdots\right]$$

$$=1-\frac{(2z)^2}{2\times 2!}+\frac{(2z)^4}{2\times 4!}-\cdots+(-1)^n\frac{(2z)^{2n}}{2\times(2n)!}+\cdots$$

$$=1-z^2+\frac{z^4}{3}-\cdots+(-1)^n\frac{(2z)^{2n}}{2\times(2n)!}+\cdots,\ R=+\infty$$

8.3 洛朗级数

8.3.1 洛朗级数的概念

在 8.2 节中已经知道，在圆域 $|z-z_0|=R$ 内解析的函数 $f(z)$ 可以在该圆域内展开成 $(z-z_0)$ 的幂级数，但是如果 $f(z)$ 在 z_0 处不解析，则 $f(z)$ 在该圆域内就不能展开成 $(z-z_0)$ 的幂级数. 因此本节将讨论在以 z_0 为中心的圆环域内解析函数的级数表示法.

定义 8.3.1 下列形式的级数称为洛朗(Laurent)级数：

$$\sum_{n=-\infty}^{\infty}c_n(z-z_0)^n=\cdots+c_{-n}(z-z_0)^{-n}+\cdots+c_{-1}(z-z_0)^{-1}+$$
$$c_0+c_1(z-z_0)+\cdots+c_n(z-z_0)^n+\cdots \tag{8.3.1}$$

其中，z_0 和 $c_n(n=0,\ \pm1,\ \pm2,\ \cdots)$ 都为常数.

级数(8.3.1)由两部分组成. 第一部分是 $(z-z_0)$ 的正幂级数(含常数项)：

$$\sum_{n=0}^{\infty}c_n(z-z_0)^n=c_0+c_1(z-z_0)+\cdots+c_n(z-z_0)^n+\cdots \tag{8.3.2}$$

第二部分是 $(z-z_0)$ 的负幂级数：

$$\sum_{n=1}^{\infty}c_{-n}(z-z_0)^{-n}=c_{-1}(z-z_0)^{-1}+\cdots+c_{-n}(z-z_0)^{-n}+\cdots \tag{8.3.3}$$

洛朗级数(8.3.1)收敛当且仅当 $\sum\limits_{n=0}^{\infty}c_n(z-z_0)^n$ 和 $\sum\limits_{n=1}^{\infty}c_{-n}(z-z_0)^{-n}$ 都收敛. 由幂级数的知识可知，级数(8.3.2)在圆域 $|z-z_0|<R_2$ 内收敛，在该圆域外发散. 对于级数(8.3.3)，做变换 $\zeta=(z-z_0)^{-1}$，则级数 $\sum\limits_{n=1}^{\infty}c_{-n}(z-z_0)^{-n}=\sum\limits_{n=1}^{\infty}c_{-n}\zeta^n$ 在圆域 $|\zeta|<\frac{1}{R_1}$ 内收敛，在该圆域外发散. 由此，若 $R_1<R_2$，则级数(8.3.1)在圆环域 $R_1<|z-z_0|<R_2$ 内收敛. 可以证明级数(8.3.1)在 $R_1<|z-z_0|<R_2$ 内的和函数是解析的，并且可以逐项求导和逐项积分，即在圆环域 $R_1<|z-z_0|<R_2$ 内解析函数 $f(z)$ 可以展开成洛朗级数.

8.3.2 解析函数的洛朗级数展开式

定理 8.3.1 设函数 $f(z)$ 在圆环域 $R_1<|z-z_0|<R_2$ 内处处解析，则 $f(z)$ 可以在该圆环域内展开为洛朗级数，即

$$f(z)=\sum_{n=-\infty}^{\infty}c_n(z-z_0)^n \tag{8.3.4}$$

其中

$$c_n=\frac{1}{2\pi i}\oint_C \frac{f(\zeta)}{(\zeta-z_0)^{n+1}}d\zeta,\ n=0,\ \pm 1,\ \pm 2,\ \cdots \tag{8.3.5}$$

C 为圆环域内绕点 z_0 的任一正向简单闭曲线.

注：(1) 定理 8.3.1 中，洛朗级数中的 c_n 不能由高阶导数公式(7.3.2)

$$c_n=\frac{1}{2\pi i}\oint_C \frac{f(z)}{(z-z_0)^{n+1}}dz=\frac{f^{(n)}(z_0)}{n!}$$

来计算，因为 $f(z)$在 z_0 处不解析，所以 $f^{(n)}(z_0)$不存在.

特别地，若定理 8.3.1 中 $R_1=0$，并且 $f(z)$在 z_0 处解析，即 $f(z)$在$|z-z_0|<R_2$ 内解析，则由柯西-古萨基本定理知，当 $n\leqslant -1$ 时，$c_n=0$. 由高阶导数公式，当 $n\geqslant 0$ 时，有

$$c_n=\frac{1}{2\pi i}\oint_C \frac{f(z)}{(z-z_0)^{n+1}}dz=\frac{f^{(n)}(z_0)}{n!}$$

所以 $f(z)$在$|z-z_0|<R_2$ 内可展开成泰勒级数.

(2) 一个在某一圆环域内解析的函数 $f(z)$展开为含有正、负整次幂的级数是唯一的，这个级数就是 $f(z)$的洛朗级数.

在圆环域内，将解析函数 $f(z)$展开为洛朗级数时，由于利用公式(8.3.5)计算 c_n 较烦琐，而在某一圆环域内解析的函数 $f(z)$展开为洛朗级数是唯一的，所以在将函数展开为洛朗级数时，往往借助初等函数的泰勒展开式，结合导数与积分来进行.

例 8.3.1 将函数 $f(z)=z^2e^{\frac{1}{z}}$在 $0<|z|<+\infty$内展开成洛朗级数.

解 函数 $f(z)=z^2e^{\frac{1}{z}}$在 $0<|z|<+\infty$内处处解析. 因为

$$e^z=1+z+\frac{z^2}{2!}+\frac{z^3}{3!}+\cdots+\frac{z^n}{n!}+\cdots$$

所以

$$z^2e^{\frac{1}{z}}=z^2\left(1+\frac{1}{z}+\frac{1}{2!z^2}+\frac{1}{3!z^3}+\frac{1}{4!z^4}\cdots\right)=z^2+z+\frac{1}{2!}+\frac{1}{3!z}+\frac{1}{4!z^2}+\cdots$$

例 8.3.2 函数 $f(z)=\dfrac{1}{(z-1)(z-2)}$在圆环域

(1) $|z|<1$；　(2) $1<|z|<2$；　(3) $2<|z|<+\infty$

内是处处解析的，将 $f(z)$在这些区域内分别展开成洛朗级数.

解

$$f(z)=\frac{1}{(z-1)(z-2)}=\frac{1}{1-z}-\frac{1}{2-z}$$

(1) 在$|z|<1$ 内，因为$|z|<1$，从而$\left|\dfrac{z}{2}\right|<1$，所以

$$\frac{1}{1-z}=1+z+z^2+\cdots+z^n+\cdots \tag{8.3.6}$$

$$\frac{1}{2-z}=\frac{1}{2}\cdot\frac{1}{1-\dfrac{z}{2}}=\frac{1}{2}\left(1+\frac{z}{2}+\frac{z^2}{2^2}+\cdots+\frac{z^n}{2^n}+\cdots\right) \tag{8.3.7}$$

因此

$$f(z)=(1+z+z^2+\cdots)-\frac{1}{2}\left(1+\frac{z}{2}+\frac{z^2}{4}+\cdots\right)=\frac{1}{2}+\frac{3}{4}z+\frac{7}{8}z^2+\cdots$$

(2) 在 $1<|z|<2$ 内，因为 $|z|>1$，所以式(8.3.6)不成立，但 $\left|\frac{1}{z}\right|<1$，所以

$$\frac{1}{1-z}=-\frac{1}{z}\cdot\frac{1}{1-\frac{1}{z}}=-\frac{1}{z}\left(1+\frac{1}{z}+\frac{1}{z^2}+\cdots+\frac{1}{z^n}+\cdots\right) \tag{8.3.8}$$

而 $\left|\frac{z}{2}\right|<1$，式(8.3.7)仍成立，因此

$$\begin{aligned}f(z)&=-\frac{1}{z}\left(1+\frac{1}{z}+\frac{1}{z^2}+\cdots+\frac{1}{z^n}+\cdots\right)-\frac{1}{2}\left(1+\frac{z}{2}+\frac{z^2}{2^2}+\cdots+\frac{z^n}{2^n}+\cdots\right)\\&=-\frac{1}{z^n}-\frac{1}{z^{n-1}}-\cdots-\frac{1}{z}-\frac{1}{2}-\frac{z}{4}-\frac{z^2}{8}-\cdots-\frac{z^n}{2^{n+1}}-\cdots\end{aligned}$$

(3) 在 $2<|z|<+\infty$ 内，因为 $|z|>2$，所以式(8.3.7)不成立，但 $\left|\frac{2}{z}\right|<1$，所以

$$\frac{1}{2-z}=-\frac{1}{z}\cdot\frac{1}{1-\frac{2}{z}}=-\frac{1}{z}\left(1+\frac{2}{z}+\frac{2^2}{z^2}+\cdots+\frac{2^n}{z^n}+\cdots\right)$$

此时 $\left|\frac{1}{z}\right|<\left|\frac{2}{z}\right|<1$，所以式(8.3.8)仍成立，因此

$$f(z)=-\frac{1}{z}\left(1+\frac{1}{z}+\frac{1}{z^2}+\cdots\right)+\frac{1}{z}\left(1+\frac{2}{z}+\frac{2^2}{z^2}+\cdots\right)=\frac{1}{z^2}+\frac{3}{z^3}+\frac{7}{z^4}+\cdots$$

例 8.3.3 将函数 $f(z)=\frac{1}{z(1-z)^2}$ 分别在圆环域

(1) $0<|z|<1$；　(2) $0<|z-1|<1$

内展开成洛朗级数.

解 (1) 当 $0<|z|<1$ 时，有

$$\frac{1}{1-z}=1+z+z^2+\cdots+z^n+\cdots$$

$$\frac{1}{(1-z)^2}=\left(\frac{1}{1-z}\right)'=1+2z+3z^2+\cdots+nz^{n-1}+\cdots$$

所以

$$\begin{aligned}f(z)&=\frac{1}{z(1-z)^2}=\frac{1}{z}(1+2z+3z^2+\cdots+nz^{n-1}+\cdots)\\&=\frac{1}{z}+2+3z+\cdots+nz^{n-2}+\cdots\\&=\sum_{n=-1}^{\infty}(n+2)z^n\end{aligned}$$

(2) 当 $0<|z-1|<1$ 时，有

$$\frac{1}{z}=\frac{1}{1+(z-1)}=1-(z-1)+(z-1)^2+\cdots+(-1)^n(z-1)^n+\cdots$$

所以

$$f(z)=\frac{1}{z(1-z)^2}=\frac{1}{(1-z)^2}[1-(z-1)+(z-1)^2+\cdots+(-1)^n(z-1)^n+\cdots]$$
$$=\frac{1}{(1-z)^2}-\frac{1}{z-1}+1-(z-1)+\cdots+(-1)^n(z-1)^{n-2}+\cdots$$
$$=\sum_{n=-2}^{\infty}(-1)^n(z-1)^n$$

另外，在式(8.3.5)中，令 $n=-1$，可得

$$c_{-1}=\frac{1}{2\pi i}\oint_C f(z)dz \quad 或 \quad \oint_C f(z)dz=2\pi i c_{-1} \tag{8.3.9}$$

其中，C 为圆环域 $R_1<|z-z_0|<R_2$ 内任一正向简单闭曲线，$f(z)$在此圆环域内解析. 由式(8.3.9)可知，计算沿封闭路线的积分可以转化为求被积函数的洛朗级数展开式中 z 的负一次幂项的系数 c_{-1}.

例 8.3.4　求下列积分的值：

(1) $\oint_{|z|=2} z^2 e^{\frac{1}{z}}dz$；　(2) $\oint_{|z|=\frac{1}{2}} \frac{1}{z(1-z)^2}dz$.

解　(1) 函数 $f(z)=z^2 e^{\frac{1}{z}}$ 在 $0<|z|<+\infty$ 内处处解析，且 $|z|=2$ 在此圆环域中，所以 $f(z)$ 在此圆环域内的洛朗级数展开式的系数 c_{-1} 乘 $2\pi i$ 即为所求积分. 由例 8.3.1 得

$$f(z)=z^2+z+\frac{1}{2!}+\frac{1}{3!z}+\frac{1}{4!z^2}+\cdots,\ 0<|z|<+\infty$$

因此 $c_{-1}=\frac{1}{3!}$，所以

$$\oint_{|z|=2} z^2 e^{\frac{1}{z}}dz=2\pi i\cdot\frac{1}{3!}=\frac{\pi i}{3}$$

(2) 函数 $f(z)=\frac{1}{z(1-z)^2}$ 在 $0<|z|<1$ 内处处解析，且 $|z|=\frac{1}{2}$ 在此圆环域中，所以 $f(z)$在此圆环域内的洛朗级数展开式的系数 c_{-1} 乘 $2\pi i$ 即为所求积分. 由例 8.3.3 得

$$f(z)=\frac{1}{z(1-z)^2}=\frac{1}{z}+2+3z+\cdots+nz^{n-2}+\cdots,\ 0<|z|<1$$

因此 $c_{-1}=1$，所以

$$\oint_{|z|=\frac{1}{2}} \frac{1}{z(1-z)^2}dz=2\pi i\cdot 1=2\pi i$$

习　题　8

1. 下列数列 $\{\alpha_n\}$ 是否收敛？如果收敛，求出它们的极限.

(1) $\alpha_n=\frac{1+ni}{1-ni}$；　(2) $\alpha_n=\left(1+\frac{i}{2}\right)^{-n}$；　(3) $\alpha_n=(-1)^n+\frac{i}{n+1}$；　(4) $\alpha_n=e^{-\frac{n\pi i}{2}}$.

2. 下列级数是否收敛？若收敛，是否绝对收敛？

(1) $\sum_{n=1}^{\infty}\left(\frac{1}{2^n}+\frac{i}{n}\right)$；　(2) $\sum_{n=1}^{\infty}\frac{i^n}{n!}$；　(3) $\sum_{n=1}^{\infty}\frac{i^n}{n}$；　(4) $\sum_{n=2}^{\infty}\frac{\cos in}{2^n}$.

3. 试确定下列幂级数的收敛半径.

(1) $\sum_{n=1}^{\infty} nz^{n-1}$；(2) $\sum_{n=1}^{\infty}\left(1+\frac{1}{n}\right)^{n^2} z^n$；(3) $\sum_{n=1}^{\infty}\frac{(-1)^n}{n!}z^n$.

4. 把下列各函数展开成 z 幂级数，并指出它们的收敛半径.

(1) $\frac{1}{1+z^3}$；(2) $\cos z^2$；(3) $\frac{1}{(1+z^2)^2}$；(4) $\operatorname{ch} z$；(5) $e^{\frac{z}{z-1}}$；(6) $\sin\frac{1}{1-z}$.

5. 求下列函数在指定点 z_0 处的泰勒展开式.

(1) $\frac{1}{z^2}$, $z_0=1$；　　(2) $\sin z$, $z_0=1$；

(3) $\frac{1}{4-3z}$, $z_0=1+\mathrm{i}$；　　(4) $\tan z$, $z_0=\frac{\pi}{4}$.

6. 将下列函数在指定圆环内展开成洛朗级数.

(1) $\frac{1}{(z^2+1)(z-2)}$, $1<|z|<2$；

(2) $z^2 e^{\frac{1}{z}}$, $0<|z|<+\infty$；

(3) $\frac{1}{z(1-z)^2}$, $0<|z|<1$, $0<|z-1|<1$；

(4) $e^{\frac{1}{1-z}}$, $1<|z|<+\infty$.

7. 将 $f(z)=\frac{1}{z^2-5z+6}$ 分别在其有限孤立奇点处展开成洛朗级数.

8. 如果 C 为正向圆周 $|z|=3$，求下列积分的值.

(1) $\oint_C \frac{1}{z(z+2)}\mathrm{d}z$；　　(2) $\oint_C \frac{z}{(z+1)(z+2)}\mathrm{d}z$.

习题 8 参考答案

第9章 留 数

留数理论是复变函数最重要的内容之一，而留数定理是留数理论的基础，在理论研究与实际应用中都有重要意义. 在这一章中我们将介绍留数定理，利用这个定理可以计算某些定积分. 为此，先从研究解析函数在其孤立奇点处的性质出发，介绍函数在孤立奇点处的留数计算公式.

9.1 孤立奇点

9.1.1 孤立奇点的分类

定义 9.1.1 如果函数 $f(z)$在 z_0 点不解析，但在 z_0 的某个去心邻域 $0<|z-z_0|<\delta$ 内处处解析，则称 z_0 为 $f(z)$的孤立奇点.

例 9.1.1 $z=0$ 是函数 $f(z)=\dfrac{1}{z}$的孤立奇点.

例 9.1.2 $z_1=2\mathrm{i}$ 和 $z_2=3$ 是函数 $f(z)=\dfrac{1}{(z-2\mathrm{i})(z+3)}$的两个孤立奇点.

例 9.1.3 $z=0$ 和 $z=\dfrac{1}{n\pi}(n=\pm1,\ \pm2,\ \cdots)$都是函数 $f(z)=\dfrac{1}{\sin\dfrac{1}{z}}$的奇点，但是$z=0$ 不是孤立奇点，因为在 $z=0$ 的任何去心邻域内，只要 $|n|$ 充分大，总有奇点$\dfrac{1}{n\pi}$包含在其中.

定义 9.1.2 设 z_0 为 $f(z)$的孤立奇点，在 z_0 的某个去心邻域 $0<|z-z_0|<\delta$ 内，$f(z)$展开成洛朗级数

$$f(z)=\sum_{n=-\infty}^{\infty}c_n(z-z_0)^n$$

根据展开式的三种情形，将孤立奇点进行如下分类：

(1) 可去奇点. 如果在 $f(z)$的洛朗级数展开式中不含$(z-z_0)$的负幂项，那么孤立奇点 z_0 称为 $f(z)$的可去奇点.

(2) 极点. 如果在 $f(z)$的洛朗级数展开式中只有有限多个$(z-z_0)$的负幂项，那么孤

立奇点 z_0 称为 $f(z)$ 的极点. 设

$$f(z)=c_{-m}(z-z_0)^{-m}+\cdots+c_{-1}(z-z_0)^{-1}+c_0+c_1(z-z_0)+\cdots,\ m\geqslant 1,\ c_{-m}\neq 0$$

则 z_0 称为 $f(z)$ 的 m 级极点.

(3) 本性奇点. 如果在 $f(z)$ 的洛朗级数展开式中有无穷多个 $(z-z_0)$ 的负幂项, 那么孤立奇点 z_0 称为 $f(z)$ 的本性奇点.

例 9.1.4 说明下列函数的孤立奇点的类型.

(1) $f(z)=\dfrac{\sin z}{z}$;

(2) $f(z)=\dfrac{1}{(z-1)(z-2)^2}$;

(3) $f(z)=e^{\frac{1}{z-1}}$.

解 (1) 由于分子 $\sin z$ 和分母 z 都在复平面内解析, 因此函数 $f(z)$ 的孤立奇点只有 $z=0$. 函数 $f(z)=\dfrac{\sin z}{z}$ 在 $0<|z|<+\infty$ 的洛朗级数展开式为

$$\frac{\sin z}{z}=1-\frac{z^2}{3!}+\frac{z^4}{5!}+\cdots+\frac{(-1)^n z^{2n}}{(2n+1)!}+\cdots$$

展开式中不含 z 的负幂项, 所以 $z=0$ 为 $f(z)$ 的可去奇点.

(2) 显然 $z=1$ 和 $z=2$ 是函数 $f(z)$ 的两个孤立奇点, 并且在 $z=1$ 和 $z=2$ 的去心邻域内可以表示成

$$f(z)=\frac{\frac{1}{(z-2)^2}}{z-1},\quad f(z)=\frac{\frac{1}{z-1}}{(z-2)^2}$$

而 $\dfrac{1}{(z-2)^2}$ 在 $z=1$ 的邻域内解析, 且在 $z=1$ 处取值不为 0, 则 $z=1$ 为 $f(z)$ 的一级极点; 同样, $\dfrac{1}{z-1}$ 在 $z=2$ 的邻域内解析, 且在 $z=2$ 取值不为 0, 则 $z=2$ 为 $f(z)$ 的二级极点.

(3) 因为函数 $e^{\frac{1}{z-1}}$ 在复平面内有唯一一个孤立奇点 $z=1$, $e^{\frac{1}{z-1}}$ 在 $0<|z-1|<+\infty$ 内的洛朗级数展开式为

$$e^{\frac{1}{z-1}}=1+\frac{1}{z-1}+\frac{1}{2!(z-1)^2}+\cdots+\frac{1}{n!(z-1)^n}+\cdots$$

此级数含有无限多个负幂项, 故 $z=1$ 为函数 $f(z)$ 的本性奇点.

9.1.2 函数的零点与极点的关系

定义 9.1.3 不恒等于零的解析函数 $f(z)$ 如果能表示成

$$f(z)=(z-z_0)^m\varphi(z)$$

其中 $\varphi(z)$ 在 z_0 解析并且 $\varphi(z_0)\neq 0$, m 为某一正整数, 则 z_0 称为 $f(z)$ 的 m 级零点. 例如 $z=0$ 和 $z=1$ 分别是函数 $f(z)=z(z-1)^3$ 的一级和三级零点.

定理 9.1.1　如果 $f(z)$在 z_0 处解析，那么 z_0 为 $f(z)$的 m 级零点的充要条件是

$$\begin{cases} f^{(n)}(z_0)=0, \ n=0, 1, 2\cdots, m-1 \\ f^{(m)}(z_0)\neq 0 \end{cases}$$

例如：已知 $z=1$ 是函数 $f(z)=z^3-1$ 的零点，由于 $f'(z)=3z^2|_{z=1}=3\neq 0$，所以 $z=1$ 是 $f(z)$的一级零点.

函数零点与极点有下面的关系：

定理 9.1.2　z_0 为 $f(z)$的 m 级极点的充要条件是 z_0 为$\dfrac{1}{f(z)}$的 m 级零点.

定理 9.1.3　z_0 为 $f(z)$的 m 级极点的充要条件是 $f(z)$可以表示成下列形式：

$$f(z)=\frac{1}{(z-z_0)^m}\varphi(z)$$

其中，$\varphi(z)$在 z_0 处解析并且 $\varphi(z_0)\neq 0$.

例 9.1.5　求函数 $f(z)=\dfrac{z^3}{(z^2+1)(z+1)^2}$的极点，并指出是几级极点.

解　由定理 9.1.3 易知 $z=\mathrm{i}$，$z=-\mathrm{i}$ 为一级极点，$z=-1$ 为二级极点.

例 9.1.6　求下列函数的极点，并指出是几级极点.

(1) $f(z)=\dfrac{1}{\sin z}$；

(2) $f(z)=\dfrac{\mathrm{e}^z-1}{z^2}$.

解　(1) 因为

$$\sin(k\pi)=0$$
$$(\sin z)'|_{z=k\pi}=\cos(k\pi)=(-1)^k\neq 0$$

所以 $z=k\pi(k=0, \pm 1, \pm 2, \cdots)$为 $\sin z$ 的一级零点. 由定理 9.1.2 可知，$z=k\pi(k=0, \pm 1, \pm 2, \cdots)$是 $f(z)$的一级极点.

(2) 因为

$$f(z)=\frac{\mathrm{e}^z-1}{z^2}=\frac{1}{z^2}\left(z+\frac{z^2}{2!}+\frac{z^3}{3!}+\cdots\right)=\frac{1}{z}+\frac{1}{2!}+\frac{z}{3!}+\cdots$$

所以 $z=0$ 是 $f(z)$的一级极点.

9.1.3　函数在无穷远点的性态

前面讨论 $f(z)$的孤立奇点时，都假定 z 为复平面内的有限远点，下面在扩充复平面上讨论函数在无穷远点的性态.

定义 9.1.4　如果函数 $f(z)$在无穷远点 $z=\infty$的去心邻域 $R<|z|<+\infty$内解析，则称点 $z=\infty$为函数 $f(z)$的孤立奇点.

作变换 $w=\dfrac{1}{z}$，则该变换将扩充 z 平面上的无穷远点 $z=\infty$映射成扩充 w 平面上的点 $w=0$，于是 $f(z)=f\left(\dfrac{1}{w}\right)=\varphi(w)$，$0<|w|<\dfrac{1}{R}$. 显然，$\varphi(w)$在去心邻域 $0<|w|<\dfrac{1}{R}$内

是解析的，即 $w=0$ 是 $\varphi(w)$的孤立奇点．于是有下面的结论：

定理 9.1.4 如果 $w=0$ 是函数 $\varphi(w)$的可去奇点、m 级极点或本性奇点，则称 $z=\infty$ 是函数 $f(z)$的可去奇点、m 级极点或本性奇点．

由于 $f(z)$在 $R<|z|<+\infty$内解析，因此在此圆环域内，$f(z)$可以展开成洛朗级数

$$f(z)=\sum_{n=-\infty}^{\infty}c_nz^n=\sum_{n=1}^{\infty}c_{-n}z^{-n}+c_0+\sum_{n=1}^{\infty}c_nz^n \tag{9.1.1}$$

其中 $c_n=\dfrac{1}{2\pi i}\oint_C\dfrac{f(\zeta)}{\zeta^{n+1}}d\zeta$，$n=0,\pm1,\pm2,\cdots$.

于是 $\varphi(w)$在圆环域 $0<|w|<\dfrac{1}{R}$内的洛朗级数为

$$\varphi(w)=\sum_{n=1}^{\infty}c_{-n}w^n+c_0+\sum_{n=1}^{\infty}c_nw^{-n} \tag{9.1.2}$$

通过以上分析可以看到，如果在级数(9.1.1)中① 不含正幂项；② 含有很多正幂项，并且正幂项的最高次幂为 m；③ 含有无穷多正幂项，则 $z=\infty$是函数 $f(z)$的① 可去奇点；② m 级极点；③ 本性奇点．

例 9.1.7 判断 $z=\infty$是下列各函数的什么奇点．

(1) $f(z)=-\dfrac{1}{z^2}+1+z$；

(2) $f(z)=\dfrac{1}{1-z}$.

解 (1) 因为 $f(z)=-\dfrac{1}{z^2}+1+z$ 含有正幂项，并且正幂项的最高次幂为 1，所以 $z=\infty$是它的一级极点．

(2) 因为 $f(z)=\dfrac{1}{1-z}$在圆环域 $1<|z|<+\infty$内可以展开成

$$f(z)=\frac{1}{1-z}=-\frac{1}{z}\cdot\frac{1}{1-\dfrac{1}{z}}=-\frac{1}{z}-\frac{1}{z^2}-\frac{1}{z^3}-\cdots-\frac{1}{z^n}-\cdots$$

不含正幂项，所以 $z=\infty$是它的可去奇点．

9.2 留数概念与计算

9.2.1 留数的概念与留数定理

定义 9.2.1 设 z_0 为 $f(z)$的孤立奇点，$f(z)$ 在 z_0 的某个去心邻域 $0<|z-z_0|<R$ 内解析，C 为任意正向圆周 $|z-z_0|=\delta<R$，则积分 $\dfrac{1}{2\pi i}\oint_C f(z)dz$ 的值称为 $f(z)$ 在 z_0 处的留数，记作 $\mathrm{Res}[f(z),z_0]$，即

$$\mathrm{Res}[f(z),z_0]=\frac{1}{2\pi i}\oint_C f(z)dz \tag{9.2.1}$$

由洛朗级数相关内容可知，$f(z)$在孤立奇点 z_0 处的留数即为 $f(z)$在 z_0 的去心邻域内洛朗级数中$(z-z_0)$的负一次幂项的系数 c_{-1}，所以

$$\mathrm{Res}[f(z),\ z_0]=c_{-1} \tag{9.2.2}$$

例 9.2.1　求下列函数在孤立奇点 0 处的留数.

(1) $f(z)=ze^{\frac{1}{z}}$；　(2) $f(z)=z^2\cos\dfrac{1}{z}$；　(3) $f(z)=\dfrac{\sin z}{z}$.

解　(1) 由于在 $0<|z|<+\infty$内，有

$$ze^{\frac{1}{z}}=z\left(1+\frac{1}{z}+\frac{1}{2!z^2}+\cdots+\frac{1}{n!z^n}+\cdots\right)=z+1+\frac{1}{2!z}+\cdots+\frac{1}{n!z^{n-1}}+\cdots$$

$c_{-1}=\dfrac{1}{2!}$，所以 $\mathrm{Res}[f(z),\ 0]=\dfrac{1}{2!}$.

(2) 由于在 $0<|z|<+\infty$内，有

$$\begin{aligned}z^2\cos\frac{1}{z}&=z^2\left(1-\frac{1}{2!z^2}+\frac{1}{4!z^4}+\cdots+(-1)^n\frac{1}{(2n)!z^{2n}}+\cdots\right)\\&=z^2-\frac{1}{2!}+\frac{1}{4!z^2}+\cdots+(-1)^n\frac{1}{(2n)!z^{2n-2}}+\cdots\end{aligned}$$

缺负一次幂，即 $c_{-1}=0$，所以 $\mathrm{Res}[f(z),\ 0]=0$.

(3) 因 $z=0$ 是$\dfrac{\sin z}{z}$的可去奇点，故 $\mathrm{Res}[f(z),\ 0]=0$.

关于留数，有如下基本定理.

定理 9.2.1　设函数 $f(z)$在区域 D 内除有限个孤立奇点 z_1，z_2，…，z_n 外处处解析，C 是 D 内包围各孤立奇点的一条正向简单闭曲线，那么

$$\oint_C f(z)\mathrm{d}z=2\pi \mathrm{i}\sum_{k=1}^{n}\mathrm{Res}[f(z),\ z_k] \tag{9.2.3}$$

此结论可由复合闭路定理证得，此处省略. 利用这个定理，求沿封闭曲线 C 的积分. 就转化为求被积函数在 C 中各孤立奇点的留数.

9.2.2　留数的计算规则

对于极点处的留数，有如下常用计算方法：

规则 1　如果 z_0 是 $f(z)$的一级极点，则

$$\mathrm{Res}[f(z),\ z_0]=\lim_{z\to z_0}(z-z_0)f(z) \tag{9.2.4}$$

规则 2　如果 z_0 是 $f(z)$的 m 级极点，则

$$\mathrm{Res}[f(z),\ z_0]=\frac{1}{(m-1)!}\lim_{z\to z_0}\frac{\mathrm{d}^{m-1}}{\mathrm{d}z^{m-1}}\{(z-z_0)^m f(z)\} \tag{9.2.5}$$

规则 3　设 $f(z)=\dfrac{P(z)}{Q(z)}$，$P(z)$和 $Q(z)$在 z_0 都解析，如果 $P(z_0)\neq 0$，$Q(z_0)=0$，$Q'(z_0)\neq 0$，则 z_0 为 $f(z)$的一级极点，并且

$$\mathrm{Res}[f(z),\ z_0]=\frac{P(z_0)}{Q'(z_0)} \tag{9.2.6}$$

例 9.2.2 求函数 $f(z)=\dfrac{1}{z(z-2)(z+5)}$ 在各孤立奇点处的留数.

解 $z=0$，2，-5 是函数 $f(z)$ 的三个一级极点. 由(9.2.4)得

$$\text{Res}\left[\frac{1}{z(z-2)(z+5)},\ 0\right]=\lim_{z\to 0}\left[z\ \frac{1}{z(z-2)(z+5)}\right]=-\frac{1}{10}$$

$$\text{Res}\left[\frac{1}{z(z-2)(z+5)},\ 2\right]=\lim_{z\to 2}\left[(z-2)\ \frac{1}{z(z-2)(z+5)}\right]=\frac{1}{14}$$

$$\text{Res}\left[\frac{1}{z(z-2)(z+5)},\ -5\right]=\lim_{z\to -5}\left[(z+5)\ \frac{1}{z(z-2)(z+5)}\right]=\frac{1}{35}$$

例 9.2.3 求函数 $f(z)=\dfrac{e^{-z}}{z^2}$ 在 $z=0$ 处的留数.

解 $z=0$ 是函数 $f(z)$ 的二级极点，由(9.2.5)得

$$\text{Res}[f(z),\ 0]=\frac{1}{(2-1)!}\lim_{z\to 0}\frac{d}{dz}\left[z^2\ \frac{e^{-z}}{z^2}\right]=-1$$

例 9.2.4 求函数 $f(z)=\dfrac{z-\sin z}{z^6}$ 在 $z=0$ 处的留数.

解 $z=0$ 是函数 $f(z)$ 的三级极点，由(9.2.5)得

$$\text{Res}[f(z),\ 0]=\frac{1}{(3-1)!}\lim_{z\to 0}\frac{d^2}{dz^2}\left(z^3\cdot\frac{z-\sin z}{z^6}\right)=\frac{1}{2}\lim_{z\to 0}\frac{d^2}{dz^2}\left(\frac{z-\sin z}{z^3}\right)$$

可见，继续计算比较复杂，可以利用洛朗级数展开式求 c_{-1}，

$$\frac{z-\sin z}{z^6}=\frac{1}{3!z^3}-\frac{1}{5!z}+\cdots$$

所以 $\text{Res}[f(z),\ 0]=c_{-1}=-\dfrac{1}{5!}$.

应当指出，如果极点 z_0 的级数不是 m，当它的实际级数比 m 低时，容易验证把 m 作为极点 z_0 的级数来计算留数不会影响计算结果. 以例 9.2.4 为例，

$$\text{Res}\left[\frac{z-\sin z}{z^6},\ 0\right]=\frac{1}{(6-1)!}\lim_{z\to 0}\frac{d^5}{dz^5}\left(z^6\cdot\frac{z-\sin z}{z^6}\right)=\frac{1}{5!}\lim_{z\to 0}(-\cos z)=-\frac{1}{5!}$$

9.2.3 函数在无穷远点的留数

定义 9.2.2 设函数 $f(z)$ 在圆环域 $R<|z|<+\infty$ 内解析，C 为该圆环域内绕原点的任何一条正向简单闭曲线，则积分 $\dfrac{1}{2\pi i}\oint_{C^-}f(z)dz$ 的值与 C 无关，称此定值为 $f(z)$ 在无穷远点的留数，记作 $\text{Res}[f(z),\ \infty]$，即

$$\text{Res}[f(z),\ \infty]=\frac{1}{2\pi i}\oint_{C^-}f(z)dz \tag{9.2.7}$$

由式(9.2.2)得

$$\text{Res}[f(z),\ \infty]=-c_{-1} \tag{9.2.8}$$

也就是说，$f(z)$ 在无穷远点的留数等于它在∞点的去心邻域 $R<|z|<+\infty$ 内洛朗展开式中 z^{-1} 系数的相反数.

定理 9.2.2 如果 $f(z)$在扩充复平面上只有有限个孤立奇点(包括无穷远点在内)，设为 $z_1, z_2, \cdots, z_n, \infty$，则 $f(z)$在各点的留数总和为零.

规则 4

$$\operatorname{Res}[f(z), \infty] = -\operatorname{Res}\left[f\left(\frac{1}{z}\right)\cdot\frac{1}{z^2}, 0\right] \tag{9.2.9}$$

定理 9.2.2 和规则 4 为我们提供了计算函数沿闭曲线积分的又一种方法，在很多情况下，它比利用定理 9.2.1 更简单.

例 9.2.5 求函数 $f(z)=\dfrac{z}{z^4-1}$在无穷远点处的留数.

解 由规则 4，有

$$\operatorname{Res}[f(z), \infty] = -\operatorname{Res}\left[f\left(\frac{1}{z}\right)\cdot\frac{1}{z^2}, 0\right] = -\operatorname{Res}\left[\frac{z}{1-z^4}, 0\right] = 0$$

9.3 留数定理的应用

9.3.1 计算沿封闭曲线的积分

利用留数定理，求沿封闭曲线 C 的积分$\oint_C f(z)\mathrm{d}z$. 可转化为 $f(z)$ 在 C 围成的区域内各孤立奇点的留数.

例 9.3.1 计算积分$\oint_{|z|=2}\dfrac{z\mathrm{e}^z}{z^2-1}\mathrm{d}z$.

解 函数$\dfrac{z\mathrm{e}^z}{z^2-1}$在圆$|z|=2$内有两个一级极点 $z=\pm 1$，且

$$\operatorname{Res}[f(z), 1] = \frac{\mathrm{e}}{2},\ \operatorname{Res}[f(z), -1] = \frac{\mathrm{e}^{-1}}{2}$$

所以

$$\begin{aligned}\oint_{|z|=2}\frac{z\mathrm{e}^z}{z^2-1}\mathrm{d}z &= 2\pi\mathrm{i}(\operatorname{Res}[f(z), 1] + \operatorname{Res}[f(z), -1]) \\ &= \pi\mathrm{i}\left(\mathrm{e}+\frac{1}{\mathrm{e}}\right)\end{aligned}$$

例 9.3.2 计算积分$\oint_{|z|=2}\dfrac{\cos z}{z(z^3+10)}\mathrm{d}z$.

解 函数$\dfrac{\cos z}{z(z^3+10)}$在圆$|z|=2$内只有一个一级极点 $z=0$，且

$$\operatorname{Res}[f(z), 0] = \lim_{z\to 0} z\cdot\frac{\cos z}{z(z^3+10)} = \frac{1}{10}$$

所以

$$\oint_{|z|=2}\frac{\cos z}{z(z^3+10)}\mathrm{d}z = 2\pi\mathrm{i}\operatorname{Res}[f(z), 0] = \frac{\pi\mathrm{i}}{5}$$

例 9.3.3 计算积分$\oint_{|z|=2}\frac{\sin^2 z}{z^2(z-1)}\mathrm{d}z$.

解 函数$\frac{\sin^2 z}{z^2(z-1)}$在圆$|z|=2$内有可去奇点$z=0$及一级极点$z=1$. 由可去奇点的留数为零，即$\mathrm{Res}[f(z),0]=0$，又由规则1，有

$$\mathrm{Res}[f(z),1]=\lim_{z\to 1}(z-1)\cdot\frac{\sin^2 z}{z^2(z-1)}=\sin^2 1$$

所以由留数定理得

$$\oint_{|z|=2}\frac{\sin^2 z}{z^2(z-1)}\mathrm{d}z=2\pi\mathrm{i}(\mathrm{Res}[f(z),0]+\mathrm{Res}[f(z),1])=2\pi\mathrm{i}\sin^2 1$$

例 9.3.4 计算积分$\oint_{|z|=2}\frac{z}{z^4-1}\mathrm{d}z$.

解法 1 函数$\frac{z}{z^4-1}$在圆$|z|=2$内有四个一级极点$z=\pm 1$，$z=\pm\mathrm{i}$. 由规则3，有

$$\frac{P(z)}{Q'(z)}=\frac{z}{4z^3}=\frac{1}{4z^2}$$

所以由留数定理得

$$\begin{aligned}\oint_{|z|=2}\frac{z}{z^4-1}\mathrm{d}z&=2\pi\mathrm{i}(\mathrm{Res}[f(z),1]+\mathrm{Res}[f(z),-1]+\mathrm{Res}[f(z),\mathrm{i}]+\mathrm{Res}[f(z),-\mathrm{i}])\\&=2\pi\mathrm{i}\left(\frac{1}{4}+\frac{1}{4}-\frac{1}{4}-\frac{1}{4}\right)=0\end{aligned}$$

解法 2 在圆$|z|=2$外部，$f(z)=\frac{z}{z^4-1}$除∞点没有其他奇点，由定理9.2.2和规则4，有

$$\begin{aligned}\oint_{|z|=2}\frac{z}{z^4-1}\mathrm{d}z&=-2\pi\mathrm{i}\mathrm{Res}[f(z),\infty]=2\pi\mathrm{i}\mathrm{Res}\left[f\left(\frac{1}{z}\right)\cdot\frac{1}{z^2},0\right]\\&=2\pi\mathrm{i}\mathrm{Res}\left[\frac{z}{1-z^4},0\right]=0\end{aligned}$$

9.3.2 在定积分计算中的应用

用留数来计算定积分是计算定积分的一个有效方法，特别是当原函数不易求得时更显得有用. 以下就几种特殊形式的定积分来说明如何用留数定理进行计算.

(1) 形如$\int_0^{2\pi}R(\cos\theta,\sin\theta)\mathrm{d}\theta$的积分，其中$R(\cos\theta,\sin\theta)$为$\cos\theta$和$\sin\theta$的有理函数.

令$z=\mathrm{e}^{\mathrm{i}\theta}$，则$\mathrm{d}z=\mathrm{i}\mathrm{e}^{\mathrm{i}\theta}$，

$$\sin\theta=\frac{1}{2\mathrm{i}}(\mathrm{e}^{\mathrm{i}\theta}-\mathrm{e}^{-\mathrm{i}\theta})=\frac{z^2-1}{2\mathrm{i}z},\ \cos\theta=\frac{1}{2}(\mathrm{e}^{\mathrm{i}\theta}+\mathrm{e}^{-\mathrm{i}\theta})=\frac{z^2+1}{2z}$$

从而所设积分化为正向单位圆周积分

$$\oint_{|z|=1}R\left(\frac{z^2+1}{2z},\frac{z^2-1}{2\mathrm{i}z}\right)\frac{\mathrm{d}z}{\mathrm{i}z}=\oint_{|z|=1}f(z)\mathrm{d}z$$

其中，$f(z)$为z的有理函数，并且在$|z|=1$上分母不为零.

例 9.3.5　计算积分 $I=\int_0^{2\pi}\frac{\cos 2\theta}{1-2p\cos\theta+p^2}\mathrm{d}\theta$，$0<p<1$.

解　令 $z=\mathrm{e}^{\mathrm{i}\theta}$，则

$$\mathrm{d}z=\mathrm{i}\mathrm{e}^{\mathrm{i}\theta}$$

$$\cos\theta=\frac{1}{2}(\mathrm{e}^{\mathrm{i}\theta}+\mathrm{e}^{-\mathrm{i}\theta})=\frac{z^2+1}{2z}$$

故

$$\cos 2\theta=\frac{1}{2}(\mathrm{e}^{\mathrm{i}2\theta}+\mathrm{e}^{-\mathrm{i}2\theta})=\frac{1}{2}(z^2+z^{-2})$$

从而

$$I=\oint_{|z|=1}\frac{1+z^4}{2\mathrm{i}z^2(1-pz)(z-p)}\mathrm{d}z=\oint_{|z|=1}f(z)\mathrm{d}z$$

易知 $f(z)$ 在 $|z|=1$ 内有两个极点：二级极点 $z=0$，一级极点 $z=p$，故

$$\mathrm{Res}[f(z),\ 0]=\lim_{z\to 0}\frac{\mathrm{d}}{\mathrm{d}z}[z^2f(z)]=-\frac{1+p^2}{2\mathrm{i}p^2}$$

$$\mathrm{Res}[f(z),\ p]=\lim_{z\to p}[(z-p)f(z)]=\frac{1+p^4}{2\mathrm{i}p^2(1-p^2)}$$

所以

$$I=\int_0^{2\pi}\frac{\cos 2\theta}{1-2p\cos\theta+p^2}\mathrm{d}\theta$$

$$=2\pi\mathrm{i}\left[-\frac{1+p^2}{2\mathrm{i}p^2}+\frac{1+p^4}{2\mathrm{i}p^2(1-p^2)}\right]=\frac{2\pi p^2}{1-p^2}$$

(2) 形如 $\int_{-\infty}^{+\infty}R(x)\mathrm{d}x$ 的积分，其中

$$R(x)=\frac{P(x)}{Q(x)}=\frac{x^n+a_1x^{n-1}+\cdots+a_n}{x^m+b_1x^{m-1}+\cdots+b_m},\ m-n\geqslant 2$$

且 $R(x)$ 在实轴上没有孤立奇点.

取积分路径如图 9.3.1 所示，其中 C_R 为以原点为圆心，R 为半径的上半平面的半圆周. 取 R 适当大，使得 $R(z)$ 所有在上半平面内的极点 z_k 都包含在该积分线路内. 由留数定理，有

$$\int_{-R}^{R}R(x)\mathrm{d}x+\int_{C_R}R(z)\mathrm{d}z=2\pi\mathrm{i}\cdot\sum_k\mathrm{Res}[R(z),\ z_k]$$

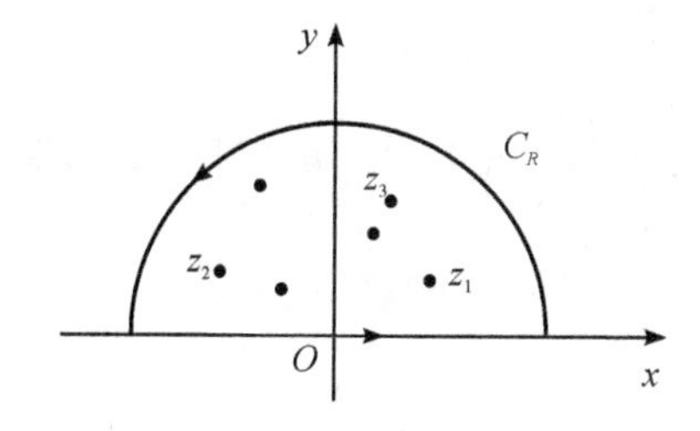

图 9.3.1　积分路径

当 $|z|$ 充分大时，由于 $m-n\geqslant 2$，

$$|R(x)|=\frac{1}{|z|^{m-n}}\cdot\frac{|1+a_1z^{-1}+\cdots+a_nz^{-n}|}{|1+b_1z^{-1}+\cdots+b_mz^{-m}|}$$

$$\leqslant\frac{1}{|z|^{m-n}}\cdot\frac{1+|a_1z^{-1}+\cdots+a_nz^{-n}|}{1+|b_1z^{-1}+\cdots+b_mz^{-m}|}$$

$$<\frac{2}{|z|^2}$$

因此在半径为 R 的充分大的 C_R 有

$$\left|\int_{C_R}R(z)\mathrm{d}z\right|\leqslant\int_{C_R}|R(z)|\mathrm{d}s\leqslant\frac{2}{R^2}\cdot\pi R=\frac{2\pi}{R}$$

于是当 $R\to\infty$ 时，$\int_{C_R}R(z)\mathrm{d}z\to 0$，所以

$$\int_{-\infty}^{+\infty}R(x)\mathrm{d}x=2\pi\mathrm{i}\cdot\sum_k\mathrm{Res}[R(z),\ z_k]$$

如果 $R(x)$ 为偶函数，则

$$\int_{0}^{+\infty}R(x)\mathrm{d}x=\pi\mathrm{i}\cdot\sum_k\mathrm{Res}[R(z),\ z_k]$$

例 9.3.6 计算积分$\int_{-\infty}^{+\infty}\frac{x^2-x+2}{x^4+10x^2+9}\mathrm{d}x$ 的值.

解 函数$R(x)=\int_{-\infty}^{+\infty}\frac{x^2-x+2}{x^4+10x^2+9}\mathrm{d}x$ 有四个一级极点：$\pm\mathrm{i}$，$\pm 3\mathrm{i}$，上半平面内只包含 i 和 $3\mathrm{i}$，而

$$\mathrm{Res}[R(z),\ \mathrm{i}]=\lim_{z\to\mathrm{i}}(z-\mathrm{i})\frac{z^2-z+2}{(z-\mathrm{i})(z+\mathrm{i})(z^2+9)}=-\frac{1+\mathrm{i}}{16}$$

$$\mathrm{Res}[R(z),\ 3\mathrm{i}]=\lim_{z\to 3\mathrm{i}}(z-3\mathrm{i})\frac{z^2-z+2}{(z^2+1)(z-3\mathrm{i})(z+3\mathrm{i})}=\frac{3-7\mathrm{i}}{48}$$

所以

$$\int_{-\infty}^{+\infty}\frac{x^2-x+2}{x^4+10x^2+9}\mathrm{d}x=2\pi\mathrm{i}\{\mathrm{Res}[R(z),\ \mathrm{i}]+\mathrm{Res}[R(z),\ 3\mathrm{i}]\}=\frac{5\pi}{12}$$

(3) 形如$\int_{-\infty}^{+\infty}R(x)\mathrm{e}^{\mathrm{i}\alpha x}\mathrm{d}x\ (\alpha>0)$ 的积分，其中

$$R(x)=\frac{P(x)}{Q(x)}=\frac{x^n+a_1x^{n-1}+\cdots+a_n}{x^m+b_1x^{m-1}+\cdots+b_m},\ m-n\geqslant 1$$

且 $R(x)$ 在实轴上没有孤立奇点.

和类型 2 相似，当$|z|$充分大时，由于 $m-n\geqslant 1$，$|R(x)|\leqslant\frac{2}{|z|}$. 同理，在半径为 R 的充分大的 C_R 上，当 $R\to\infty$ 时，$\int_{C_R}R(z)\mathrm{e}^{\mathrm{i}\alpha z}\mathrm{d}z\to 0$.

因此

$$\int_{-\infty}^{+\infty}R(x)\mathrm{e}^{\mathrm{i}\alpha x}\mathrm{d}x=2\pi\mathrm{i}\cdot\sum_k\mathrm{Res}[R(z)\mathrm{e}^{\mathrm{i}\alpha z},\ z_k]$$

或

$$\int_{-\infty}^{+\infty} R(x)\cos\alpha x\,dx + i\int_{-\infty}^{+\infty} R(x)\sin\alpha x\,dx = 2\pi i \cdot \sum_k \text{Res}[R(z)e^{i\alpha z}, z_k]$$

例 9.3.7 计算积分$\int_{-\infty}^{+\infty} \frac{\cos x}{x^2+4x+5}dx$ 的值.

解 函数 $R(x)=\int_{-\infty}^{+\infty} \frac{\cos x}{x^2+4x+5}dx$ 在上半平面内有一级极点 $-2+i$，因此，

$$\begin{aligned}\int_{-\infty}^{+\infty} \frac{\cos x}{x^2+4x+5}dx &= \text{Re}\left[\int_{-\infty}^{+\infty} \frac{e^{ix}}{x^2+4x+5}dx\right] \\ &= \text{Re}\left[2\pi i \cdot \sum_k \text{Res}[f(z), -2+i]\right] \\ &= \text{Re}(\pi e^{-2+i}) \\ &= \pi e^{-1}\cos 2\end{aligned}$$

习 题 9

1. 下列函数有哪些奇点？各属何类型(如果是极点，指出它的级数)：

(1) $\frac{1}{z(z^2+1)^2}$；　(2) $\frac{\sin z}{z^3}$；

(3) $\frac{1}{z^2(e^z-1)}$；　(4) $\frac{\ln(1+z)}{z}$；

(5) $e^{\frac{1}{1-z}}$；　(6) $\frac{1}{\sin z^2}$.

2. 验证 $z=\frac{\pi i}{2}$是函数 ch$z$ 的一级零点.

3. 问∞是否为下列函数的孤立奇点？

(1) $\frac{\sin z}{1+z^2+z^3}$；　(2) $\frac{1}{e^z-1}$.

4. 求下列函数在有限孤立奇点处的留数.

(1) $\frac{e^z-1}{z}$；　(2) $\frac{z+1}{z^2-2z}$；

(3) $\frac{1+z^4}{(z^2+1)^3}$；　(4) $z^2\sin\frac{1}{z}$；

(5) $\cos\frac{1}{1-z}$；　(6) $\frac{\text{sh}z}{\text{ch}z}$.

5. 利用留数计算下列积分.

(1) $\oint_{|z|=1} \frac{1}{z\sin z}dz$；　(2) $\oint_{|z|=2} \frac{e^{2z}}{(z-1)^2}dz$；

(3) $\oint_{|z|=\frac{3}{2}} \frac{e^z}{(z-1)(z+3)^2}dz$；　(4) $\oint_{|z-2i|=1} \text{th}z\,dz$.

6. 判断 $z=\infty$是下列函数的什么奇点，并求出在 $z=\infty$的留数.

(1) $\cos z-\sin z$；　(2) $\frac{1}{z(z+1)^2(z-1)}$.

7. 计算下列积分.

(1) $\oint_{|z|=3}\dfrac{z^{15}}{(z^2+1)^2(z^4+2)^3}\mathrm{d}z$； (2) $\oint_{|z|=2}\dfrac{z^3}{1+z}\mathrm{e}^{\frac{1}{z}}\mathrm{d}z$.

8. 计算下列积分.

(1) $\int_0^{2\pi}\dfrac{1}{5+3\cos\theta}\mathrm{d}\theta$； (2) $\int_{-\infty}^{+\infty}\dfrac{1}{(1+x^2)^2}\mathrm{d}x$；

(3) $\int_0^{+\infty}\dfrac{x^2}{1+x^4}\mathrm{d}x$； (4) $\int_{-\infty}^{+\infty}\dfrac{\cos x}{x^2+4x+5}\mathrm{d}x$.

习题 9 参考答案

下篇

积 分 变 换

第10章 傅里叶变换

本章主要介绍傅里叶变换的定义、几种常见函数的傅里叶变换、傅里叶变换的性质、卷积定理以及傅里叶变换的一些应用. 本章的内容简单易懂，读者如果想了解更多的关于傅里叶变换的知识，可以自行查阅相关书籍.

10.1 傅里叶变换简介

10.1.1 傅里叶级数的两种表现形式

定义 10.1.1(傅里叶级数的三角形式) 如果 $f(t)$是以 T 为周期的周期函数，并且在区间$\left(-\frac{T}{2}, \frac{T}{2}\right)$上满足狄利克雷条件，则 $f(t)$可以展开成傅里叶级数，且级数的三角形式为

$$f(t)=\frac{a_0}{2}+\sum_{n=1}^{\infty}(a_n\cos n\omega t+b_n\sin n\omega t)$$

其中

$$\omega=\frac{2\pi}{T}$$

$$a_n=\frac{2}{T}\int_{-\frac{T}{2}}^{\frac{T}{2}}f(t)\cos n\omega t\,\mathrm{d}t,\ n=0,\ 1,\ 2,\ \cdots$$

$$b_n=\frac{2}{T}\int_{-\frac{T}{2}}^{\frac{T}{2}}f(t)\sin n\omega t\,\mathrm{d}t,\ n=1,\ 2,\ \cdots$$

下面给出傅里叶级数的复数指数形式. 根据欧拉公式 $\mathrm{e}^{\mathrm{i}\theta}=\cos\theta+\mathrm{i}\sin\theta$，则有

$$\cos\theta=\frac{\mathrm{e}^{\mathrm{i}\theta}+\mathrm{e}^{-\mathrm{i}\theta}}{2},\ \sin\theta=\frac{\mathrm{e}^{\mathrm{i}\theta}-\mathrm{e}^{-\mathrm{i}\theta}}{2\mathrm{i}}=-\mathrm{i}\,\frac{\mathrm{e}^{\mathrm{i}\theta}-\mathrm{e}^{-\mathrm{i}\theta}}{2}$$

所以，$f(t)$的傅里叶级数的复数指数形式是(详细过程略，感兴趣的读者可查阅其他参考书)

$$f(t)=\sum_{n=-\infty}^{+\infty}c_n\mathrm{e}^{\mathrm{i}n\omega t}$$

其中

$$c_n=\frac{1}{T}\int_{-\frac{T}{2}}^{\frac{T}{2}}f(t)\mathrm{e}^{-\mathrm{i}n\omega t}\,\mathrm{d}t,\ n=0,\ \pm1,\ \pm2,\ \cdots$$

10.1.2　傅里叶变换的定义

上述傅里叶级数的表达式是根据周期函数给出的，而在实际应用中，我们经常遇到的是非周期函数. 如果要给出非周期函数的傅里叶变换，首先需要介绍周期函数和非周期函数之间的关系.

对于任意给定的一个非周期函数 $f(t)$，我们构造一个以 T 为周期的周期函数 $f_T(t)$，使得在每一个周期 T 内，都满足 $f_T(t)=f(t)$，如图 10.1.1 所示.

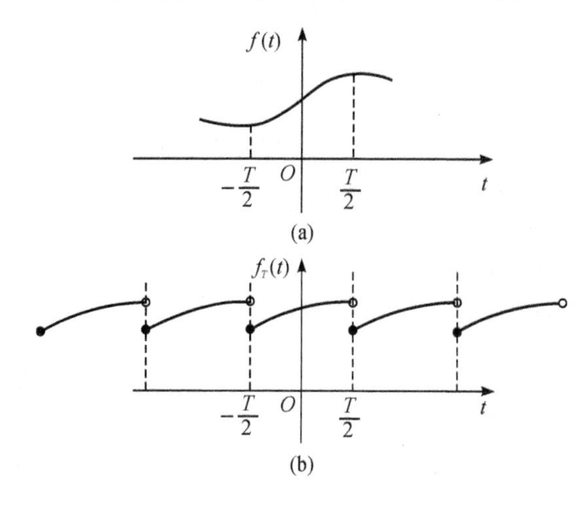

图 10.1.1　非周期函数 $f(t)$ 和周期函数 $f_T(t)$

可见，周期 T 越大，$f_T(t)$ 与 $f(t)$ 相等的范围也就越大，那么，当 $T\to+\infty$ 时，$f_T(t)$ 就逼近为 $f(t)$，即 $\lim\limits_{T\to+\infty} f_T(t)=f(t)$. 由前文叙述可知，$f_T(t)$ 是周期函数，在周期 $\left[-\frac{T}{2},\ \frac{T}{2}\right]$ 内展开的傅里叶级数为

$$f_T(t)=\sum_{n=-\infty}^{+\infty} c_n \mathrm{e}^{\mathrm{i}n\omega t}=\sum_{n=-\infty}^{+\infty} c_n \mathrm{e}^{\mathrm{i}\omega_n t}$$

其中

$$c_n=\frac{1}{T}\int_{-\frac{T}{2}}^{\frac{T}{2}} f_T(t)\mathrm{e}^{-\mathrm{i}\omega_n t}\mathrm{d}t,\ n=0,\ \pm 1,\ \pm 2,\ \cdots$$

令

$$\Delta\omega=\omega_n-\omega_{n-1}=n\omega-(n-1)\omega=\omega=\frac{2\pi}{T}$$

则当 $T\to+\infty$ 时，有 $\Delta\omega\to 0$. 把 c_n、$\Delta\omega$ 代入 $f_T(t)$ 的傅里叶级数，再令两边同时取极限 $(T\to+\infty,\ \Delta\omega\to 0)$，得到

$$f(t)=\frac{1}{2\pi}\int_{-\infty}^{+\infty}\left[\int_{-\infty}^{+\infty} f(\tau)\mathrm{e}^{-\mathrm{i}\omega\tau}\mathrm{d}\tau\right]\mathrm{e}^{\mathrm{i}\omega t}\mathrm{d}\omega$$

设 $F(\omega)=\int_{-\infty}^{+\infty} f(\tau)\mathrm{e}^{-\mathrm{i}\omega\tau}\mathrm{d}\tau$，则

$$f(t)=\frac{1}{2\pi}\int_{-\infty}^{+\infty} F(\omega)\mathrm{e}^{\mathrm{i}\omega t}\mathrm{d}\omega$$

接下来，根据上述过程，我们给出傅里叶变换的定义.

定义 10.1.2 如果函数 $f(t)$在$(-\infty,+\infty)$上的任一有限区间满足狄利克雷条件，并且在整个数轴上是绝对可积的，即$\int_{-\infty}^{+\infty}|f(t)|\mathrm{d}t$ 收敛，则称$\int_{-\infty}^{+\infty}f(t)\mathrm{e}^{-\mathrm{i}\omega t}\mathrm{d}t$ 为函数$f(t)$的傅里叶变换，记作

$$F(\omega)=\mathcal{F}[f(t)]=\int_{-\infty}^{+\infty}f(t)\mathrm{e}^{-\mathrm{i}\omega t}\mathrm{d}t$$

称$\frac{1}{2\pi}\int_{-\infty}^{+\infty}F(\omega)\mathrm{e}^{\mathrm{i}\omega t}\mathrm{d}\omega$ 为$F(\omega)$的傅里叶逆变换，记作

$$f(t)=\mathcal{F}^{-1}[F(\omega)]=\frac{1}{2\pi}\int_{-\infty}^{+\infty}F(\omega)\mathrm{e}^{\mathrm{i}\omega t}\mathrm{d}\omega$$

$F(\omega)$称为$f(t)$的象函数，$f(t)$称为$F(\omega)$的象原函数. 象函数$F(\omega)$与象原函数$f(t)$构成一个傅里叶变换对.

我们来看下面两个算例.

例 10.1.1 求图 10.1.2 所示的矩形脉冲函数的傅里叶变换.

解 图 10.1.2 所示的矩形脉冲函数的解析表达式为

$$f(t)=\begin{cases}E, & |t|\leqslant\frac{\tau}{2}\\ 0, & |t|>\frac{\tau}{2}\end{cases}$$

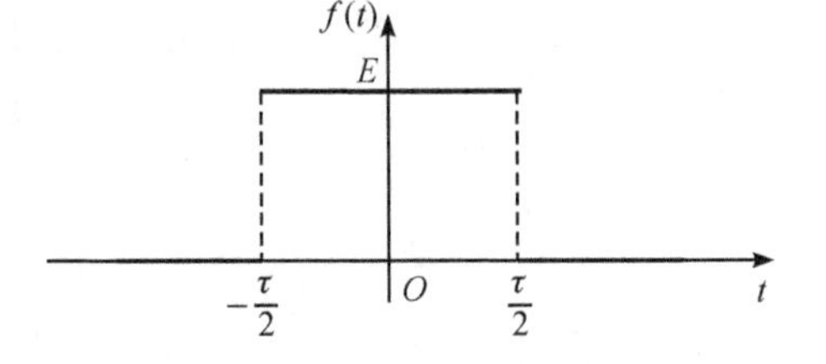

图 10.1.2 矩形脉冲函数

因此

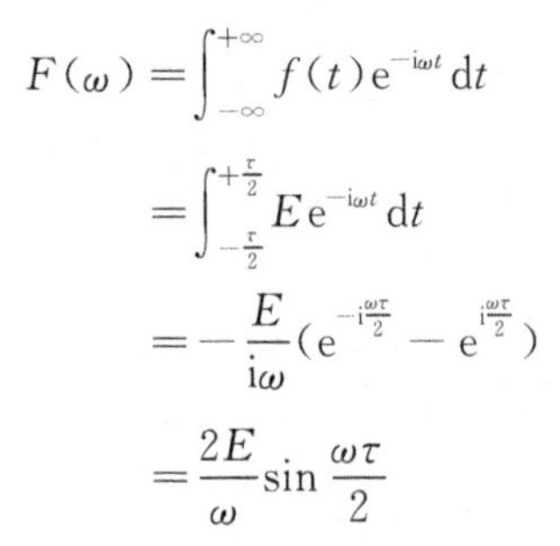

$$\begin{aligned}F(\omega)&=\int_{-\infty}^{+\infty}f(t)\mathrm{e}^{-\mathrm{i}\omega t}\mathrm{d}t\\&=\int_{-\frac{\tau}{2}}^{+\frac{\tau}{2}}E\mathrm{e}^{-\mathrm{i}\omega t}\mathrm{d}t\\&=-\frac{E}{\mathrm{i}\omega}(\mathrm{e}^{-\mathrm{i}\frac{\omega\tau}{2}}-\mathrm{e}^{\mathrm{i}\frac{\omega\tau}{2}})\\&=\frac{2E}{\omega}\sin\frac{\omega\tau}{2}\end{aligned}$$

例 10.1.2 求单边指数衰减函数 $f(t)=\begin{cases}0, & t<0\\ \mathrm{e}^{-\beta t}, & t\geqslant 0\end{cases}$的傅里叶变换，其中$\beta>0$.

解 指数衰减函数是工程中常用的函数，图形如图 10.1.3 所示. 根据傅里叶变换的定义，有

$$\begin{aligned}F(\omega)&=\int_{-\infty}^{+\infty}f(t)\mathrm{e}^{-\mathrm{i}\omega t}\mathrm{d}t\\&=\int_{0}^{+\infty}\mathrm{e}^{-\beta t}\mathrm{e}^{-\mathrm{i}\omega t}\mathrm{d}t\\&=\int_{0}^{+\infty}\mathrm{e}^{-(\beta+\mathrm{i}\omega)t}\mathrm{d}t\\&=\frac{1}{\beta+\mathrm{i}\omega}=\frac{\beta-\mathrm{i}\omega}{\beta^2+\omega^2}\end{aligned}$$

图 10.1.3 单边指数衰减函数

这就是指数衰减函数的傅里叶变换.

10.1.3　单位脉冲函数及其傅里叶变换

本小节将重点介绍单位脉冲函数.

1. δ 函数的定义

单位脉冲函数(或者冲击函数)在量子物理中又称为 δ 函数. 最简单的方式是把它看作矩形脉冲的极限. 如图 10.1.4 所示，当保持矩形脉冲面积 $\tau\times\frac{1}{\tau}=1$ 不变，而脉宽 $\tau\to 0$ 时，脉冲的振幅 $\frac{1}{\tau}\to\infty$，此时的矩形脉冲的极限即为单位脉冲函数，又称为 δ 函数，记作 $\delta(t)$.

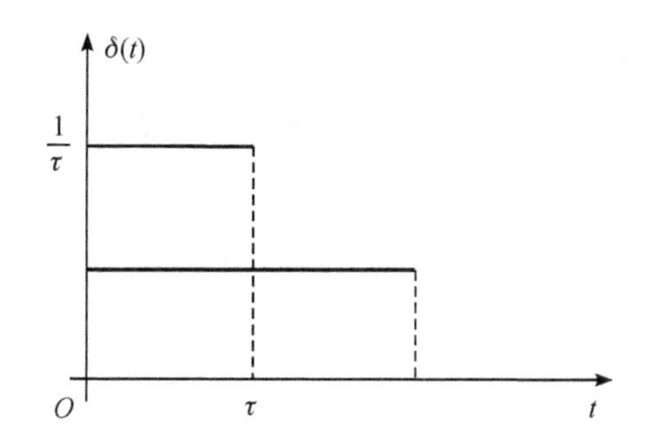

图 10.1.4　矩形脉冲

狄拉克(Dirac)给出了 δ 函数的另一种定义，即满足下列两个条件的函数称为 δ 函数：

(1) $\delta(t)=0$，$t\neq 0$；

(2) $\int_{-\infty}^{+\infty}\delta(t)\mathrm{d}t=1$.

所以，有时候也称 δ 函数为狄拉克函数. 直观上，δ 函数是用一个长度等于 1 的有向线段来表示的(注意，这个线段的长度表示 δ 函数的积分值)，如图 10.1.5 所示. 它表明，只有在 $t=0$ 时有一个脉冲，且冲击强度 $\int_{-\infty}^{+\infty}\delta(t)\mathrm{d}t=1$，在 $t=0$ 以外的各处函数值为 0. 需要注意的是，δ 函数没有通常意义下的函数值，它不符合古典函数的定义，因此它是一个广义的函数，不能用通常意义下的“值的对应关系”来定义，并且 $\delta(t)$ 是偶函数，即满足 $\delta(t)=\delta(-t)$.

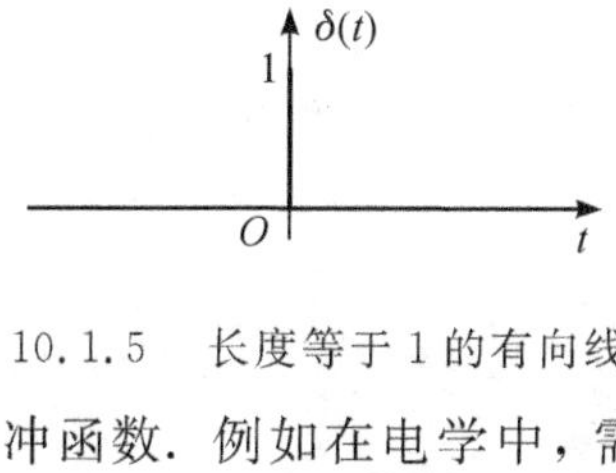

δ(t)
1
O
t

图 10.1.5　长度等于 1 的有向线段

工程上，经常要用到单位脉冲函数. 例如在电学中，需要研究线性电路具有脉冲性质的电势作用后所产生的电流；而在力学中，要研究机械系统受冲击力作用后的运动情况等.

用数学的语言来说，$\delta(t)$ 可以看作普通函数序列的极限：$\delta(t)=\lim\limits_{\tau\to 0}\delta_\tau(t)$，其中

$$\delta_\tau(t)=\begin{cases}0, & t<0 \text{ 或 } t>\tau\\ \dfrac{1}{\tau}, & 0\leqslant t\leqslant\tau\end{cases}$$

函数 $\delta_\tau(t)$ 的图形如图 10.1.6 所示.

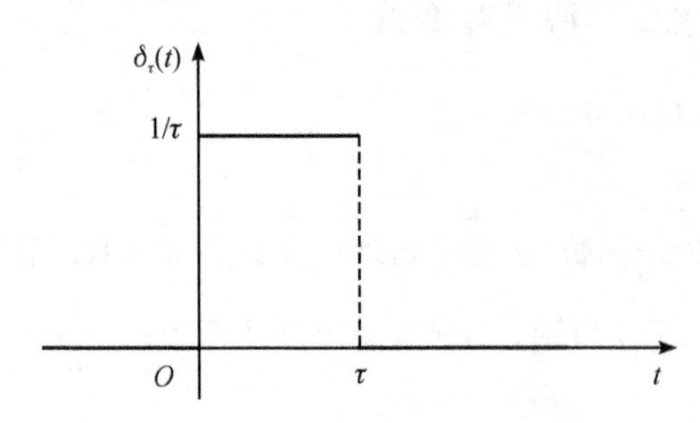

图 10.1.6 函数 $\delta_\tau(t)$ 的图形

2. δ 函数的傅里叶变换

δ 函数具有抽样特性，也就是说，如果 $f(t)$ 是任意阶的可微函数，那么

$$\int_{-\infty}^{+\infty}\delta(t)f(t)\mathrm{d}t=f(0)$$

在此，我们直接给出 δ 函数的傅里叶变换，即

$$F(\omega)=\mathcal{F}[\delta(t)]=1$$

$$\delta(t)=\mathcal{F}^{-1}[1]=\frac{1}{2\pi}\int_{-\infty}^{+\infty}1\cdot \mathrm{e}^{\mathrm{i}\omega t}\mathrm{d}\omega$$

上式是经常用到的一个广义积分结果.

许多重要的函数，例如常数函数、符号函数、单位阶跃函数、正弦函数等，它们的傅里叶变换都是广义的傅里叶变换. 我们可以利用 δ 函数以及其傅里叶变换求出上述这些常用函数的傅里叶变换. 下面直接给出几个常用函数的傅里叶变换，感兴趣的读者可以自行证明.

(1) 单位阶跃函数 $u(t)=\begin{cases}0, & t<0\\1, & t\geqslant 0\end{cases}$ 的傅里叶变换为

$$\mathcal{F}[u(t)]=U(\omega)=\frac{1}{\mathrm{i}\omega}+\pi\delta(\omega)$$

(2) $f(t)=1$ 的傅里叶变换为 $F(\omega)=\mathcal{F}[1]=2\pi\delta(\omega)$

根据上式结果，我们可以得到

$$\mathcal{F}[1]=\int_{-\infty}^{+\infty}\mathrm{e}^{-\mathrm{i}\omega t}\mathrm{d}t=2\pi\delta(\omega)$$

因此

$$\delta(\omega)=\frac{1}{2\pi}\int_{-\infty}^{+\infty}\mathrm{e}^{-\mathrm{i}\omega t}\mathrm{d}t$$

这也是经常用到的一个积分结果.

(3) 正弦函数 $f(t)=\sin\omega_0 t$ 的傅里叶变换为

$$F(\omega)=\mathrm{i}\pi[\delta(\omega+\omega_0)-\delta(\omega-\omega_0)]$$

10.2　傅里叶变换的性质

本节主要讨论傅里叶变换的基本性质，熟练掌握这些性质，对一些函数的傅里叶变换的计算很有帮助.

1. 线性性质

设$\mathcal{F}[f_1(t)]=F_1(\omega)$，$\mathcal{F}[f_2(t)]=F_2(\omega)$，$\alpha$、$\beta$ 是常数，则有

$$\mathcal{F}[\alpha f_1(t)+\beta f_2(t)]=\alpha F_1(\omega)+\beta F_2(\omega)$$

证　根据傅里叶变换的定义，有

$$\begin{aligned}\mathcal{F}[\alpha f_1(t)+\beta f_2(t)]&=\int_{-\infty}^{+\infty}[\alpha f_1(t)+\beta f_2(t)]\mathrm{e}^{-\mathrm{i}\omega t}\,\mathrm{d}t\\&=\alpha\int_{-\infty}^{+\infty}f_1(t)\mathrm{e}^{-\mathrm{i}\omega t}\,\mathrm{d}t+\beta\int_{-\infty}^{+\infty}f_2(t)\mathrm{e}^{-\mathrm{i}\omega t}\,\mathrm{d}t\\&=\alpha F_1(\omega)+\beta F_2(\omega)\end{aligned}$$

上述性质可以推广到任意有限个函数的情形. 也就是说，傅里叶变换是一种线性运算，它满足叠加原理，即

$$\mathcal{F}\left[\sum_{i=1}^{n}\alpha_i f_i(t)\right]=\sum_{i=1}^{n}\alpha_i F_i(\omega)$$

2. 相似性质

设$\mathcal{F}[f(t)]=F(\omega)$，$a$ 是非零常数，则有

$$\mathcal{F}[f(at)]=\frac{1}{|a|}F\left(\frac{\omega}{a}\right)$$

证

$$\mathcal{F}[f(at)]=\int_{-\infty}^{+\infty}f(at)\mathrm{e}^{-\mathrm{i}\omega t}\,\mathrm{d}t$$

令 $x=at$，则 $t=\frac{x}{a}$，$\mathrm{d}t=\frac{1}{a}\mathrm{d}x$. 下面分两种情况讨论：

当 $a>0$ 时，有

$$\mathcal{F}[f(at)]=\int_{-\infty}^{+\infty}f(x)\mathrm{e}^{-\mathrm{i}\frac{\omega}{a}x}\cdot\frac{1}{a}\mathrm{d}x=\frac{1}{a}\int_{-\infty}^{+\infty}f(x)\mathrm{e}^{-\mathrm{i}\frac{\omega}{a}x}\,\mathrm{d}x=\frac{1}{a}F\left(\frac{\omega}{a}\right)$$

当 $a<0$ 时，有

$$\mathcal{F}[f(at)]=\int_{+\infty}^{-\infty}f(x)\mathrm{e}^{-\mathrm{i}\frac{\omega}{a}x}\cdot\frac{1}{a}\mathrm{d}x=-\frac{1}{a}\int_{-\infty}^{+\infty}f(x)\mathrm{e}^{-\mathrm{i}\frac{\omega}{a}x}\,\mathrm{d}x=-\frac{1}{a}F\left(\frac{\omega}{a}\right)$$

综上所述，$\mathcal{F}[f(at)]=\frac{1}{|a|}F\left(\frac{\omega}{a}\right)$.

特别地，当 $a=-1$ 时，$\mathcal{F}[f(-t)]=F(-\omega)$. 例如，矩形波

$$f(t)=\begin{cases}E, & |t|\leqslant\frac{\tau}{2}\\0, & |t|>\frac{\tau}{2}\end{cases}$$

则 $f\left(\frac{t}{2}\right)$ 表示矩形波的信号在时域中扩展 2 倍，频谱在频域中压缩一半(频谱的定义会在 10.4 节中介绍).

3. 平移性质

(1) 时移特性. 设$\mathcal{F}[f(t)]=F(\omega)$，$t_0$ 为常数，则$\mathcal{F}[f(t-t_0)]=F(\omega)e^{-i\omega t_0}$.

证 由于$\mathcal{F}[f(t-t_0)]=\int_{-\infty}^{+\infty}f(t-t_0)e^{-i\omega t}dt$，令 $t-t_0=x$，那么 $t=t_0+x$，$dx=dt$，因此有

$$\begin{aligned}\mathcal{F}[f(t-t_0)]&=\int_{-\infty}^{+\infty}f(x)e^{-i\omega(t_0+x)}dx\\&=e^{-i\omega t_0}\int_{-\infty}^{+\infty}f(x)e^{-i\omega x}dx\\&=F(\omega)e^{-i\omega t_0}\end{aligned}$$

同理可得

$$\mathcal{F}[f(t+t_0)]=F(\omega)e^{i\omega t_0}$$

这个性质表明，信号 $f(t)$ 在时域中沿着时间轴右移 t_0，等效于在频谱中乘因子 $e^{-i\omega t_0}$.

例如，$\mathcal{F}[\delta(t)]=1$，则$\mathcal{F}[\delta(t-t_0)]=e^{-i\omega t_0}$. 通过下面的例子，可以加深读者对平移性质的理解.

例 10.2.1 求矩形单脉冲 $f(t)=\begin{cases}E, & 0\leqslant t\leqslant\tau\\0, & t<0 \text{ 或 } t>\tau\end{cases}$ 的傅里叶函数.

解 该函数是例 10.1.1 中矩形脉冲信号向右平移$\frac{\tau}{2}$所得，

$$f_1(t)=\begin{cases}E, & |t|\leqslant\frac{\tau}{2}\\0, & |t|>\frac{\tau}{2}\end{cases}$$

也就是说 $f(t)=f_1\left(t-\frac{\tau}{2}\right)$. 已知 $f_1(t)$ 的傅里叶变换 $F_1(\omega)=\frac{2E}{\omega}\sin\frac{\omega\tau}{2}$，由平移性质，得

$$F(\omega)=\mathcal{F}[f(t)]=\mathcal{F}\left[f_1\left(t-\frac{\tau}{2}\right)\right]=F_1(\omega)e^{-i\omega\frac{\tau}{2}}=e^{-i\omega\frac{\tau}{2}}\frac{2E}{\omega}\sin\frac{\omega\tau}{2}$$

同时，$|F(\omega)|=\frac{2E}{|\omega|}\left|\sin\frac{\omega\tau}{2}\right|=|F_1(\omega)|$.

(2) 频移特性. 设$\mathcal{F}[f(t)]=F(\omega)$，$\omega_0$ 为常数，则$\mathcal{F}[f(t)e^{i\omega_0 t}]=F(\omega-\omega_0)$.

证

$$\begin{aligned}\mathcal{F}[f(t)e^{i\omega_0 t}]&=\int_{-\infty}^{+\infty}f(t)e^{i\omega_0 t}e^{-i\omega t}dt\\&=\int_{-\infty}^{+\infty}f(t)e^{-i(\omega-\omega_0)t}dt=F(\omega-\omega_0)\end{aligned}$$

同理可得$\mathcal{F}[f(t)e^{-i\omega_0 t}]=F(\omega+\omega_0)$.

这一性质表明，时间信号 $f(t)$ 乘因子 $e^{i\omega_0 t}$ 等效于 $f(t)$ 的频谱 $F(\omega)$ 沿频率轴右移 ω_0.

这一特性也称为频谱搬移.

例如，$\mathcal{F}[1]=2\pi\delta(\omega)$，那么

$$\mathcal{F}[e^{i\omega_0 t}]=2\pi\delta(\omega-\omega_0),\qquad \mathcal{F}[e^{-i\omega_0 t}]=2\pi\delta(\omega+\omega_0)$$

下面给出两个结论，读者可自行证明：

$$\mathcal{F}[f(t)\cos\omega_0 t]=\frac{1}{2}[F(\omega+\omega_0)+F(\omega-\omega_0)]$$

$$\mathcal{F}[f(t)\sin\omega_0 t]=\frac{i}{2}[F(\omega+\omega_0)-F(\omega-\omega_0)]$$

以上两个式子表明，时间信号 $f(t)$ 乘 $\cos\omega_0 t$ 或者 $\sin\omega_0 t$，其结果等效于 $f(t)$ 的频谱一分为二，沿着频率轴向左和向右各平移 ω_0.

例 10.2.2　求 $f(t)=\sin\omega_0 t u(t)$ 的傅里叶变换.

解　已知单位阶跃函数的傅里叶变换为

$$\mathcal{F}[u(t)]=U(\omega)=\frac{1}{i\omega}+\pi\delta(\omega)$$

因此

$$\begin{aligned}\mathcal{F}[\sin\omega_0 t u(t)]&=\frac{i}{2}[U(\omega+\omega_0)-U(\omega-\omega_0)]\\&=\frac{i}{2}\left[\frac{1}{i(\omega+\omega_0)}+\pi\delta(\omega+\omega_0)-\frac{1}{i(\omega-\omega_0)}-\pi\delta(\omega-\omega_0)\right]\\&=\frac{\omega_0}{\omega_0^2-\omega^2}+\frac{i\pi}{2}[\delta(\omega+\omega_0)-\delta(\omega-\omega_0)]\end{aligned}$$

4. 微分性质

若 $|t|\to+\infty$ 时，有 $f(t)\to 0$，且 $f(t)$ 仅有有限个可去间断点，则

$$\mathcal{F}[f'(t)]=i\omega\,\mathcal{F}[f(t)]$$

证

$$\begin{aligned}\mathcal{F}[f'(t)]&=\int_{-\infty}^{+\infty}f'(t)e^{-i\omega t}\,dt=\int_{-\infty}^{+\infty}e^{-i\omega t}\,d[f(t)]\\&=e^{-i\omega t}f(t)\Big|_{-\infty}^{+\infty}-\int_{-\infty}^{+\infty}f(t)\,d(e^{-i\omega t})\\&=i\omega\int_{-\infty}^{+\infty}f(t)e^{-i\omega t}\,dt\\&=i\omega\,\mathcal{F}[f(t)]\end{aligned}$$

下面我们不加证明地给出推论.

推论 10.2.1　若 $|t|\to+\infty$ 时，有 $f^{(k)}(t)\to 0$，且 $f^{(k)}(t)(k=0,1,2,\cdots,n)$，只有有限个可去间断点，则

$$\mathcal{F}[f^{(k)}(t)]=(i\omega)^k\,\mathcal{F}[f(t)]$$

同样，可以得到象函数的导数公式，这里直接给出一般形式：设 $\mathcal{F}[f(t)]=F(\omega)$，则

$$\frac{d^n}{d\omega^n}F(\omega)=(-i)^n\,\mathcal{F}[t^n f(t)]$$

例 10.2.3　已知 $\mathcal{F}[f(t)]=F(\omega)$，计算下面两个函数的傅里叶变换：

(1) $f'(2+t)$；　(2) $(t-2)f(t)$.

解 (1) $\mathcal{F}[f'(2+t)]=\mathrm{i}\omega\,\mathcal{F}[f(2+t)]=\mathrm{i}\omega F(\omega)\mathrm{e}^{\mathrm{i}\omega 2}=\mathrm{i}\omega\,\mathrm{e}^{2\mathrm{i}\omega}F(\omega)$

(2) $\mathcal{F}[(t-2)f(t)]=\mathcal{F}[tf(t)-2f(t)]=\mathcal{F}[tf(t)]-2\,\mathcal{F}[f(t)]$

其中，由象函数的导数公式可得

$$\mathcal{F}[tf(t)]=-\frac{1}{\mathrm{i}}\frac{\mathrm{d}}{\mathrm{d}\omega}F(\omega)=\mathrm{i}F'(\omega)$$

代回原公式可得

$$\mathcal{F}[(t-2)f(t)]=\mathrm{i}F'(\omega)-2F(\omega)$$

5. 积分性质

若当 $t\to+\infty$ 时，$\int_{-\infty}^{t}f(t)\mathrm{d}t\to 0$，则有

$$\mathcal{F}\left[\int_{-\infty}^{t}f(t)\mathrm{d}t\right]=\frac{1}{\mathrm{i}\omega}\mathcal{F}[f(t)]$$

证 由于 $f(t)=\frac{\mathrm{d}}{\mathrm{d}t}\left[\int_{-\infty}^{t}f(t)\mathrm{d}t\right]$，两边同时作傅里叶变换，再根据微分性质，可得

$$\mathcal{F}[f(t)]=\mathcal{F}\left[\frac{\mathrm{d}}{\mathrm{d}t}\int_{-\infty}^{t}f(t)\mathrm{d}t\right]=\mathrm{i}\omega\,\mathcal{F}\left[\int_{-\infty}^{t}f(t)\mathrm{d}t\right]$$

$$\mathcal{F}\left[\int_{-\infty}^{t}f(t)\mathrm{d}t\right]=\frac{1}{\mathrm{i}\omega}\mathcal{F}[f(t)]$$

10.3 卷积定理

本节将介绍卷积、卷积的一些性质以及卷积定理.

10.3.1 卷积的定义与性质

卷积是一个很重要的数学概念，随着计算机技术的发展，卷积得到了更广泛的应用.首先我们给出卷积的定义.

定义 10.3.1 已知两个函数 $f_1(t)$、$f_2(t)$，则积分表达式

$$\int_{-\infty}^{+\infty}f_1(\tau)f_2(t-\tau)\mathrm{d}\tau$$

称为函数 $f_1(t)$ 与 $f_2(t)$ 的卷积，记为 $f_1(t)*f_2(t)$，即

$$f_1(t)*f_2(t)=\int_{-\infty}^{+\infty}f_1(\tau)f_2(t-\tau)\mathrm{d}\tau$$

通过下面的算例，大家可以更好地理解卷积的定义.

例 10.3.1 设 $f_1(t)=\begin{cases}a\mathrm{e}^{-\alpha t}, & t\geqslant 0\\ 0, & t<0\end{cases}$，$f_2(t)=\begin{cases}b\mathrm{e}^{-\beta t}, & t\geqslant 0\\ 0, & t<0\end{cases}$，求 $f_1(t)*f_2(t)$ 的值.

解 根据 $f_1(t)$与 $f_2(t)$的表达式，我们很容易看出，当 $t<0$ 时，$f_1(t)=f_2(t)=0$，此时 $f_1(t)*f_2(t)=0$，因此，我们只需要考虑 $t\geqslant 0$ 的情况.

根据卷积的定义，即

$$f_1(t)*f_2(t)=\int_{-\infty}^{+\infty}f_1(\tau)f_2(t-\tau)\mathrm{d}\tau$$

写出 $f_1(\tau)$与 $f_2(t-\tau)$的表达式：

$$f_1(\tau)=\begin{cases}a\mathrm{e}^{-\alpha\tau}, & \tau\geqslant 0\\ 0, & \tau<0\end{cases}$$

$$f_2(t-\tau)=\begin{cases}b\mathrm{e}^{-\beta(t-\tau)}, & t-\tau\geqslant 0\\ 0, & t-\tau<0\end{cases}$$

即

$$f_2(t-\tau)=\begin{cases}b\mathrm{e}^{-\beta(t-\tau)}, & \tau\leqslant t\\ 0, & \tau>t\end{cases}$$

将 $f_1(\tau)$、$f_2(t-\tau)$代入卷积的公式中，有

$$\begin{aligned}f_1(t)*f_2(t)&=\int_{-\infty}^{+\infty}f_1(\tau)f_2(t-\tau)\mathrm{d}\tau\\&=\int_{-\infty}^{0}f_1(\tau)f_2(t-\tau)\mathrm{d}\tau+\int_{0}^{+\infty}f_1(\tau)f_2(t-\tau)\mathrm{d}\tau\\&=\int_{-\infty}^{0}0\cdot f_2(t-\tau)\mathrm{d}\tau+\int_{0}^{+\infty}f_1(\tau)f_2(t-\tau)\mathrm{d}\tau\\&=\int_{0}^{+\infty}a\mathrm{e}^{-\alpha\tau}f_2(t-\tau)\mathrm{d}\tau\\&=\int_{0}^{t}a\mathrm{e}^{-\alpha\tau}b\mathrm{e}^{-\beta(t-\tau)}\mathrm{d}\tau+\int_{t}^{+\infty}0\mathrm{d}\tau\\&=ab\mathrm{e}^{-\beta t}\int_{0}^{t}\mathrm{e}^{(\beta-\alpha)\tau}\mathrm{d}\tau=\frac{ab}{\beta-\alpha}(\mathrm{e}^{-\alpha t}-\mathrm{e}^{-\beta t})\end{aligned}$$

卷积满足以下性质，读者可自行证明.

(1) 交换律：$f_1(t)*f_2(t)=f_2(t)*f_1(t)$.

(2) 分配率：$f_1(t)*[f_2(t)+f_3(t)]=f_1(t)*f_2(t)+f_1(t)*f_3(t)$.

(3) 结合律：$[f_1(t)*f_2(t)]*f_3(t)=f_1(t)*[f_2(t)*f_3(t)]$.

10.3.2 卷积定理

定理 10.3.1（时域卷积定理） 设函数 $f_1(t)$、$f_2(t)$的傅里叶变换存在，且 $\mathcal{F}[f_1(t)]=F_1(\omega)$，$\mathcal{F}[f_2(t)]=F_2(\omega)$，则有

$$\mathcal{F}[f_1(t)*f_2(t)]=F_1(\omega)F_2(\omega)$$

证

$$\begin{aligned}\mathcal{F}[f_1(t)*f_2(t)]&=\int_{-\infty}^{+\infty}\left[\int_{-\infty}^{+\infty}f_1(\tau)f_2(t-\tau)\mathrm{d}\tau\right]\mathrm{e}^{-\mathrm{i}\omega t}\mathrm{d}t\\&=\int_{-\infty}^{+\infty}f_1(\tau)\left[\int_{-\infty}^{+\infty}f_2(t-\tau)\mathrm{e}^{-\mathrm{i}\omega t}\mathrm{d}t\right]\mathrm{d}\tau\\&=\int_{-\infty}^{+\infty}f_1(\tau)F_2(\omega)\mathrm{e}^{-\mathrm{i}\omega\tau}\mathrm{d}\tau\\&=\left[\int_{-\infty}^{+\infty}f_1(\tau)\mathrm{e}^{-\mathrm{i}\omega\tau}\mathrm{d}\tau\right]F_2(\omega)\\&=F_1(\omega)F_2(\omega)\end{aligned}$$

这个定理表明，两个函数卷积的傅里叶变换等于这两个函数的傅里叶变换的乘积. 利

用这个关系可以计算卷积的傅里叶变换，我们看下面的算例.

例 10.3.2 设

$$f_1(t)=\begin{cases}0, & t<0\\ e^{-\alpha t}, & t\geqslant 0\end{cases},\ f_2(t)=\begin{cases}0, & t<0\\ e^{-\beta t}, & t\geqslant 0\end{cases}$$

求$\mathcal{F}[f_1(t)*f_2(t)]$的值.

解 由例 10.1.2 知

$$F_1(\omega)=\frac{\alpha-i\omega}{\alpha^2+\omega^2},\ F_2(\omega)=\frac{\beta-i\omega}{\beta^2+\omega^2}$$

因此

$$\mathcal{F}[f_1(t)*f_2(t)]=F_1(\omega)F_2(\omega)=\frac{(\alpha\beta-\omega^2)-i(\alpha\omega+\beta\omega)}{(\alpha^2+\omega^2)(\beta^2+\omega^2)}$$

定理 10.3.2(频域卷积定理)

$$\mathcal{F}[f_1(t)f_2(t)]=\frac{1}{2\pi}F_1(\omega)*F_2(\omega)$$

这个定理说明，两个函数乘积的傅里叶变换等于这两个函数的傅里叶变换的卷积的$\frac{1}{2\pi}$倍. 这个结论可以推广到任意有限个函数的情况，即

若$\mathcal{F}[f_k(t)]=F_k(\omega)(k=1, 2, \cdots, n)$，则有

$$\mathcal{F}[f_1(t)f_2(t)\cdots f_n(t)]=\frac{1}{(2\pi)^{n-1}}F_1(\omega)*F_2(\omega)*\cdots*F_n(\omega)$$

有了这个定理，在求比较复杂的函数的傅里叶变换时，可以先把它拆解成几个简单函数的乘积，分别求出它们各自的傅里叶变换，再做卷积. 我们看下面的算例.

例 10.3.3 已知 $f(t)=\sin\omega_0 t u(t)$，求$\mathcal{F}[f(t)]$.

解 由 10.1.3 节中 δ 函数的傅里叶变换，我们知道正弦函数 $\sin\omega_0 t$ 的傅里叶变换为

$$\mathcal{F}[\sin\omega_0 t]=i\pi[\delta(\omega+\omega_0)-\delta(\omega-\omega_0)]$$

单位阶跃函数 $u(t)=\begin{cases}0, & t<0\\ 1, & t>0\end{cases}$的傅里叶变换为

$$\mathcal{F}[u(t)]=U(\omega)=\frac{1}{i\omega}+\pi\delta(\omega)$$

根据定理 10.3.2，有

$$\begin{aligned}\mathcal{F}[f(t)]&=\frac{1}{2\pi}\mathcal{F}[\sin\omega_0 t]*\mathcal{F}[u(t)]\\&=\frac{1}{2\pi}\int_{-\infty}^{+\infty}[i\pi\delta(\tau+\omega_0)-i\pi\delta(\tau-\omega_0)]\cdot\left[\frac{1}{i(\omega-\tau)}+\pi\delta(\omega-\tau)\right]d\tau\\&=\frac{1}{2\pi}\int_{-\infty}^{+\infty}\left[\frac{\pi\delta(\tau+\omega_0)}{\omega-\tau}-\frac{\pi\delta(\tau-\omega_0)}{\omega-\tau}+i\pi^2\delta(\tau+\omega_0)\delta(\omega-\tau)\right.\\&\qquad\left.-i\pi^2\delta(\tau-\omega_0)\delta(\omega-\tau)\right]d\tau\end{aligned}$$

仍然是根据 δ 函数的性质，即

$$\int_{-\infty}^{+\infty}\delta(t-t_0)f(t)dt=f(t_0)$$

有

$$\mathcal{F}[f(t)]=\frac{1}{2\pi}\left[\frac{\pi}{\omega+\omega_0}-\frac{\pi}{\omega-\omega_0}+\mathrm{i}\pi^2\delta(\omega+\omega_0)-\mathrm{i}\pi^2\delta(\omega-\omega_0)\right]$$

$$=\frac{\omega_0}{\omega_0^2-\omega^2}+\frac{\mathrm{i}\pi}{2}[\delta(\omega+\omega_0)-\delta(\omega-\omega_0)]$$

这个结果与例 10.2.2 的结果一致.

10.4 傅里叶变换的应用

在信号处理中，利用傅里叶变换可以将信号转换为数字，然后用计算机对它们进行分析. 现对这部分应用内容进行简述.

信号 $x(t)$ 的傅里叶变换

$$\mathcal{F}[x(t)]=F(\omega)=\int_{-\infty}^{+\infty}x(t)\mathrm{e}^{-\mathrm{i}\omega t}\mathrm{d}t$$

称为信号 $x(t)$ 的频谱. 频谱 $F(\omega)$ 也可以表示为

$$F(\omega)=A(\omega)\mathrm{e}^{\mathrm{i}\theta(\omega)}$$

其中，$A(\omega)=|F(\omega)|$ 称为信号 $x(t)$ 的振幅谱，$\theta(\omega)$ 称为信号 $x(t)$ 的相位谱. $S(\omega)=|F(\omega)|^2$ 称为能量谱密度.

当信号 $x(t)$ 在 $(-\infty,+\infty)$ 上连续时，有

$$x(t)=\frac{1}{2\pi}\int_{-\infty}^{+\infty}F(\omega)\mathrm{e}^{\mathrm{i}\omega t}\mathrm{d}\omega$$

所以信号 $x(t)$ 与它的频谱 $F(\omega)$ 有一一对应的关系，即频谱 $F(\omega)$ 是信号 $x(t)$ 的傅里叶变换.

设 $f_1(t)$、$f_2(t)$ 是定义在区间 $(-\infty,+\infty)$ 上的两个不同的函数，并且对任意的 $t\in(-\infty,+\infty)$，有

$$\int_{-\infty}^{+\infty}|f_1(\tau)||f_2(\tau+t)|\mathrm{d}\tau<+\infty$$

则称 $R_{12}(t)$ 为函数 $f_1(t)$、$f_2(t)$ 的互相关函数，且

$$R_{12}(t)=\int_{-\infty}^{+\infty}f_1(\tau)f_2(\tau+t)\mathrm{d}\tau$$

特别地，当 $f_1(t)=f_2(t)=f(t)$ 时，称函数 $R(t)$ 为函数 $f(t)$ 的自相关函数，且

$$R(t)=\int_{-\infty}^{+\infty}f(\tau)f(\tau+t)\mathrm{d}\tau$$

根据互相关函数、自相关函数的定义，以及傅里叶变换的卷积性质，可以得到下面的结论：

(1) $R(t)=R(-t)$；

(2) 若 $R_{12}(t)$ 或者 $R_{21}(t)$ 中有一个是偶函数，则另一个也是偶函数，且此时有 $R_{12}(t)=R_{21}(t)$；

(3) $\mathcal{F}[R_{12}(t)]=\overline{\mathcal{F}[f_1(t)]}\cdot\mathcal{F}[f_2(t)]$.

例 10.4.1 求函数 $f(t)=u(t)\mathrm{e}^{-\alpha t}(\alpha>0)$ 的振幅谱、相位谱、自相关函数.

解

$$F(\omega)=\mathcal{F}[f(t)]=\int_0^{+\infty}\mathrm{e}^{-\alpha t}\mathrm{e}^{-\mathrm{i}\omega t}\,\mathrm{d}t$$

$$=\frac{1}{\alpha+\mathrm{i}\omega},\ -\infty<\omega<+\infty$$

根据振幅谱、相位谱、自相关函数的定义，有

$$A(\omega)=|F(\omega)|=\frac{1}{\sqrt{\alpha^2+\omega^2}}$$

$$\theta(\omega)=\arg(\alpha-\mathrm{i}\omega)$$

$$R(t)=\int_{-\infty}^{+\infty}f(\tau)f(\tau+t)\,\mathrm{d}\tau$$

$$=\int_{-\infty}^{+\infty}u(\tau)\mathrm{e}^{-\alpha\tau}u(\tau+t)\mathrm{e}^{-\alpha(\tau+t)}\,\mathrm{d}\tau$$

$$=\int_0^{+\infty}\mathrm{e}^{-\alpha\tau}u(\tau+t)\mathrm{e}^{-\alpha(\tau+t)}\,\mathrm{d}\tau$$

当 $t\geqslant 0$ 时，在区间 $\tau\in(0,+\infty)$ 上，$u(\tau+t)=1$，此时

$$R(t)=\int_0^{+\infty}\mathrm{e}^{-\alpha\tau}\mathrm{e}^{-\alpha(\tau+t)}\,\mathrm{d}\tau=\frac{1}{2\alpha}\mathrm{e}^{-\alpha t}$$

当 $t<0$ 时，在区间 $\tau\in(0,-t)$ 上，$u(\tau+t)=0$，在区间 $\tau\in(-t,+\infty)$ 上，$u(\tau+t)=1$，此时

$$R(t)=\int_{-t}^{+\infty}\mathrm{e}^{-\alpha\tau}\mathrm{e}^{-\alpha(\tau+t)}\,\mathrm{d}\tau=\frac{1}{2\alpha}\mathrm{e}^{\alpha t}$$

综上所述，有

$$R(t)=\frac{1}{2\alpha}\mathrm{e}^{-\alpha|t|},\ \forall t\in(-\infty,+\infty)$$

习 题 10

1. 求函数

$$f(t)=\begin{cases}1+t, & -1<t<0\\ 1-t, & 0<t<1\\ 0, & |t|>1\end{cases}$$

的傅里叶变换.

2. 求函数 $f(t)=\sin\omega_0 t$ 的傅里叶变换.

3. 求函数 $f(t)=\cos\omega_0 t$ 的傅里叶变换.

4. 已知 $\mathcal{F}[f(t)]=F(\omega)$，$\omega_0$ 为常数，计算下列函数傅里叶变换的值.

(1) $\mathcal{F}[f(t)\cos\omega_0 t]$；(2) $\mathcal{F}[f(t)\sin\omega_0 t]$.

5. 求函数 $f(t)=\varepsilon(t)\cos^2 t$ 的傅里叶变换.

6. 证明卷积的交换律：$f_1(t)*f_2(t)=f_2(t)*f_1(t)$.

7. 求下列两个函数的卷积.

$$f(t)=t^2u(t),\ g(t)=\begin{cases}2, & 1\leqslant t\leqslant 2\\0, & t<1,\ t>2\end{cases}$$

8. 求单边指数衰减函数 $f(t)=\begin{cases}0, & t<0\\e^{-\beta t}, & t\geqslant 0\end{cases}$(其中 $\beta>0$)的频谱.

9. 求单位脉冲函数 $\delta(t)$ 的频谱.

10. 求矩形脉冲函数

$$f(t)=\begin{cases}E, & |t|\leqslant\dfrac{\tau}{2}\\0, & |t|>\dfrac{\tau}{2}\end{cases}$$

的频谱.

习题 10 参考答案

第11章 拉普拉斯变换

拉普拉斯变换，也称拉氏变换，是另外一种非常重要的变换，在分析自动控制系统的运动过程、解线性微分方程、以及脉冲电路的工作过程中有着广泛的应用．本章将简要地介绍以下几部分内容：拉普拉斯变换的概念、拉普拉斯变换的性质、拉普拉斯逆变换、卷积，以及拉普拉斯变换的应用．

11.1 拉普拉斯变换的基本概念

11.1.1 拉普拉斯变换的概念

定义 11.1.1 设 $f(t)$是定义在 $t\geqslant 0$ 上的函数，如果广义积分

$$\int_0^{+\infty} f(t)\mathrm{e}^{-st}\,\mathrm{d}t$$

是收敛的，那么这个积分就确定了一个参量 s 的函数，记为 $F(s)$，即

$$F(s)=\int_0^{+\infty} f(t)\mathrm{e}^{-st}\,\mathrm{d}t \tag{11.1.1}$$

称式(11.1.1)为函数 $f(t)$的拉普拉斯变换式，记为

$$\mathcal{L}[f(t)]=F(s)$$

$F(s)$称为 $f(t)$的拉普拉斯变换，或者象函数．

若 $F(s)$是 $f(t)$的拉普拉斯变换，则称 $f(t)$为 $F(s)$的拉普拉斯逆变换，或者象原函数，记

$$\mathcal{L}^{-1}[F(s)]=f(t)$$

注：(1) 在定义中，我们只要求函数 $f(t)$在 $t\geqslant 0$ 时有定义，而当 $t<0$ 时，总假定 $f(t)=0$．这种假定是合理的，因为在一个物理过程中，总是从时间 $t=0$ 开始的，当 $t<0$ 时，过程还未发生，所以表示过程的函数取零值；

(2) 经过拉普拉斯变换后的函数 $F(s)$是 $s=\sigma+\mathrm{i}\omega$ 的函数；

(3) 拉普拉斯变换是一种积分变换，将给定的函数通过特定的广义积分(拉普拉斯积分)转换成一个新的函数，一般来说，在工程技术中所遇到的函数，它的拉普拉斯变换总是存在的．

11.1.2　几种常用函数的拉普拉斯变换

在这一部分我们将给出几种常见函数的拉普拉斯变换.

1. 单位脉冲函数的拉普拉斯变换

单位脉冲函数也就是 δ 函数，在上一章傅里叶变换中我们介绍过. 它是一个广义的函数，没有通常意义下的“函数值”，因此不能用“值的对应关系”来定义. 工程上一般将它定义为一个函数序列的极限，例如：将 δ 函数定义为当 $\tau \to 0$ 时的极限，

$$\delta_\tau(t)=\begin{cases}0, & t<0\\ \dfrac{1}{\tau}, & 0\leqslant t\leqslant\tau\\ 0, & t>\tau\end{cases}$$

即

$$\delta(t)=\lim_{\tau\to 0}\delta_\tau(t)$$

根据拉普拉斯变换的定义，可以推导出 δ 函数的拉普拉斯变换：

$$\begin{aligned}\mathcal{L}[\delta(t)]&=\int_0^{+\infty}\delta(t)e^{-st}dt=\int_0^{\tau}\delta(t)e^{-st}dt+\int_\tau^{+\infty}\delta(t)e^{-st}dt\\&=\int_0^{\tau}\left(\lim_{\tau\to 0}\frac{1}{\tau}\right)e^{-st}dt=\lim_{\tau\to 0}\int_0^{\tau}\frac{1}{\tau}e^{-st}dt\\&=\lim_{\tau\to 0}\frac{1}{\tau}\left[-\frac{e^{-st}}{s}\right]\Bigg|_0^{\tau}=\frac{1}{s}\lim_{\tau\to 0}\frac{1-e^{-s\tau}}{\tau}=\frac{s}{s}=1\end{aligned}$$

2. 单位阶跃函数的拉普拉斯变换

单位阶跃函数

$$u(t)=\begin{cases}0, & t<0\\ 1, & t>0\end{cases}$$

的拉普拉斯变换为

$$\begin{aligned}\mathcal{L}[u(t)]&=\int_0^{+\infty}u(t)e^{-st}dt=\int_0^{+\infty}1\cdot e^{-st}dt\\&=\left[-\frac{e^{-st}}{s}\right]\Bigg|_0^{+\infty}=\frac{1}{s}\quad(s>0)\end{aligned}$$

3. 指数函数的拉普拉斯变换

设指数函数 $f(t)=e^{at}$，其中 a 为常数，则 $f(t)=e^{at}$ 的拉普拉斯变换为

$$\mathcal{L}[e^{at}]=\frac{1}{s-a}\quad(s>a)$$

4. 三角函数的拉普拉斯变换

正弦函数 $f(t)=\sin\omega t$ 的拉普拉斯变换为

$$\mathcal{L}[\sin\omega t]=\frac{\omega}{s^2+\omega^2}\quad(s>0)$$

同理，可以得到余弦函数 $f(t)=\cos\omega t$ 的拉普拉斯变换为

$$\mathcal{L}[\cos\omega t]=\frac{s}{s^2+\omega^2}\quad (s>0)$$

5. 斜坡函数的拉普拉斯变换

斜坡函数 $f(t)=t$ 的拉普拉斯变换为

$$\mathcal{L}[t]=\frac{1}{s^2}\quad (s>0)$$

为方便读者计算，现给出一些常见函数的拉普拉斯变换结果，如表 11.1.1 所示.

表 11.1.1 常见函数的拉普拉斯变换结果

序 号	$f(t)$	$F(s)$
1	$\delta(t)$	1
2	$u(t)$, 1	$\frac{1}{s}$
3	t	$\frac{1}{s^2}$
4	t^2	$\frac{2}{s^3}$
5	t^n	$\frac{n!}{s^{n+1}}$
6	e^{at}	$\frac{1}{s-a}$
7	$\sin\omega t$	$\frac{\omega}{s^2+\omega^2}$
8	$\cos\omega t$	$\frac{s}{s^2+\omega^2}$
9	$\text{sh}\omega t$	$\frac{\omega}{s^2-\omega^2}$
10	$\text{ch}\omega t$	$\frac{s}{s^2-\omega^2}$
11	$e^{at}t$	$\frac{1}{(s-a)^2}$
12	$e^{at}t^2$	$\frac{2}{(s-a)^3}$
13	$e^{at}t^n$	$\frac{n!}{(s-a)^{n+1}}$
14	$e^{at}\sin\omega t$	$\frac{\omega}{(s-a)^2+\omega^2}$

续表

序号	$f(t)$	$F(s)$
15	$e^{at}\cos\omega t$	$\dfrac{s-a}{(s-a)^2+\omega^2}$
16	$e^{at}\,\mathrm{sh}\omega t$	$\dfrac{\omega}{(s-a)^2-\omega^2}$
17	$e^{at}\,\mathrm{ch}\omega t$	$\dfrac{s-a}{(s-a)^2-\omega^2}$
18	$t\sin\omega t$	$\dfrac{2\omega s}{(s^2+\omega^2)^2}$
19	$t\cos\omega t$	$\dfrac{s^2-\omega^2}{(s^2+\omega^2)^2}$
20	$e^{at}-e^{bt}$	$\dfrac{a-b}{(s-a)(s-b)}$

根据表 11.1.1 求拉普拉斯变换是很方便的，因为可以直接写出与表中函数 $f(t)$形式一样的函数的拉普拉斯变换. 我们来看下面两个算例.

例 11.1.1 求指数函数 $f(t)=e^{2t}$ 的拉普拉斯变换.

解 根据表 11.1.1，将 $a=2$ 直接代入象函数中，得到

$$F(s)=\mathcal{L}[e^{2t}]=\frac{1}{s-2}$$

例 11.1.2 求三角函数 $f(t)=\sin\dfrac{1}{3}t$ 的拉普拉斯变换.

解 根据表 11.1.1，将 $\omega=\dfrac{1}{3}$代入对应的象函数中，得到

$$F(s)=\mathcal{L}\left[\sin\frac{1}{3}t\right]=\frac{\frac{1}{3}}{s^2+\left(\frac{1}{3}\right)^2}=\frac{3}{9s^2+1}$$

11.2 拉普拉斯变换的性质

本节主要介绍拉普拉斯变换的性质. 利用拉普拉斯变换的性质，可以求一些较为复杂函数的拉普拉斯变换. 拉普拉斯变换主要有以下几种性质.

1. 线性性质

已知$\mathcal{L}[f_1(t)]=F_1(s)$，$\mathcal{L}[f_2(t)]=F_2(s)$，$a$、$b$ 是常数，则

$$\mathcal{L}[af_1(t)+bf_2(t)]=a\,\mathcal{L}[f_1(t)]+b\,\mathcal{L}[f_2(t)]=aF_1(s)+bF_2(s)$$

以上就是拉普拉斯变换的线性性质，我们来看一个算例.

例 11.2.1 求函数 $f(t)=\dfrac{1}{a}(1-e^{-at})$的拉普拉斯变换.

解 根据线性性质和表 11.1.1，有

$$\mathcal{L}[f(t)]=\mathcal{L}\left[\frac{1}{a}(1-e^{-at})\right]=\frac{1}{a}\mathcal{L}[1-e^{-at}]$$

$$=\frac{1}{a}\{\mathcal{L}[1]-\mathcal{L}[e^{-at}]\}$$

$$=\frac{1}{a}\left\{\frac{1}{s}-\frac{1}{s+a}\right\}=\frac{1}{s(s+a)}$$

2. 平移性质

已知$\mathcal{L}[f(t)]=F(s)$，则下面两个式子是成立的：

(1) $\mathcal{L}[f(t-a)]=e^{-as}F(s)$，$a>0$；

(2) $\mathcal{L}[e^{at}f(t)]=F(s-a)$，$a$ 为常数.

证 (1) 根据拉普拉斯变换的定义，有

$$\mathcal{L}[f(t-a)]=\int_0^{+\infty}f(t-a)e^{-st}\,dt$$

$$=\int_0^{a}f(t-a)e^{-st}\,dt+\int_a^{+\infty}f(t-a)e^{-st}\,dt$$

上式右端第一个积分为零. 这是因为当 $t<a$ 时，$t-a<0$，根据拉普拉斯变换的定义，$f(t-a)=0$. 因此，

$$\mathcal{L}[f(t-a)]=\int_a^{+\infty}f(t-a)e^{-st}\,dt$$

$$=\int_a^{+\infty}f(t-a)e^{-st}\,d(t-a)$$

$$\xlongequal{t-a=\tau}\int_0^{+\infty}f(\tau)e^{-s(a+\tau)}\,d\tau$$

$$=e^{-as}\int_0^{+\infty}f(\tau)e^{-s\tau}\,d\tau$$

$$=e^{-as}F(s)$$

这个性质指出，象函数 $F(s)$乘以 e^{-as} 的拉普拉斯逆变换等于其象原函数 $f(t)$的图形沿 t 轴向右平移a 个单位. 同时，又因为 $f(t-a)$表示函数 $f(t)$在时间上滞后 a，所以这个性质又称为延滞性质.

(2) 根据拉普拉斯变换的定义，有

$$\mathcal{L}[e^{at}f(t)]=\int_0^{+\infty}e^{at}f(t)\cdot e^{-st}\,dt$$

$$=\int_0^{+\infty}f(t)e^{-(s-a)t}\,dt$$

$$=F(s-a)$$

这个性质指出，象原函数 $f(t)$乘以 e^{at} 的拉普拉斯变换等于其象函数$F(s)$位移$|a|$个单位，因此，这个性质也称为位移性质.

我们通过几个算例，加深对这个性质的理解.

例 11.2.2 求下列函数的拉普拉斯变换：

(1) $\mathcal{L}[e^{-at}\sin\omega t]$；(2) $\mathcal{L}[e^{-at}\cos\omega t]$.

解　根据表格 11.1.1 可得

$$\mathcal{L}[\sin\omega t]=\frac{\omega}{s^2+\omega^2},\quad \mathcal{L}[\cos\omega t]=\frac{s}{s^2+\omega^2}$$

根据平移性质，可得

$$\mathcal{L}[e^{-at}\sin\omega t]=\frac{\omega}{(s+a)^2+\omega^2}$$

$$\mathcal{L}[e^{-at}\cos\omega t]=\frac{s+a}{(s+a)^2+\omega^2}$$

例 11.2.3　求函数

$$u(t-a)=\begin{cases}0, & t<a\\ 1, & t\geqslant a\end{cases}$$

的拉普拉斯变换.

解　根据表 11.1.1 可知，单位阶跃函数的拉普拉斯变换为

$$\mathcal{L}[u(t)]=\frac{1}{s}$$

根据平移性质，有

$$\mathcal{L}[u(t-a)]=\frac{1}{s}e^{-as}$$

需要注意的是，函数 $u(t-a)$ 表示的是图形从 $t=a$ 开始. 其图形如图 11.2.1 所示（图(a)是 $u(t)$，图(b)是 $u(t-a)$）.

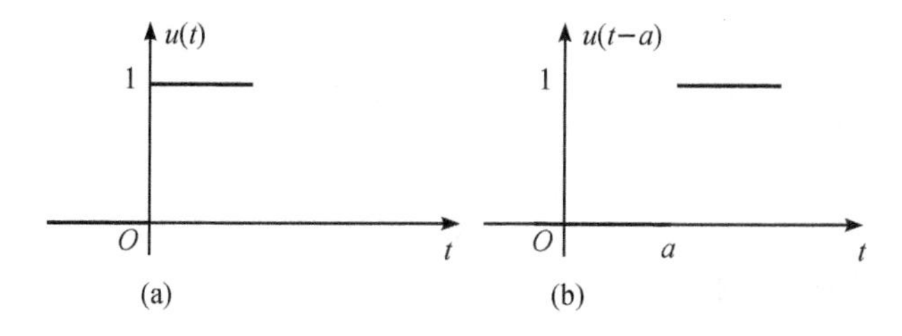

图 11.2.1　$u(t)$ 和 $u(t-a)$ 的图形

例 11.2.4　求 $f(t)=tu(t)+(t-a)u(t-a)+au(t-a)$ 的拉普拉斯变换.

解　根据单位阶跃函数的定义

$$u(t)=\begin{cases}0, & t<0\\ 1, & t\geqslant 0\end{cases}$$

可知，当 $t\geqslant 0$ 时，$u(t)=1$，此时单位阶跃函数 $u(t)$ 起到了“1”的作用，即 $f(t)u(t)=f(t)$，因此，$tu(t)=t$，$t\geqslant 0$.

首先根据线性性质，有

$$\begin{aligned}\mathcal{L}[f(t)]&=\mathcal{L}[tu(t)+(t-a)u(t-a)+au(t-a)]\\&=\mathcal{L}[tu(t)]+\mathcal{L}[(t-a)u(t-a)]+a\,\mathcal{L}[u(t-a)]\end{aligned}$$

根据上述分析以及表 11.1.1，有

$$\mathcal{L}[tu(t)]=\mathcal{L}[t]=\frac{1}{s^2}$$

$$\mathcal{L}[(t-a)u(t-a)]=\frac{1}{s^2}\mathrm{e}^{-as}$$

$$a\mathcal{L}[u(t-a)]=a\ \frac{1}{s}\mathrm{e}^{-as}=\frac{a}{s}\mathrm{e}^{-as}$$

将上述结果代入，得到

$$\mathcal{L}[f(t)]=\frac{1}{s^2}+\frac{1}{s^2}\mathrm{e}^{-as}+\frac{a}{s}\mathrm{e}^{-as}$$

上述算例中，有

$$\mathcal{L}[tu(t)]=\mathcal{L}[t]=\frac{1}{s^2}$$

$$\mathcal{L}[(t-a)u(t-a)]=\frac{1}{s^2}\mathrm{e}^{-as}$$

$$a\mathcal{L}[u(t-a)]=a\ \frac{1}{s}\mathrm{e}^{-as}=\frac{a}{s}\mathrm{e}^{-as}$$

这几个结果，大家可以熟记.

3. 微分性质

(1) 对象原函数的微分性质：如果$\mathcal{L}[f(t)]=F(s)$，则

$$\mathcal{L}[f'(t)]=sF(s)-f(0)$$

$$\mathcal{L}[f''(t)]=s^2F(s)-sf(0)-f'(0)$$

推广到 n 阶导数的情形，有

$$\mathcal{L}[f^{(n)}(t)]=s^nF(s)-s^{n-1}f(0)-s^{n-2}f'(0)-\cdots-f^{(n-1)}(0)$$

(2) 对象函数的微分性质：如果$\mathcal{L}[f(t)]=F(s)$，则

$$\mathcal{L}[tf(t)]=-F'(s)$$

$$\mathcal{L}[t^nf(t)]=(-1)^nF^{(n)}(s)$$

证 根据拉普拉斯变换的定义，有

$$\begin{aligned}\mathcal{L}[f'(t)]&=\int_0^{+\infty}f'(t)\mathrm{e}^{-st}\,\mathrm{d}t=\int_0^{+\infty}\mathrm{e}^{-st}\,\mathrm{d}f(t)\\&=[f(t)\mathrm{e}^{-st}]\Big|_0^{+\infty}-\int_0^{+\infty}f(t)\mathrm{d}(\mathrm{e}^{-st})\\&=[f(t)\mathrm{e}^{-st}]\Big|_0^{+\infty}+s\int_0^{+\infty}f(t)\mathrm{e}^{-st}\,\mathrm{d}t\\&=0-f(0)+s\mathcal{L}[f(t)]\\&=sF(s)-f(0)\end{aligned}$$

根据上述结果，可得二阶导数的情况：

$$\begin{aligned}\mathcal{L}[f''(t)]&=s\mathcal{L}[f'(t)]-f'(0)\\&=s[sF(s)-f(0)]-f'(0)\\&=s^2F(s)-sf(0)-f'(0)\end{aligned}$$

以此类推，n 阶导数的情形也可证明. 后面证明略.

我们来看几个算例，加深对这个性质的理解.

例 11.2.5 求$\mathcal{L}[t\cos\omega t]$.

解 根据表 11.1.1，可知

$$\mathcal{L}[\cos\omega t]=\frac{s}{s^2+\omega^2}$$

再根据对象函数的微分性质，可得

$$\begin{aligned}\mathcal{L}[t\cos\omega t]&=-\left(\frac{s}{s^2+\omega^2}\right)'\\&=-\frac{s^2+\omega^2-s\cdot 2s}{(s^2+\omega^2)^2}\\&=\frac{s^2-\omega^2}{(s^2+\omega^2)^2}\end{aligned}$$

例 11.2.6 设 $f(t)=\mathrm{e}^{-3t}$，求其一阶的拉普拉斯变换.

解 根据微分性质，有

$$\mathcal{L}[f'(t)]=sF(s)-f(0)$$

其中，$f(0)=1$，根据表 11.1.1，可得

$$F(s)=\mathcal{L}[f(t)]=\frac{1}{s+3}$$

将结果代入可得

$$\mathcal{L}[f'(t)]=sF(s)-f(0)=\frac{s}{s+3}-1=-\frac{3}{s+3}$$

4. 积分性质

积分性质和微分性质类似，也分为两种：

(1) 对象原函数的积分性质：如果$\mathcal{L}[f(t)]=F(s)$，则

$$\mathcal{L}\left[\int_0^t f(t)\mathrm{d}t\right]=\frac{F(s)}{s}$$

(2) 对象函数的积分性质：如果$\mathcal{L}[f(t)]=F(s)$，则

$$\mathcal{L}[t^{-1}f(t)]=\int_s^{+\infty}F(s)\mathrm{d}s$$

证 (1) 引入一个中间变量 $\varphi(t)$，设

$$\varphi(t)=\int_0^t f(t)\mathrm{d}t$$

则有

$$\varphi'(t)=f(t),\ \varphi(0)=0$$

根据微分性质，有

$$\begin{aligned}\mathcal{L}[\varphi'(t)]&=s\mathcal{L}[\varphi(t)]-\varphi(0)\\&=s\mathcal{L}[\varphi(t)]-0=s\mathcal{L}[\varphi(t)]\end{aligned}$$

另外

$$\mathcal{L}[\varphi'(t)]=\mathcal{L}[f(t)]=F(s)$$

所以

$$s\mathcal{L}[\varphi(t)]=F(s)$$

因此，有

$$\mathcal{L}\left[\int_0^t f(t)\mathrm{d}t\right]=\mathcal{L}[\varphi(t)]=\frac{F(s)}{s}$$

(2) 略.

我们来看一个算例，加深对这个性质的理解.

例 11.2.7 求$\mathcal{L}[t]$，$\mathcal{L}[t^2]$，…，$\mathcal{L}[t^n]$(n 是自然数).

解 因为

$$t=\int_0^t \mathrm{d}t$$

$$t^2=\int_0^t 2t\,\mathrm{d}t$$

$$t^3=\int_0^t 3t^2\,\mathrm{d}t$$

$$\vdots$$

$$t^n=\int_0^t nt^{n-1}\,\mathrm{d}t$$

且根据表 11.1.1 可得

$$\mathcal{L}[1]=\frac{1}{s}$$

因此，根据积分性质，有

$$\mathcal{L}[t]=\mathcal{L}\left[\int_0^t \mathrm{d}t\right]=\frac{\mathcal{L}[1]}{s}=\frac{1}{s^2}$$

$$\mathcal{L}[t^2]=\mathcal{L}\left[\int_0^t 2t\,\mathrm{d}t\right]=\frac{2\,\mathcal{L}[t]}{s}=\frac{2}{s^3}$$

$$\mathcal{L}[t^3]=\mathcal{L}\left[\int_0^t 3t^2\,\mathrm{d}t\right]=\frac{3\,\mathcal{L}[t^2]}{s}=\frac{3!}{s^4}$$

以此类推，有

$$\mathcal{L}[t^n]=\mathcal{L}[\int_0^t nt^{n-1}\,\mathrm{d}t]=\frac{n\,\mathcal{L}[t^{n-1}]}{s}=\frac{n!}{s^{n+1}}$$

11.3 拉普拉斯逆变换

前面我们主要讨论了已知函数 $f(t)$，求它的象函数 $F(s)$. 但是在实际中，我们经常会遇到它的反问题，也就是已知象函数 $F(s)$，求它的象原函数 $f(t)$. 本节课的主要内容就是讨论这个问题.

一般情况下，实际问题中遇到的象函数 $F(s)$是一个关于 s 的有理分式：

$$F(s)=\frac{a_0s^m+a_1s^{m-1}+\cdots+a_{m-1}s+a_m}{b_0s^n+b_1s^{n-1}+\cdots+b_{n-1}s+b_n}$$

而且，在大多数情况下，满足 $m<n$，此时的象函数 $F(s)$是有理真分式. 如果 $m\geqslant n$，此时的象函数 $F(s)$就不是有理真分式，那么需要将象函数 $F(s)$化为一个整式加上真分式. 最后对有理真分式施行部分分式法，即把一个有理真分式分解为若干项最简分式之和. 下面给出几个算例进行说明.

例 11.3.1 将

$$F(s)=\frac{s}{s^2+3s+2}$$

化为部分分式.

解 $F(s)$是有理真分式，设

$$\frac{s}{s^2+3s+2}=\frac{s}{(s+1)(s+2)}=\frac{A}{s+1}+\frac{B}{s+2}$$

可得

$$A(s+2)+B(s+1)=s$$

解得 $A=-1$，$B=2$，代入上式，得到

$$F(s)=\frac{s}{s^2+3s+2}=\frac{-1}{s+1}+\frac{2}{s+2}=\frac{2}{s+2}-\frac{1}{s+1}$$

例 11.3.2 将

$$F(s)=\frac{s+3}{s(s+2)^2}$$

化为部分分式.

解 设

$$\frac{s+3}{s(s+2)^2}=\frac{A}{s}+\frac{B}{s+2}+\frac{C}{(s+2)^2}$$

得到

$$s+3=A(s+2)^2+Bs(s+2)+Cs$$

即

$$s+3=(A+B)s^2+(4A+2B+C)s+4A$$

解得

$$A=\frac{3}{4},\ B=-\frac{3}{4},\ C=-\frac{1}{2}$$

所以

$$\frac{s+3}{s(s+2)^2}=\frac{\frac{3}{4}}{s}-\frac{\frac{3}{4}}{s+2}-\frac{\frac{1}{2}}{(s+2)^2}$$

例 11.3.3 将

$$F(s)=\frac{s^2}{(s+2)(s^2+2s+2)}$$

化为部分分式.

解 设

$$\frac{s^2}{(s+2)(s^2+2s+2)}=\frac{A}{s+2}+\frac{Bs+C}{s^2+2s+2}$$

分子相同，可得

$$s^2=A(s^2+2s+2)+(Bs+C)(s+2)$$

即

$$s^2=(A+B)s^2+(2A+2B+C)s+2A+2C$$

解得

$$A=2,\ B=-1,\ C=-2$$

所以

$$F(s)=\frac{s^2}{(s+2)(s^2+2s+2)}=\frac{2}{s+2}-\frac{s+2}{s^2+2s+2}$$

拉普拉斯逆变换也具有拉普拉斯变换类似的一些性质，我们简单列出以下结果.

(1) 线性性质：设$\mathcal{L}^{-1}[F_1(s)]=f_1(t)$，$\mathcal{L}^{-1}[F_2(s)]=f_2(t)$，$a$，$b$ 为常数，则有

$$\begin{aligned}\mathcal{L}^{-1}[aF_1(s)+bF_2(s)]&=a\mathcal{L}^{-1}[F_1(s)]+b\mathcal{L}^{-1}[F_2(s)]\\&=af_1(t)+bf_2(t)\end{aligned}$$

(2) 平移性质：设$\mathcal{L}^{-1}[F(s)]=f(t)$，$a$ 为常数，则有

$$\mathcal{L}^{-1}[e^{-as}F(s)]=f(t-a),\ a>0$$

$$\mathcal{L}^{-1}[F(s-a)]=e^{at}f(t)$$

1. 一些简单象函数的拉普拉斯逆变换

例 11.3.4 求下列象函数的拉普拉斯逆变换.

(1) $F(s)=\dfrac{1}{s+2}$；　　(2) $F(s)=\dfrac{1}{(s+2)^2}$.

解 (1) 根据表 11.1.1 中的变换 6 知，$a=-2$，所以

$$f(t)=\mathcal{L}^{-1}[F(s)]=\mathcal{L}^{-1}\left[\frac{1}{s+2}\right]=e^{-2t}$$

(2) 根据表 11.1.1 中的变换 11 知，$a=-2$，所以

$$f(t)=\mathcal{L}^{-1}[F(s)]=\mathcal{L}^{-1}\left[\frac{1}{(s+2)^2}\right]=te^{-2t}$$

根据拉普拉斯逆变换的性质，也可以求拉普拉斯逆变换. 我们来看下面的算例.

例 11.3.5 求

$$F(s)=\frac{s+3}{s^2+2s+2}$$

的拉普拉斯逆变换.

解 $$F(s)=\frac{s+3}{s^2+2s+2}=\frac{s+1+2}{(s+1)^2+1}=\frac{s+1}{(s+1)^2+1}+2\cdot\frac{1}{(s+1)^2+1}$$

根据表 11.1.1 以及线性性质，有

$$\begin{aligned}f(t)&=\mathcal{L}^{-1}[F(s)]=\mathcal{L}^{-1}\left[\frac{s+1}{(s+1)^2+1}\right]+2\mathcal{L}^{-1}\left[\frac{1}{(s+1)^2+1}\right]\\&=e^{-t}\cos t+2e^{-t}\sin t\end{aligned}$$

从前面几个例子可以看出，对于一些比较简单的象函数，可以通过查表 11.1.1 和线性性质，求出它们的拉普拉斯逆变换. 但是对于比较复杂的象函数，要先用部分分式法将象函数分为几个分式之和，然后再求拉普拉斯逆变换.

2. 较复杂函数的拉普拉斯逆变换

我们来求解几个比较复杂函数的拉普拉斯逆变换. 见下面几个算例.

例 11.3.6　求

$$F(s)=\frac{s}{s^2+3s+2}$$

的拉普拉斯逆变换.

解　因为

$$F(s)=\frac{s}{s^2+3s+2}=\frac{s}{(s+2)(s+1)}=\frac{2}{s+2}-\frac{1}{s+1}$$

所以

$$f(t)=\mathcal{L}^{-1}[F(s)]=2\,\mathcal{L}^{-1}\left[\frac{1}{s+2}\right]-\mathcal{L}^{-1}\left[\frac{1}{s+1}\right]=2\mathrm{e}^{-2t}-\mathrm{e}^{-t}$$

例 11.3.7　求

$$F(s)=\frac{s+3}{s(s+2)^2}$$

的拉普拉斯逆变换.

解　因为

$$F(s)=\frac{s+3}{s(s+2)^2}=\frac{\frac{3}{4}}{s}-\frac{\frac{3}{4}}{s+2}-\frac{\frac{1}{2}}{(s+2)^2}$$

所以根据表 11.1.1，以及线性性质有

$$f(t)=\mathcal{L}^{-1}[F(s)]=\frac{3}{4}\mathcal{L}^{-1}\left[\frac{1}{s}\right]-\frac{3}{4}\mathcal{L}^{-1}\left[\frac{1}{s+2}\right]-\frac{1}{2}\mathcal{L}^{-1}\left[\frac{1}{(s+2)^2}\right]$$

$$=\frac{3}{4}-\frac{3}{4}\mathrm{e}^{-2t}-\frac{1}{2}t\mathrm{e}^{-2t}$$

例 11.3.8　求

$$F(s)=\frac{s^2}{(s+2)(s^2+2s+2)}$$

的拉普拉斯逆变换.

解　因为

$$\begin{aligned}F(s)&=\frac{s^2}{(s+2)(s^2+2s+2)}=\frac{2}{s+2}-\frac{s+2}{s^2+2s+2}\\&=\frac{2}{s+2}-\frac{s+1+1}{(s+1)^2+1}\\&=\frac{2}{s+2}-\frac{s+1}{(s+1)^2+1}-\frac{1}{(s+1)^2+1}\end{aligned}$$

所以

$$\begin{aligned}f(t)&=2\mathcal{L}^{-1}\left[\frac{1}{s+2}\right]-\mathcal{L}^{-1}\left[\frac{s+1}{(s+1)^2+1}\right]-\mathcal{L}^{-1}\left[\frac{1}{(s+1)^2+1}\right]\\&=2\mathrm{e}^{-2t}-\mathrm{e}^{-t}\cos t-\mathrm{e}^{-t}\sin t\\&=2\mathrm{e}^{-2t}-\mathrm{e}^{-t}(\cos t+\sin t)\end{aligned}$$

11.4 卷积和卷积定理

本节将介绍拉普拉斯变换的卷积性质和卷积定理，它们不仅可以用来求某些象函数的逆变换，而且还在线性系统的分析中起着重要的作用.

11.4.1 卷积的定义

定义 11.4.1 已知函数 $f_1(t)$、$f_2(t)$，则这两个函数的卷积定义为

$$f_1(t)*f_2(t)=\int_{-\infty}^{+\infty}f_1(\tau)f_2(t-\tau)\mathrm{d}\tau$$

如果 $f_1(t)$与 $f_2(t)$满足：

$$f_1(t)=f_2(t)=0,\ t<0$$

则

$$\begin{aligned}f_1(t)*f_2(t)&=\int_{-\infty}^{0}f_1(\tau)f_2(t-\tau)\mathrm{d}\tau+\int_{0}^{t}f_1(\tau)f_2(t-\tau)\mathrm{d}\tau+\int_{t}^{+\infty}f_1(\tau)f_2(t-\tau)\mathrm{d}\tau\\&=\int_0^t f_1(\tau)f_2(t-\tau)\mathrm{d}\tau\end{aligned}$$

在拉普拉斯变换的定义注释中已经指出，$f(t)$只在 $t\geqslant 0$ 内有定义. 以后如无特别声明，都假定这些函数在 $t<0$ 时恒为零，所以它们的卷积为

$$f_1(t)*f_2(t)=\int_0^t f_1(\tau)f_2(t-\tau)\mathrm{d}\tau$$

卷积具有以下性质：

(1) 交换律：$f_1(t)*f_2(t)=f_2(t)*f_1(t)$；

(2) 分配律：$f_1(t)*[f_2(t)+f_3(t)]=f_1(t)*f_2(t)+f_1(t)*f_3(t)$；

(3) 结合律：$f_1(t)*[f_2(t)*f_3(t)]=[f_1(t)*f_2(t)]*f_3(t)$.

(2)的证明留作课后习题.

我们通过下面几个算例，加深对卷积的理解.

例 11.4.1 求函数 $f_1(t)=t$ 和 $f_2(t)=\sin t$ 的卷积.

解 根据卷积的定义，有

$$\begin{aligned}t*\sin t&=\int_0^t\tau\sin(t-\tau)\mathrm{d}\tau=\int_0^t\tau\mathrm{d}\cos(t-\tau)=[\tau\cos(t-\tau)]\Big|_0^t-\int_0^t\cos(t-\tau)\mathrm{d}\tau\\&=t+[\sin(t-\tau)]\Big|_0^t\\&=t-\sin t\end{aligned}$$

例 11.4.2 设

$$f_1(t)=\begin{cases}0,\ t<0\\1,\ t\geqslant 0\end{cases},\quad f_2(t)=\begin{cases}0,\ t<0\\\mathrm{e}^{-t},\ t\geqslant 0\end{cases}$$

求 $f_1(t)*f_2(t)$.

解　根据 $f_1(t)$、$f_2(t)$的定义，有

$$f_1(\tau)=\begin{cases}0, & \tau<0\\ 1, & \tau\geqslant 0\end{cases},\quad f_2(t-\tau)=\begin{cases}0, & \tau>t\\ e^{-(t-\tau)}, & \tau\leqslant t\end{cases}$$

因此，当 $0\leqslant\tau\leqslant t$ 时，$f_1(\tau)$、$f_2(t-\tau)$均不为零，卷积有意义. 因此，当 $t<0$ 时，有

$$f_1(t)*f_2(t)=0$$

当 $t\geqslant 0$ 时，根据卷积的定义，有

$$\begin{aligned}f_1(t)*f_2(t)&=\int_0^t f_1(\tau)f_2(t-\tau)\mathrm{d}\tau=\int_0^t 1\cdot e^{-(t-\tau)}\mathrm{d}\tau\\ &=\int_0^t e^{\tau-t}\mathrm{d}(\tau-t)\\ &=[e^{\tau-t}]\Big|_0^t=1-e^{-t}\end{aligned}$$

综上所述：

$$f_1(t)*f_2(t)=\begin{cases}0, & t<0\\ 1-e^{-t}, & t\geqslant 0\end{cases}$$

从上述两个例子可以看出，如果直接用卷积的定义去求卷积是比较困难的. 接下来我们介绍卷积定理，根据卷积定理去求卷积就比较容易了.

11.4.2　卷积定理

定理 11.4.1　假设 $f_1(t)$、$f_2(t)$满足拉普拉斯变换定理中的存在条件，并且 $\mathcal{L}[f_1(t)]=F_1(s)$，$\mathcal{L}[f_2(t)]=F_2(s)$，那么，$f_1(t)*f_2(t)$的拉普拉斯变换一定存在，并且满足：

$$\mathcal{L}[f_1(t)*f_2(t)]=F_1(s)\cdot F_2(s)$$

或者

$$\mathcal{L}^{-1}[F_1(s)\cdot F_2(s)]=f_1(t)*f_2(t)$$

证　根据拉普拉斯变换的定义以及卷积的定义，有

$$\begin{aligned}\mathcal{L}[f_1(t)*f_2(t)]&=\int_0^{+\infty}[f_1(t)*f_2(t)]e^{-st}\mathrm{d}t\\ &=\int_0^{+\infty}\left[\int_0^t f_1(\tau)f_2(t-\tau)\mathrm{d}\tau\right]e^{-st}\mathrm{d}t\\ &=\int_0^{+\infty}f_1(\tau)\left[\int_\tau^{+\infty}f_2(t-\tau)e^{-st}\mathrm{d}t\right]\mathrm{d}\tau\end{aligned}$$

其中

$$\int_\tau^{+\infty}f_2(t-\tau)e^{-st}\mathrm{d}t\xlongequal{t-\tau=u}\int_0^{+\infty}f_2(u)e^{-s(\tau+u)}\mathrm{d}u=e^{-s\tau}F_2(s)$$

所以

$$\begin{aligned}\mathcal{L}[f_1(t)*f_2(t)]&=\int_0^{+\infty}f_1(\tau)e^{-s\tau}F_2(s)\mathrm{d}\tau\\ &=F_2(s)\int_0^{+\infty}f_1(\tau)e^{-s\tau}\mathrm{d}\tau\\ &=F_1(s)\cdot F_2(s)\end{aligned}$$

这个定理说明，两个函数卷积的拉普拉斯变换等于这两个函数拉普拉斯变换的乘积. 根据这个定理可以求一些函数的拉普拉斯逆变换，我们看下面两个简单的算例.

例 11.4.3 求

$$F(s)=\frac{1}{s^2(s^2+1)}$$

的拉普拉斯逆变换.

解 因为

$$F(s)=\frac{1}{s^2(s^2+1)}=\frac{1}{s^2}\cdot\frac{1}{s^2+1}$$

令

$$F_1(s)=\frac{1}{s^2},\quad F_2(s)=\frac{1}{s^2+1}$$

根据表 11.1.1 知

$$f_1(t)=\mathcal{L}^{-1}[F_1(s)]=\mathcal{L}^{-1}\left[\frac{1}{s^2}\right]=t$$

$$f_2(t)=\mathcal{L}^{-1}[F_2(s)]=\mathcal{L}^{-1}\left[\frac{1}{s^2+1}\right]=\sin t$$

根据卷积定理和例 11.4.1 可得

$$\begin{aligned}\mathcal{L}^{-1}[F(s)]&=\mathcal{L}^{-1}[F_1(s)\cdot F_2(s)]=f_1(t)*f_2(t)=t*\sin t\\&=t-\sin t\end{aligned}$$

例 11.4.4 求

$$F(s)=\frac{s^2}{(s^2+1)^2}$$

的拉普拉斯逆变换.

解 因为

$$F(s)=\frac{s}{s^2+1}\cdot\frac{s}{s^2+1}$$

所以

$$\begin{aligned}f(t)=\mathcal{L}^{-1}[F(s)]&=\mathcal{L}^{-1}\left[\frac{s}{s^2+1}\cdot\frac{s}{s^2+1}\right]=\cos t*\cos t\\&=\int_0^t\cos\tau\cos(t-\tau)\mathrm{d}\tau\\&=\frac{1}{2}\int_0^t[\cos t+\cos(2\tau-t)]\mathrm{d}\tau\\&=\frac{1}{2}[\tau]\Big|_0^t\cos t+\frac{1}{4}[\sin(2\tau-t)]\Big|_0^t\\&=\frac{1}{2}t\cos t+\frac{1}{4}[\sin t-\sin(-t)]\\&=\frac{1}{2}(t\cos t+\sin t)\end{aligned}$$

11.5　拉普拉斯变换的应用

拉普拉斯变换的应用是非常广泛的，本节通过几个例子给大家简单介绍拉普拉斯变换的应用.

例 11.5.1　图 11.5.1 所示是一个 RLC 电路，求回路中的电流 $i(t)$.

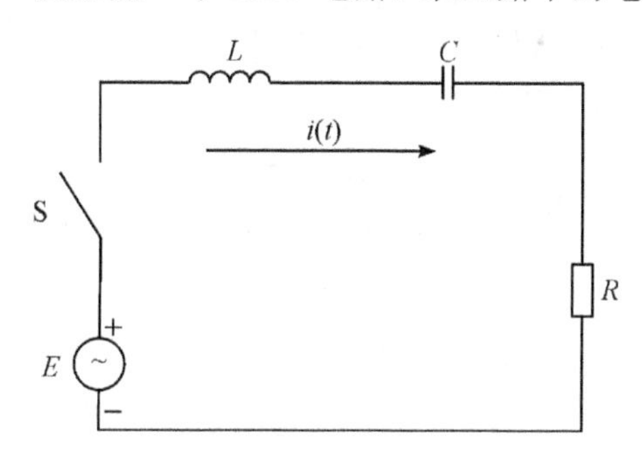

图 11.5.1　RLC 电路

解　设电感两端的电压是 U_L，电容两端的电压是 U_C，电阻两端的电压是 U_R，根据基尔霍夫电压定律，有

$$U_L+U_C+U_R=E$$

其中

$$U_L=L\cdot\frac{\mathrm{d}i}{\mathrm{d}t}$$

$$U_C=\frac{1}{C}\int_0^t i(t)\mathrm{d}t$$

$$U_R=Ri(t)$$

将它们代入 $U_L+U_C+U_R=E$ 中，有

$$L\cdot\frac{\mathrm{d}i}{\mathrm{d}t}+\frac{1}{C}\int_0^t i(t)\mathrm{d}t+Ri(t)=E$$

且满足初始条件 $i(0)=i'(0)=0$，那么上式就是 RLC 电路中电流 $i(t)$ 满足的方程，它是一个二阶线性常系数非齐次微分方程，现在对其求解. 对该方程两端取拉普拉斯变换，设 $\mathcal{L}[i(t)]=I(s)$，得到

$$L\mathcal{L}\left[\frac{\mathrm{d}i}{\mathrm{d}t}\right]+\frac{1}{C}\mathcal{L}\left[\int_0^t i(t)\mathrm{d}t\right]+R\mathcal{L}[i(t)]=\mathcal{L}[E]$$

依次根据微分性质、积分性质以及表 11.1.1 可得

$$LsI(s)+\frac{1}{Cs}I(s)+RI(s)=\frac{E}{s}$$

上式是一个代数方程，解得

$$I(s)=\frac{E}{Ls^2+Rs+\frac{1}{C}}=\frac{E}{L}\cdot\frac{1}{s^2+\frac{R}{L}s+\frac{1}{LC}}$$

设 r_1、r_2 是方程

$$s^2+\frac{R}{L}s+\frac{1}{LC}=0$$

的两个根，则有

$$s^2+\frac{R}{L}s+\frac{1}{LC}=(s-r_1)(s-r_2)$$

可以解出

$$r_1=-\frac{R}{2L}+\sqrt{\frac{R^2}{4L^2}-\frac{1}{LC}},\ r_2=-\frac{R}{2L}-\sqrt{\frac{R^2}{4L^2}-\frac{1}{LC}}$$

为了方便书写，令

$$\alpha=\frac{R}{2L},\quad \beta=\sqrt{\frac{R^2}{4L^2}-\frac{1}{LC}}=\sqrt{\alpha^2-\frac{1}{LC}}$$

所以

$$r_1=-\alpha+\beta,\ r_2=-\alpha-\beta$$

回顾电流 $I(s)$的表达式，有

$$I(s)=\frac{E}{L}\cdot\frac{1}{(s-r_1)(s-r_2)}=\frac{E}{L}\cdot\frac{1}{r_1-r_2}\left(\frac{1}{s-r_1}-\frac{1}{s-r_2}\right)$$

两边同时取拉普拉斯逆变换，得到电流：

$$i(t)=\frac{E}{L}\left[\frac{e^{r_1t}}{r_1-r_2}-\frac{e^{r_2t}}{r_1-r_2}\right]=\frac{E}{L}\cdot\frac{e^{r_1t}-e^{r_2t}}{r_1-r_2}$$

将 $r_1=-\alpha+\beta$，$r_2=-\alpha-\beta$ 代入上式，得

$$i(t)=\frac{E}{L}\cdot\frac{e^{-\alpha t}[e^{\beta t}-e^{-\beta t}]}{2\beta}=\frac{E}{\beta L}e^{-\alpha t}\operatorname{sh}\beta t$$

其中

$$\alpha=\frac{R}{2L},\quad \beta=\sqrt{\alpha^2-\frac{1}{LC}}$$

下面根据 β 的取值，分三种情况讨论电流强度的值：

(1) 当 $R>2\sqrt{\frac{L}{C}}$ 时，β 是一个实数，则可以直接根据上式计算电流 $i(t)$.

(2) 当 $R<2\sqrt{\frac{L}{C}}$ 时，β 是一个虚数，我们不考虑这种情况.

(3) 当 $R=2\sqrt{\frac{L}{C}}$ 时，此时 $\beta=0$，$r_1=r_2=-\alpha$，所以

$$I(s)=\frac{E}{L}\cdot\frac{1}{(s-r_1)(s-r_2)}=\frac{E}{L}\frac{1}{(s+\alpha)^2}$$

两边同时取拉普拉斯逆变换，得

$$i(t)=\frac{E}{L}te^{-\alpha t}$$

从上面的例子可以看出，拉普拉斯变换可以用在物理系统的分析研究中. 实际上，在对一个系统进行分析时，首先是将系统建模，也就是将系统用数学公式描述出来. 如果数学模型是一个线性微分方程，那么就可以用拉普拉斯变换来解线性微分方程. 我们来看下

面的例子.

例 11.5.2 求微分方程 $y'+2y=e^{-t}$ 的解，初始条件是 $y(0)=2$.

解 我们尝试用拉普拉斯变换进行求解. 对方程两边取拉普拉斯变换，并且设 $\mathcal{L}[y]=Y(s)$，则有

$$\mathcal{L}[y']+2\mathcal{L}[y]=\mathcal{L}[e^{-t}]$$

根据微分性质以及表 11.1.1，可得

$$sY(s)-y(0)+2Y(s)=\frac{1}{s+1}$$

$$sY(s)-2+2Y(s)=\frac{1}{s+1}$$

上述方程是关于 $Y(s)$的代数方程，容易解得

$$Y(s)=\frac{2s+3}{(s+1)(s+2)}=\frac{1}{s+1}+\frac{1}{s+2}$$

对上式两端取拉普拉斯逆变换，则有

$$y=\mathcal{L}^{-1}\left[\frac{1}{s+1}+\frac{1}{s+2}\right]=e^{-t}+e^{-2t}$$

根据这个例子可以看出，用拉普拉斯变换求解微分方程是完全可行的. 那么，究竟什么样的方程可以用拉普拉斯变换的方法来求解呢？我们有下述结论：常系数线性微分方程满足初始条件的解都可以用拉普拉斯变换的方法来解. 而且，常系数的线性微分方程组也可以用拉普拉斯变换的方法来解. 在用拉普拉斯变换求解微分方程时，基本上可以分三个步骤：

(1) 对方程两边取拉普拉斯变换，这样就将微分方程转换成了关于象函数的代数方程；

(2) 求解关于象函数的代数方程，得到象函数的表达式；

(3) 对象函数取拉普拉斯逆变换，得到象原函数，也就是原方程的解.

拉普拉斯变换在自动控制原理以及现代控制理论中，也经常用到. 例如：已知状态空间表达式，求系统的传递函数；或者求解状态转移矩阵(即求解矩阵指数函数).

例 11.5.3 已知单输入-单输出系统的状态空间表达式是

$$\dot{\boldsymbol{x}}=\boldsymbol{A}\boldsymbol{x}+\boldsymbol{b}u$$

$$y=\boldsymbol{c}\boldsymbol{x}+du$$

其中，$\boldsymbol{x}$ 是 n 维的状态矢量；y、u 分别是输出和输入，且为标量；$\boldsymbol{A}$ 是系统矩阵，并且是一个 n 阶方阵；$\boldsymbol{b}$ 是 n 维列向量，代表输入矩阵；$\boldsymbol{c}$ 是 n 维行向量，代表输出矩阵；d 是标量，一般为 0. 假定初始条件为 0，求它的传递函数.

解 对上述两个式子分别进行拉普拉斯变换，可得

$$sX(s)=\boldsymbol{A}X(s)+\boldsymbol{b}U(s)$$

$$Y(s)=\boldsymbol{c}X(s)+dU(s)$$

整理后，得到

$$X(s)=(s\boldsymbol{I}-\boldsymbol{A})^{-1}\boldsymbol{b}U(s)$$

将上式代入 $Y(s)$中，得到

$$\begin{aligned}Y(s)&=c[(s\boldsymbol{I}-\boldsymbol{A})^{-1}\boldsymbol{b}U(s)]+dU(s)\\&=[c(s\boldsymbol{I}-\boldsymbol{A})^{-1}\boldsymbol{b}+d]U(s)\end{aligned}$$

因此，$U-Y$ 间的传递函数为

$$W(s)=\frac{Y(s)}{U(s)}=[c(s\boldsymbol{I}-\boldsymbol{A})^{-1}\boldsymbol{b}+d]$$

它是一个标量.

例 11.5.4 已知矩阵

$$\boldsymbol{A}=\begin{pmatrix}0 & 1\\ -2 & -3\end{pmatrix}$$

用拉普拉斯反变换求 e^{At} 的值.

解 在现代控制理论中，矩阵指数函数 e^{At} 也称为状态转移矩阵，并且有如下公式：

$$e^{At}=\mathcal{L}^{-1}[(s\boldsymbol{I}-\boldsymbol{A})^{-1}]$$

由于

$$\boldsymbol{A}=\begin{pmatrix}0 & 1\\ -2 & -3\end{pmatrix}$$

所以

$$s\boldsymbol{I}-\boldsymbol{A}=\begin{pmatrix}s & -1\\ 2 & s+3\end{pmatrix}$$

那么

$$\begin{aligned}(s\boldsymbol{I}-\boldsymbol{A})^{-1}&=\frac{1}{|s\boldsymbol{I}-\boldsymbol{A}|}\text{adj}(s\boldsymbol{I}-\boldsymbol{A})\\&=\frac{1}{(s+1)(s+2)}\begin{pmatrix}s+3 & 1\\ -2 & s\end{pmatrix}\\&=\begin{pmatrix}\dfrac{s+3}{(s+1)(s+2)} & \dfrac{1}{(s+1)(s+2)}\\ \dfrac{-2}{(s+1)(s+2)} & \dfrac{s}{(s+1)(s+2)}\end{pmatrix}\\&=\begin{pmatrix}\dfrac{2}{s+1}-\dfrac{1}{s+2} & \dfrac{1}{s+1}-\dfrac{1}{s+2}\\ \dfrac{-2}{s+1}+\dfrac{2}{s+2} & \dfrac{-1}{s+1}+\dfrac{2}{s+2}\end{pmatrix}\end{aligned}$$

两边同时取拉普拉斯逆变换，再根据线性性质以及表 11.1.1，得到

$$e^{At}=\mathcal{L}^{-1}[(s\boldsymbol{I}-\boldsymbol{A})^{-1}]=\begin{pmatrix}2e^{-t}-e^{-2t} & e^{-t}-e^{-2t}\\ -2e^{-t}+2e^{-2t} & -e^{-t}+2e^{-2t}\end{pmatrix}$$

习　题　11

1. 求斜坡函数 $f(t)=t$ 的拉普拉斯变换.
2. 求正弦函数 $f(t)=\sin\omega t$ 的拉普拉斯变换.
3. 设指数函数 $f(t)=e^{at}$，其中 a 为常数，求 $f(t)=e^{at}$ 的拉普拉斯变换.
4. 求 $f(t)=tu(t-a)$的拉普拉斯变换.

5. 设 $f(t)=\mathrm{e}^{-3t}$，求其二阶的拉普拉斯变换.

6. 求$\mathcal{L}\left[\dfrac{\sin\omega t}{t}\right]$.

7. 求下列象函数的拉普拉斯逆变换.

(1) $F(s)=\dfrac{3s+5}{s^2}$；　(2) $F(s)=\dfrac{4s-3}{s^2+4}$.

8. 求 $F(s)=\dfrac{2s-5}{s^2-5s+6}$的拉普拉斯逆变换.

9. 证明卷积的分配律.

10. 已知

$$\mathcal{L}[f(t)]=\frac{1}{(s^2+4s+13)^2}$$

求 $f(t)$.

11. 求

$$\mathcal{L}^{-1}\left[\frac{\mathrm{e}^{-bs}}{s(s+a)}\right]\quad(b>0)$$

12. 求微分方程 $y''+2y'+y=\mathrm{e}^{-t}$ 的解，初始条件是 $y(0)=y'(0)=0$.

13. 求微分方程 $y''+4y=0$ 的解，初始条件是 $y(0)=-2$，$y'(0)=4$.

习题 11 参考答案

参考文献

[1] 同济大学数学系. 工程数学　线性代数[M]. 5版. 北京：高等教育出版社，2007.

[2] LEDN S J. 线性代数[M]. 9版. 张文博，张丽静，译. 北京：机械工业出版社，2015.

[3] 张友，王立冬. 线性代数[M]. 北京：科学出版社，2013.

[4] 赵辉. 线性代数[M]. 北京：高等教育出版社，2014.

[5] 宋桂荣，丁蕾，陈岩. 复变函数与积分变换[M]. 北京：机械工业出版社，2018.

[6] 李红，谢松法. 复变函数与积分变换[M]. 5版. 北京：高等教育出版社，2018.

[7] 李红，谢松法. 复变函数与积分变换(第五版)学习辅导与习题全解[M]. 北京：高等教育出版社，2019.

[8] 王绵森. 复变函数[M]. 北京：高等教育出版社，2008.

[9] 上海交通大学数学系. 复变函数与积分变换[M]. 上海：上海交通大学出版社，2012.

[10] 孙广毅. 工程数学 复变函数[M]. 哈尔滨：哈尔滨工程大学出版社，2003.

[11] 罗进，刘任河，彭章艳. 工程数学　复变函数与积分变换教程[M]. 北京：科学出版社，2011.

[12] 刘建亚，吴臻. 复变函数与积分变换[M]. 3版. 北京：高等教育出版社，2019.

[13] 张建国. 复变函数与积分变换[M]. 北京：机械工业出版社，2020.

[14] 杨降龙. 复变函数与积分变换[M]. 北京：科学出版社，2011.

[15] 朱永银. 积分变换[M]. 武汉：华中理工大学出版社，2002.

[16] 上海交通大学应用数学系. 积分变换[M]. 上海：上海交通大学出版社，1988.

[17] 薛以峰. 复变函数与积分变换[M]. 上海：华东理工大学出版社，2001.

[18] 焦红伟. 复变函数与积分变换[M]. 北京：北京大学出版社，2007.

[19] 刘豹，唐万生. 现代控制理论[M]. 3版. 北京：机械工业出版社，2017.

[20] 孙妍. 复变函数与积分变换[M]. 2版. 北京：机械工业出版社，2019.